设计学用户研究理论与实践

韩海燕　张晶晶　编著

中国纺织出版社有限公司

内 容 提 要

设计学用户研究是典型的跨学科研究，单一学科知识无法解决设计中的复杂问题，设计学用户研究具有模糊的学科边界和交叉的学科属性，本书在对多学科用户研究的基础上构建了设计学用户研究理论知识结构，包括基础理论、模型范式、工具方法、统计分析，按照"发现—用户调查、定义—用户分析、发展—用户设计、交付—用户评估"的流程对常用知识点进行梳理，对每个知识点的概念、方法、作用做了较为基础的讲解，尽可能让读者全面了解用户研究的整个应用领域。本书既有通俗的理论介绍，也有生动的案例实践，通过对设计专业（行业）不同领域设计实践的分析，让读者快速掌握整个用户研究流程。

本书可作为设计学专业在行为科学、认知科学、设计心理学等领域研究的参考用书，也可作为设计学本科和研究生专业的设计方法和研究方法类参考用书。

图书在版编目（CIP）数据

设计学用户研究理论与实践 / 韩海燕，张晶晶编著. -- 北京：中国纺织出版社有限公司，2024.10

（设计学一流学科建设理论研究丛书 / 李少博，韩海燕，高颂华主编）

ISBN 978-7-5229-1778-8

Ⅰ.①设… Ⅱ.①韩… ②张… Ⅲ.①设计学－研究 Ⅳ.①TB21

中国国家版本馆 CIP 数据核字（2024）第 098515 号

责任编辑：华长印　王思凡　　责任校对：王花妮
责任印制：王艳丽

中国纺织出版社有限公司出版发行
地址：北京市朝阳区百子湾东里 A407 号楼　邮政编码：100124
销售电话：010—67004322　　传真：010—87155801
http://www.c-textilep.com
中国纺织出版社天猫旗舰店
官方微博 http://weibo.com/2119887771
北京华联印刷有限公司印刷　各地新华书店经销
2024 年 10 月第 1 版第 1 次印刷
开本：710×1000　1/16　印张：20
字数：325 千字　定价：128.00 元

凡购本书，如有缺页、倒页、脱页，由本社图书营销中心调换

总序

习近平总书记于2021年在清华大学考察时强调，美术、艺术、科学、技术相辅相成、相互促进、相得益彰。设计已超越了传统的"美化"定义，进而转变为"造物"，更深层次的则是"谋事"，这反映了人类对自身环境进行塑造的能力与意识，属于物质文化创造活动的重要组成部分。在边疆民族地区，设计不仅要传承文化，更要挖掘地区特有的"设计智慧"，为社会创新发展、生态环境安全等时代课题与国家战略注入前所未有的活力。

"设计学一流学科建设理论研究"丛书是由中国纺织出版社有限公司与内蒙古师范大学设计学院联合策划的一套设计研究丛书。该丛书紧扣"设计为时代、为民生"的新时代使命，从设计学角度探讨社会发展战略所涉及的理论问题和创新实践，总结了内蒙古师范大学设计学院近年来在服务区域社会的设计教学、设计研究和设计实践工作，展现了设计学科在面对时代课题、国家战略时的理论自觉与实践能动性。

本丛书涵盖了设计学的基本理论、专业实践以及服务社会的学术问题与方法论，展示了内蒙古成立最早、专业最全的设计学院在设计学领域的最新学术成果，体现了对交叉学科设计学现实与未来发展的理解和探索。这套丛书的出版，旨在为新时期内蒙古设计学研究的发展与繁荣注入新的活力，丰富其内涵。它将有助于完善边疆民族地区设计学科的理论体系，推动民族地区设计学研究的进展以及高等教育改革，并引领内蒙古设计走向世界，面向未来，发挥积极的作用。

内蒙古师范大学设计学院院长
李少博
2024年6月

前言

我对设计学中的"用户研究"领域的关注，始于在武汉理工大学求学期间对设计学知识体系的系统梳理。在此过程中，我深感设计学与心理学的交叉领域充满了无限魅力与潜力。结合设计学的发展趋势以及内蒙古师范大学在相关领域的学科优势，自2019年起，我们便致力于将研究重心聚焦于用户心理与行为层面的深入探讨。直至2021年，我们成功申请到了内蒙古自然科学基金面上项目，这标志着我们的研究进入了实质性的撰写阶段。在近几年设计研究的实践中，我们对相关领域有了更为深入的认识和理解。

首先，设计学的研究问题往往源自设计实践，但这并不意味着基础研究在设计学研究中无足轻重。事实上，尽管设计的对象可能并非全部属于科学范畴，但设计研究的基础性工作同样至关重要。它为我们提供了理解设计现象、揭示设计规律的理论支撑和方法论指导。其次，设计学作为交叉学科，其边界相对模糊，尚未形成统一的研究体系。然而，经过多年的发展，设计学已逐渐形成了基本的研究方法和范式。其中不仅包括关于设计的基础研究，还涵盖了为了设计而进行的研究以及通过设计本身所进行的研究。这种多元化的研究取向使设计学的知识体系更加开放和包容。最后，为了设计的研究可以借鉴其他学科的研究方法和范式来深化对设计学的理解；而通过设计的研究则可以利用设计思维和方法来拓展对其他学科的认识。这种跨学科的交融与互动不仅丰富了设计学的研究内容，也为其发展注入了新的活力。

基于此，本书站在交叉学科的视角，通过对国内外用户研究文献的梳理和分析，旨在系统性地探讨设计学用户研究的多学科知识结构与谱系。我们深入挖掘其知识基础与结构，厘清研究流程与应用范畴，以期为设计学用户研究的学理重构和设计创新提供有益的借鉴和启示。本书共分为四个部分。首先，我们对设计学用户研究进行了初步的界定，并从心理学、管理学、统计学等多个学科视角挖掘其知识结构与谱系。其次，在多学科知识体系的框架下，我们对设计学用户研究的基础理论、模型范式、工具方法以及统计分析等知识板块进行了详细的展开和阐述。每个知识板块都涵盖了相应的概念界定、适用方法以及在设计实践中的作用和意义。此外，本书还对设计学用户研究领域的前沿话题进行了深入的探讨。例如，"用户认知与情感测量"以及"大数据驱动的用户研究"等议题，这些话题的引入不仅拓宽了设计学用户研究的知识边界，也为我们提供了更多的研究思路和方向。最后，本书通过应用研究团队的实际案例，展示了设计学用户研究在"用户体验设计""信息交互设计""环境设计""视觉传达设计"以及"界面设计"等领域的具体应用方法和流程。这些案例不仅验证了理论知识的实用性和有效性，也为读者提供了宝贵的实践经验和启示。

在整个研究过程中，我与张晶晶老师共同承担了主要的撰写工作。张晶晶老师负责了第1章和第2章的撰写，并整理了第4~7章的部分资料，撰写字数超过十万字。此外，我们的研究生团队也深度参与了本书的撰写工作，李娜、齐悦廷、阿雅拉古分别参与了第6~9章部分内容的整理与撰写，每人撰写超过一万字。另外，研究生张婧文、韩晓宇、李娜、许志晨，本科生孟启月、周婉婷、路雨琴、席莹在案例设计部分也给予了很大的支持。同时，感谢我的导师潘长学教授和方兴教授的悉心指导，以及诸多专家、学者和审稿人的宝贵意见。本书的相关研究也得到了全国艺术科学规划办公室、内蒙古自治区科技厅、内蒙古自治区自然基金委、内蒙古自治区研究生教育教学改革项目、内蒙古高校基本科研业务费的大力支持。同时特别感谢同济大学胡飞教授、广东工业大学卢世祖教授、湖南工业大学朱和平教授、武汉理工大学郑杨硕教授、内蒙古师范大学心理学李杰教授、宁波大学侯冠华教授以及中国纺织出版社有限公司华长印社长对本研究的大力支持。

内蒙古师范大学设计学院和我的家人给我创造了良好的写作空间，在此一并感谢。

韩海燕

2023年6月

目录

PART 01 第一部分
基础理论
了解设计学中的用户研究

002 —— 第1章 了解用户研究
  1.1 什么是用户研究……………………………002
  1.2 用户研究与设计学…………………………010
  1.3 用户研究前：理解用户……………………013

018 —— 第2章 用户研究流程
  2.1 设计中的用户研究流程……………………018
  2.2 用户研究的操作流程………………………022

PART 02 第二部分
知识构建
用户研究知识系统化构建

032 —— 第3章 用户研究的多学科知识构建
  3.1 研究设计与数据来源………………………033
  3.2 关键词维度的设计学用户研究态势………034
  3.3 文献维度的设计学用户研究知识重构……041

056 ── 第 4 章　用户研究中的相关理论

　　4.1　用户研究中相关理论概述 ························· 056
　　4.2　心理学相关理论 ······································· 057
　　4.3　设计学相关理论 ······································· 069

078 ── 第 5 章　用户研究中的模型范式

　　5.1　用户研究中模型范式概述 ························· 078
　　5.2　用户研究中的模型 ··································· 079
　　5.3　用户研究中的范式 ··································· 098

119 ── 第 6 章　用户研究中的方法工具

　　6.1　用户研究方法工具概述 ···························· 119
　　6.2　探索阶段的方法工具 ······························· 122
　　6.3　定义阶段的方法工具 ······························· 160
　　6.4　发展阶段的方法工具 ······························· 180
　　6.5　交付阶段的方法工具 ······························· 189

199 ── 第 7 章　用户研究中的统计与分析

　　7.1　用户研究中的统计与分析概述 ·················· 199
　　7.2　用户研究中的统计方法 ···························· 200
　　7.3　用户研究中的分析方法 ···························· 217

PART 03

第三部分
趋势
用户研究新方向与新方法

236 ── 第 8 章　用户认知与情感测量

　　8.1　用户认知与情感 ······································· 236

8.2 认知与情感测量……………………………………………238
8.3 测量方法及工具……………………………………………243

248 —— 第 9 章 大数据驱动的用户研究
9.1 大数据与用户研究…………………………………………248
9.2 典型应用场景………………………………………………250
9.3 大数据驱动用户研究的方法原则…………………………254

PART 04 第四部分
实践
用户研究的实践案例应用

260 —— 第 10 章 案例应用
10.1 口吃儿童矫正治疗 App 设计……………………260
10.2 呼和浩特地铁标识导向系统设计…………………278
10.3 彩陶文物信息数字化展示设计……………………292

303 —— 参考文献

PART 01

第一部分

了解设计学中
的用户研究

基础理论

用户研究是设计学的重要知识体系之一,那什么是用户研究?作为设计人员,我们为什么要学习用户研究?用户研究在设计学中如何应用?针对这些问题,本书的第一部分将对设计学中的用户研究进行基础介绍。首先,了解什么是用户研究,从概念、价值、应用、研究对象等维度进行展开;其次,对用户研究在设计中的应用场景及流程进行详细介绍。

通过第一部分,我们将对用户研究以及设计学中的用户研究有更多了解,这些可对后面深入理解用户研究的理论研究与应用实践打下重要基础。

第1章

了解用户研究

用户研究根源于社会科学领域，并大量借用其他学科的知识与方法进行研究，如认知神经科学、行为科学、计算机科学、工程领域等，[1]可以系统了解用户目标、需求、行为等，帮助企业了解消费者需求与态度，把握市场发展趋势。在设计学中，用户研究是以用户为中心设计流程的第一步，设计师可以通过用户研究更加了解用户现状、探寻用户潜在的需求、测试方案的有效性等以获得启发，帮助设计师探寻新的设计机会点、解决现有的问题，也可以保证设计方案真正符合用户的需要、解决用户的问题、为用户服务。鉴于用户研究对设计学的重要性及其本身的复杂性，本章从全局视角探究什么是研究，什么是用户研究，用户研究的对象"用户"究竟指什么，以及围绕以用户为中心的理念探讨用户研究在设计学中的应用与研究价值。

1.1 什么是用户研究

1.1.1 什么是研究

用户研究中有两个关键词"用户"与"研究"，"研究"是过程、行动、方

---

[1] 胡飞. 聚焦用户：UCD观念与实务 [M]. 北京：中国建筑工业出版社，2009.

法,"用户"是对象,因此从更大的范畴探究什么是"研究"对于理解用户研究非常重要。

(1) 研究的概念

研究源于问题,是帮助我们客观地了解并回答问题的方法之一,目的是利用科学系统的方法来解决问题。通过研究来寻求问题的方法有很多,可以用严格的科学研究方法来探究,也可以用非正式的访谈或观察来洞察,研究是获取答案的众多途径中的一种。

对于研究的概念,有很多学者提出自己的观点,如研究是一种利用科学方法解决问题并创新的普遍适用知识的结构化调查;研究是为了寻找问题的答案而进行的系统调查;科学研究是一种系统的、受控的,对不同现象之间的关系的假设进行的实证或批判性的调查。根据学者给出的解释,可以发现,研究必须利用科学的方法,这里的科学方法主要是调查、分类和解释。因此研究是收集信息、分析洞察和解释信息的过程。[1]

研究可以是设计一个简单的实验解释日常生活中的简单问题,也可以是提出一个复杂的理论或者发现现实世界的某种规律。一旦要进行一项研究,那就意味着这个过程使用了效度、信度较高的方法和技术,并且是公正、客观的。效度确保了使用该方法可以得出真实结果的程度,信度确保了研究过程的可重复性和准确性。公正和客观意味着在每一个步骤中,主试者都秉持着无偏见的态度,在结果中不掺杂个人的主观因素。主观和偏见的区别在于:主观是人的思维方式的组成部分,受个体的教育背景、原则、经验和技能的影响。比如,心理学家看待一件事情的角度与人类学家、历史学家的角度是不一样的。偏见是脱离客观事实的消极认知与态度,故意隐瞒或故意突显,如刻板印象。[2]

(2) 研究的特点

研究这一过程具有受控性、严谨性、系统性、有效性、实证性和批判性时,才能被称为研究(图1-1)。

---

[1] 刘伟,辛欣. 用户研究:以人为中心的研究方法工具书[M]. 北京:北京师范大学出版社,2019.
[2] 刘伟,辛欣. 用户研究:以人为中心的研究方法工具书[M]. 北京:北京师范大学出版社,2019.

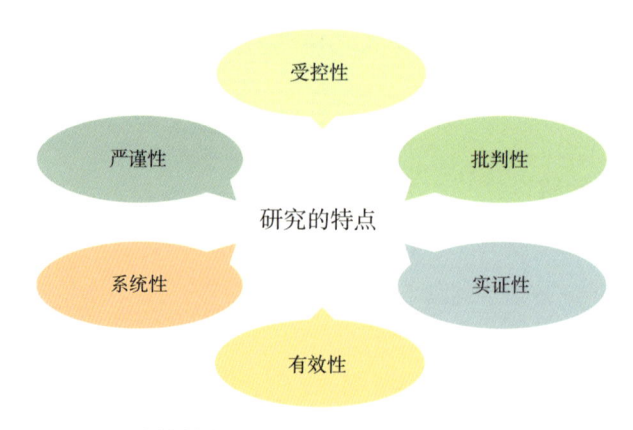

```
          受控性
严谨性              批判性
       研究的特点
系统性              实证性
          有效性
```

图1-1 研究的特点

受控性是指在研究两个变量的因果关系时，要尽可能地排除或减少无关变量对这种关系的影响，这在自然科学的研究中比较容易，因为大部分自然科学的研究是在实验室条件下进行的。但社会科学研究的对象是人，严格控制几乎是不可能的，由于无法很好地控制无关变量，只能尽可能地减少它们的影响。严谨性是指研究人员必须小心谨慎，确保研究的程序是有意义的，是适当且合理的。自然科学和社会科学对严谨程度的要求不一样，甚至社会科学的不同专业要求也不一样。系统性意味着研究过程应当具有逻辑顺序，研究的步骤不应是杂乱无章的，需要研究人员精心设计一系列具有逻辑的步骤，或者参考前人的研究范式。有效性即可重复性，在研究的最后阶段，不管基于研究结果得出了怎样的结论，这个结论都应当是符合逻辑的，是可以被证伪的，且可以由他人重复。实证性要求任何结果、结论的提出，都是通过实际调查、观察、实验而来的，是基于事实的，而不是凭空想象的。批判性是指研究要经过严格的评估，以保证其结构的可靠性，要批判地评估研究的过程和研究方法的使用，这种评估必须基于充分的理性和客观事实而进行理论评估和客观评价。[1]

（3）研究的类型

研究可以从三个方面进行分类，即按研究用途分类、按研究目标分类、按研究性质分类。这三种分类并不是相互排斥的，一项研究可以按用途分类，也可以按目标和性质分类。

---

[1] 刘伟，辛欣. 用户研究：以人为中心的研究方法工具书[M]. 北京：北京师范大学出版社，2019.

1）按研究用途分类

按研究用途可以将研究分为基础研究和应用研究（图1-2）。

基础研究是对新理论、新原理的探讨，目的在于认识现象、发现新的知识，为新的技术发明和创造提供理论前提。通过实验分析或理论性研究对事物的物性、结构和各种关系进行分析，加深对客观事物的认识，解释现象的本质，揭示物质运动的规律，或者提出和验证各种设想、理论或定律。❶

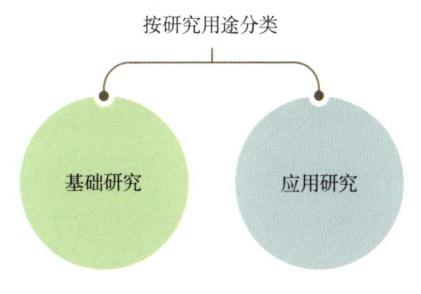

图1-2 按研究用途分类

应用研究是把在基础研究中发现的新理论、新发明应用于特定目标、特定场景的研究，应用研究是基础研究的继续，目的在于为基础研究的成果开辟具体的应用途径，使之转化为实用技术。应用研究成果影响有限，并具有专门的性质，针对具体的领域、问题或情况，其成果形式以科学论文、专著、原理性模型或发明专利为主。

2）按研究目标分类

按研究目标一般可以将研究分为探索性研究、描述性研究和解释性研究（图1-3）。❷

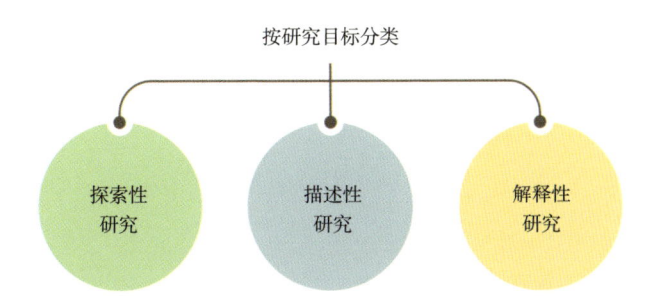

图1-3 按研究目标分类

探索性研究是探索一个人们知之甚少的崭新研究领域。探索性研究一般可用于三种情况：挖掘某一特定现象、问题或行为的作用范围及程度；针对现象

---

❶ 李志民. 李志民：关于科学研究的分类[EB/OL]. 高校科技–中国教育和科研计算机网（2018-02-26）[2023-08-15].

❷ 阿诺·巴塔查尔吉. 社会科学研究：原理、方法与实践[M]. 2版. 沈校亮, 孙永强, 译. 香港：香港公开大学, 2012.

提炼出一些初步的思路（或预测）；检验对某个现象开展后续深入研究的可行性如何，这种情况也可被叫作可行性研究。探索性研究或许并不能针对目标问题得出非常准确的见解，但是对指出问题的性质和程度很有帮助，并且为将来更深入研究奠定了基础。探索性研究也被用来开发、改进或检验测量工具和程序。

描述性研究是对目标对象作出仔细观察并系统地描述一种情况、问题、现象、服务或项目，需要注意的是，描述性研究中的观察必须基于科学的方法（即具有可复制性、精确性等），研究者需要有专业的训练才能保证研究结果的可靠性。如人口普查，其目的是描述某国或某地区的人口特征；描述澳大利亚内陆地区居民的居住情况、社区居民的需求等。描述性研究的主要目的是描述关于所研究问题最普遍的情况。

解释性研究是对所观察到的现象、问题或行为作出解释，阐明两个因素是怎样相互影响的。比如，充满压力的生活为什么会导致心脏病？为什么死亡率下降会导致出生率下降？家庭环境是怎样影响儿童成绩的？描述性研究揭示了现象是什么（What）及其何时（When）何地（Where）出现，而解释性研究回答的是为什么（Why）以及如何（How）这类问题。解释性研究试图找出目标现象的影响因素及其结果，对既有研究进行归纳概括。[1]

3）按研究性质分类

按研究性质可以将研究分为定量研究和定性研究（图1-4）。使用结构化方法的研究通常是定量研究；使用非结构化方法的研究通常是定性研究。

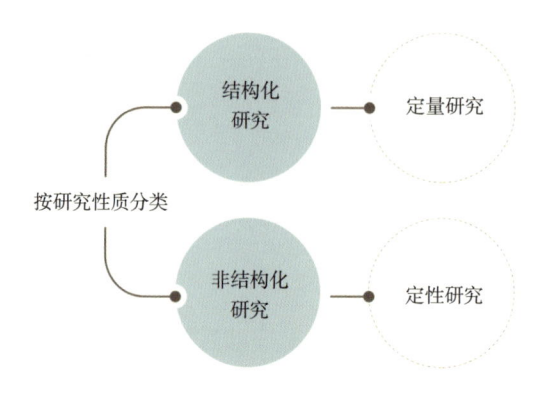

图1-4　按研究性质分类

---

[1] 阿诺·巴塔查尔吉. 社会科学研究：原理、方法与实践[M]. 2版. 沈校亮，孙永强，译. 香港：香港公开大学，2012.

定量研究主要搜集用数量表示的资料或信息，并对数据进行量化处理、检验和分析，从而获得有意义的结论。定量研究与演绎过程更为接近，即从一般的原理推广到特殊的情景中。定量研究依赖于对事物的测量和计算，仪器设备精准很关键。❶

定性研究是基于描述性的研究，本质上是一个归纳的过程，以普遍承认的公理、一套演绎逻辑和大量的事实为分析基础，从事物的矛盾性出发，描述、阐释所研究的事物，从特殊情景中归纳出一般的结论。❷

通常情况下，如果研究的目的是描述一种情况、现象、问题或事件，那么使用定性研究方法，用来解释"为什么"的问题。相反，如果研究的目的是量化一种情况、现象、问题或事件，依靠统计结果和数据来得出结论，用来解决"是什么"的问题，那么这就是一个定量研究。一项研究不应只有定性研究，也不应只有定量研究。两者相结合才能让研究更全面，使结果更具有说服力，能够同时说明"是什么"和"为什么"的问题。

1.1.2 什么是用户研究

（1）用户研究的定义

用户研究是针对用户的"研究"，是一种应用型研究，它研究的对象是使用某产品、系统或服务的用户，是对用户的需求、特征、行为进行研究。关于用户研究的文献很多，但并没有一个很明确的定义。有些学者和研究者提出了自己的观点，如迈克·库涅夫斯基（Mike Kuniavsky）提出，用户研究是"一种理解设计对受众的影响的过程"，以便设计符合消费者需求的产品。❸ 用户研究主要借助人种志的研究方法，通过访谈以及研究用户和使用者日常生活中的行为，来收集用户和使用者的信息。用户研究是对用户目标、需求和能力的系统研究，用于指导设计、产品结构或者工具的优化，提升用户工作和生活体验。用户研究是研究用户和使用者，以便开发既满足他们的需要和偏好，又符

---

❶ 李志民. 李志民：关于科学研究的分类[EB/OL]. 高校科技－中国教育和科研计算机网（2018-02-26）[2023-08-15].

❷ 李志民. 李志民：关于科学研究的分类[EB/OL]. 高校科技－中国教育和科研计算机网（2018-02-26）[2023-08-15].

❸ Elizabeth Goodman，Mike Kuniavsky，Andrea Moed. 洞察用户体验：方法与实践[M]. 2版. 刘吉昆，等译. 北京：清华大学出版社，2015.

合他们能力的产品。用户研究是对用户和使用者的目标、需求和能力的系统性研究，以期指导设计、产品结构和改善工具，以使用户工作和生活受益。❶

罗特伯·舒马赫（Robert Schumacher）进一步解释，用户研究的定义基于四个重要元素：其一，用户研究必定是系统性的研究，随意观察得来的信息往往是偶然性的和短暂性的，用户研究同时必定是深思熟虑和精心规划的，需要研究者有相当的领域知识。其二，用户研究的本质是研究使用者的目标、需求和能力等，使用者有目标，会寻找方法完成他们的目标，有些目标是易知的，有些是微妙的和不易观察获取的。目标又会有一些子目标，应分级逐步完成。其三，用户研究的目的是设计、构建和改善工具，这一点把用户研究和纯粹的自然科学研究区分开来。其四，必须确保用户研究回归到使用户和使用者的工作和生活受益，这种受益可以是直接或间接的。

（2）用户研究的发展

1）用户研究起源于市场研究

20世纪初，现代市场研究行业开始兴起，同时科学而系统的用户研究也逐渐展开。1923年，现代市场研究行业的奠基人之一阿瑟·查尔斯·尼尔森（Arthur Charles Nielsen）在美国创建AC尼尔森公司，这是美国的第一家市场研究公司，同样也是世界最早的市场研究公司之一。现代市场研究公司的诞生和现代市场研究行业的兴起，为用户研究提供了研究方法和理论基础。1924年，宝洁成立市场调查部门，研究消费者的喜好及购买习惯，这是工业史上最早的市场研究部门之一。以宝洁为代表的现代企业把用户研究推进到商业实践并大获成功，进一步丰富了用户研究的理论、方法论体系。现代市场研究行业为后来的用户研究的方法论体系奠定了基础。

早期的用户研究，研究的对象"用户"主要是指顾客和消费者（Consumer），而后来的用户研究，"用户"更多是指使用者（User）。虽然研究的对象发生了变化，但本质都是对人的特征和需求的洞察。

2）用户研究兴起于互联网

"用户研究"这一职业其实是伴随用户体验（User Experience）的发展与广泛认知而诞生的。关于用户体验（UX）的起源有很多不同的说法。早在

---

❶ Robert M. Schumacher. The handbook of global user research[M]. San Francisco, CA: Morgan Kaufmann, 2010.

20世纪50年代，贝尔实验室是最早的UX实践者之一，为设计电话系统雇佣了第一个心理学家约翰·E.卡尔林（John E. Karlin），也是用户体验设计师的雏形。但直到唐纳德·A.诺曼（Donald A. Norman）提出"用户体验"这一术语[1]，"用户体验"一词才被广泛认知。紧接着1995年，雅各布·尼尔森（Jakob Nielsen）发表了"十大可用性原则（10 Usability Heuristics）"[2]，2000年，杰西·詹姆斯·加勒特（Jesse James Garrett）提出了用户体验五要素模型[3]，2007年，第一代iPhone面世，iPhone的出现让企业对用户体验价值的理解有了根本上的变化。用户体验设计师开始成为互联网企业的标配，但很长一段时间设计和用户研究一体，抑或产品和用户研究一体，用户研究没有专门分化出来成为专门的职业。这个时期，用户体验设计为用户研究工作提供了新的理论、方法论。通过吸收市场研究行业的研究方法，结合用户体验设计新的理论、方法论，形成了目前用户研究完整的理论、方法论体系。

3）用户研究在国内的发展

1984年，AC尼尔森公司开始进入中国市场，成为最早进入中国的市场研究公司。当时它在中国的服务对象几乎全部是跨国公司。20世纪80年代末，广州宝洁有限公司设立了核心部门，即消费者市场研究部，负责对市场和消费者进行调研和洞察，这些早期的探索也极大推动了这个行业在中国的产生和发展。同一时期，广州软科学开发服务公司设立了市场部，并成立了广州市场研究公司（GMR），这是行业内公认的国内最早的专业市调公司。20世纪90年代，一批我国的民营市场调查与咨询公司相继出现。1990年4月华南市场研究公司（SCMR）成立，成为第一家民营市场研究公司。此后零点、新华信、新生代等相继成立。2000年后，互联网开始在国内普及。2006年腾讯用户研究与体验设计中心（CDC）成立，可以视为用研职业出现的标志，随后各大互联网公司纷纷效仿建立用户体验中心，用研职业逐渐走向兴盛。

---

[1] Norman D, Miller J, Henderson A. What you see, some of what's in the future, and how we go about doing it: Hi at Apple Computer[C]//Proceedings of the ACM Conference on Human Factors in Computing Systems, 1995: 155.

[2] Nielsen J. 10 Usability heuristics for user Interface Design[EB/OL]. Nielsen Norman Group, January, 1994-04-01[2024-06-22].

[3] 杰西·詹姆斯·加勒特.用户体验要素：以用户为中心的产品设计[M].范晓燕，译.北京：机械工业出版社，2007.

1.2 用户研究与设计学

以用户为中心的设计思想推动了用户研究在设计中的应用,使设计不仅关注功能与效率,同时关注用户感受,用户研究也在设计的不同阶段起到了重要的作用,如洞察用户需求、辅助设计进行决策、评估设计方案等。本节从以用户为中心的设计思想引入,并介绍用户研究在设计各阶段的应用,探究用户研究对设计的作用与价值。

1.2.1 以用户为中心的设计

以用户为中心的设计(User-Centered Design, UCD),关注最终用户的产品开发实践,其核心理念在于让产品适应用户需求,而不是让用户适应产品,也就是说,在产品的整个生命周期中涉及的技术、流程和方法都要以用户为中心[1],都要考虑用户的需求,用户研究可以用来洞察和完善这些需求。

以用户为中心的设计有三大设计原则。第一,尽早关注用户及其需求,越早关注用户,在产品开发后期返工的工作量就越小,以用户为中心的设计始于收集和获取用户的体验现状,有助于理解用户需求、行为习惯、心理预设及内心诉求;第二,产品使用的实证研究,即测试产品的可用性,包括产品的易学性、有效性和容错性,可用性测试是邀请用户使用设计原型或最终产品完成一系列任务,这个过程可以发现产品的使用性问题,便于在产品上市前做出改进;第三,可迭代的设计,强调在产品早期不断地试错,通过反复迭代的方式设计、测试、修改产品,在早期可以通过纸上原型等简单的粗原型开始并不断迭代,再进入可交互原型阶段。

以用户为中心的设计思维目标是使产品或系统具有高可用性,包括便捷地使用和管理产品,以及产品功能与用户需求的契合度。以用户为中心的设计流程一般包括确定目标用户、洞察与分析用户需求、原型设计、产品评估及反复迭代等环节,强调在设计过程中以用户体验为设计决策的中心,用户优先。

以用户为中心的设计流程中广泛应用了用户研究的思维与方法,主要集中在需求洞察、用户分析、设计构建和方案评估等阶段。其中用户访谈、观察

---

[1] 凯茜·巴克斯特,凯瑟琳·卡里其,凯莉·凯恩.用户至上:用户研究方法与实践(原书第2版)[M].王兰,等译.北京:机械工业出版社,2017.

法、焦点小组、问卷调查等用于获取用户的需求；用户画像、同理心地图等用于分析用户；卡片分类、纸面原型、用户参与等用于设计构建阶段；而可用性测试、日志分析等主要用于原型的评估阶段。

1.2.2 用户研究在设计中的应用

（1）设计的流程——双钻模型

设计的本质是一个从"未知"到"已知"，从"可能是"到"应该是"的过程，这个过程初看是直接的、线性的，而在实际设计中，是一个循环往复的过程。双钻模型很好地体现了这一设计本质。

双钻模型（Double Diamond Model，全称是The "Double Diamond" Design Process Model，缩写为4Ds）是一种描述设计过程或流程的图形方法，是英国设计委员会（Design Council）内部在2005年通过对全球11家产品和服务领先的企业（包括乐高）展开研究，归纳并演绎出的一套具有行业共识的设计过程基准[1]，它是一种系统化、结构化的设计方法（图1-5），通过两次发散—收敛解决设计过程中四个时期的挑战。

- 探索期/研究——对问题的洞察（发散的）；
- 定义期/总结——聚焦问题点（收拢的）；

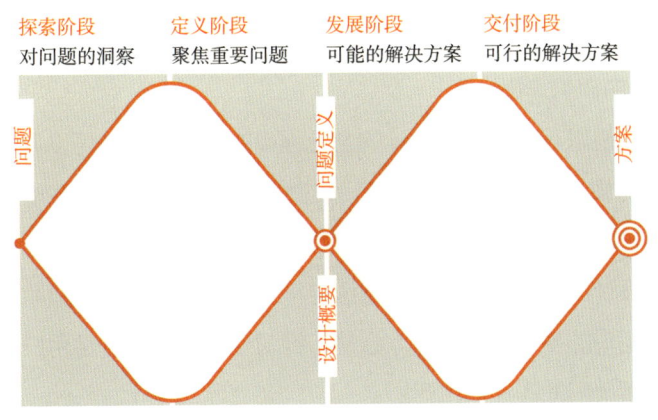

图1-5 双钻模型[2]

[1] Council D. Eleven lessons: managing design in eleven global companies[J]. Design Council, London, 2007.
[2] Council D. Eleven lessons: managing design in eleven global companies[J]. Design Council, London, 2007.

- 发展期/概念——可能的解决方案（发散的）；
- 交付期/实现——可行的解决方案（收拢的）。

2016年，丹·内斯勒（Dan Nessler）基于双钻模型提出改进版❶，他将原模型进行细化，把实际设计工作中可能关注的细节补充进去，使模型进一步落地化，使其更具有可实施性（图1-6）。双钻模型及其改进版的核心本质是思考设计构成中问题和解决方案的一种思维方式，即把思考问题本身的对错以及解决方案最终是否回归最初原点视为整个设计过程的着重点。

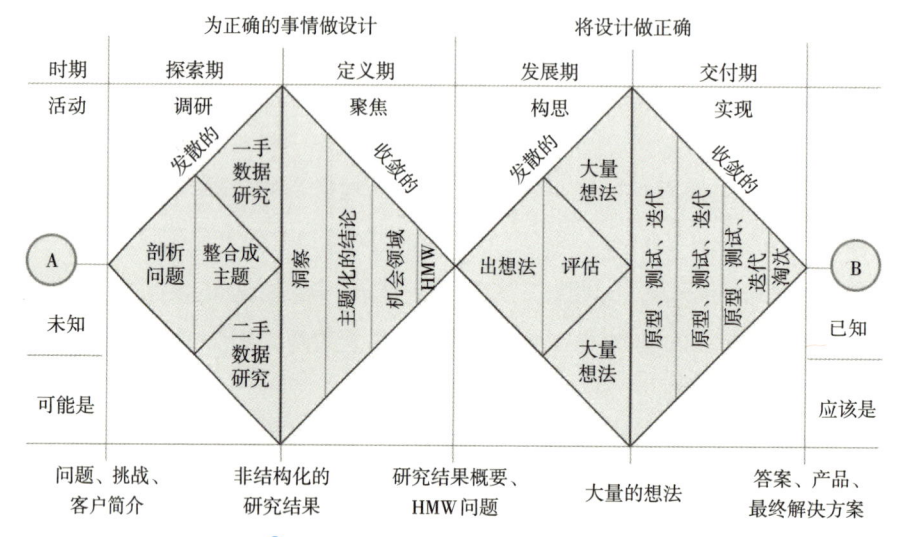

图1-6 双钻模型改进版❷

（2）用户研究与设计

用户研究是以用户为中心设计的全流程中的核心工具，可以通过获取用户需求、行为习惯、态度等帮助定义产品的目标用户群，明确、细化产品概念，并通过对用户的任务操作特征、知觉特征、认知心理特征的研究，使用户的实际需求成为设计的导向，使产品或系统更符合用户的习惯、经验和期待。只有建立在了解用户的基础上，设计才会是有针对性的，才能满足用户的需求，才能有效地改善他们的工作和生活。

---

❶ Dan Nessler. How to apply a design thinking, HCD, UX or any creative process from scratch[EB/OL].[2016-05-19][2022-02-18].

❷ Dan Nessler. How to apply a design thinking, HCD, UX or any creative process from scratch[EB/OL].[2016-05-19][2022-02-18].

用户研究虽然先于设计，但并不意味着只能在探索与定义阶段进行，它还涉及在设计发散过程中聚焦用户场景、时刻以用户为中心进行设计、让概念设计发散始终朝着正确的方向。用户研究还涉及对大量设计想法的评估和筛选，持续评估用户对产品或服务的满意度、收集用户反馈、发现用户使用中的问题等，以便持续迭代产品或服务设计，提升用户体验。

在互联网设计领域，用户研究主要应用于两个方面：对于从0到1的新产品开发，用户研究一般用来挖掘用户潜在的需求，明确产品设计方向；对于已经上线的产品，用户研究一般用来获取用户对产品的使用反馈，挖掘产品现有问题，优化产品体验。随着潜在用户、目标和使用情境的多样性增加，产品或服务系统的复杂性也增加。这使设计研究者很难在初始阶段就形成对设计需求的完整理解，因此，不断进行迭代式的用户研究对开发阶段至关重要。

用户研究在设计的各个阶段紧密结合，分别起到了非常重要的作用，使最终产生的方案符合用户特征、解决用户问题、提供良好的体验。

1.3 用户研究前：理解用户

在探究用户研究前，需要先理解研究的对象"用户"。用户一般是直接接触产品或服务的使用者（操作者），也就是会和产品或服务有直接互动的群体。在实际研究与设计中，"用户"不仅代表使用产品的人，在不同场景中还可以指代目标用户、客户、消费者、利益相关者、潜在用户等。

1.3.1 目标用户

设计的主要关注点是目标用户，他们也是用户研究的核心对象。目标用户是亲自使用产品来达成目的的人，是产品最直接的受众。目标用户是可能使用或正在使用本产品/服务系统的群体统称，如果要设计一个从0到1的产品或服务，目标用户的精准定位可以很大程度上提升产品的体验与效果，对目标人群的研究可以挖掘产品的机会点与价值。目标用户的定位可参考市场同类竞品的用户现状，或根据产品/服务要解决的核心问题来定位目标人群，例如，要解决的是谁的问题？核心功能是为谁设计的？投入使用后的忠实用户是谁？

如果要重新设计或改良现有产品，目标用户则是现有用户中的忠实粉丝，与现有用户和潜在用户交流很重要。潜在用户虽然目前尚未使用产品，但因为产品能够满足他们的需求，所以他们将来很有可能会使用，属于产品的目标市场。对现有用户和潜在用户进行访谈，可以发现产品当前版本中的可用性或体验问题，洞察改版的方向。

对目标用户的研究可以重点了解以下信息。

①用户现状。当前任务和行为流程；何时、为何以及如何使用产品或服务系统；使用产品的动机与期望；竞品的使用情况。

②痛点需求。现有产品或服务系统在体验过程中的痛点，未被满足的需求，不满意、不完美的地方。

③期望与建议。用户对工作、活动的看法，以及对产品的期望。对产品预设方向的看法与建议。

1.3.2 客户

用户和客户这两个概念容易被混淆。客户指购买产品的人，对面向儿童或者青少年的产品来说，客户就是父母或监护人；对大多数商业、医疗或技术产品来说，客户通常是高级管理人员或采购经理，而用户则是一线员工，两者有着截然不同的目标和需求。既要了解使用者以确保产品的可行性，也要重点关注购买的决策者——客户，洞察他们的需求与目标，这些客户实际上很少使用产品，当他们使用时，也和用户的使用方式不同。

访谈客户时，要了解他们购买产品或服务的目标与动机；在应用当前解决方案时遇到的困难；购买正在设计的这类产品时的决策过程、决策要素；在安装、维护、管理产品时的角色；产品所在领域相关问题和词汇等。[1]

通常客户对该类产品非常了解，在对客户进行调研时，客户可能会对产品的设计与改进有很多想法和建议，需要挖掘这些建议背后客户想要解决的本质问题，抓住问题的源头，这样才能设计出更有效的解决方案。

---

[1] 艾伦·库伯，罗伯特·莱曼，戴维·克罗宁，等. About Face 4：交互设计精髓[M]. 倪卫国，刘松涛，薛菲，等译. 北京：电子工业出版社，2015.

1.3.3 利益相关者

利益相关者来自经济学的概念，于1963年由斯坦福研究院提出，指股东、债权人等可能对公司的现金流量有要求权的人。利益相关者概念可以分为广义和狭义两种。以1984年弗里曼（Freeman）在其出版的《战略管理：利益相关者方法》一书中提出的概念框架为基准，广义的利益相关者是那些影响企业目标实现或者能够被企业实现目标的过程影响的任何个人和群体，狭义的概念基于企业的立场对利益相关者进行界定，是公司为了持续生存必须依赖的群体和个人。[1]具体来说，利益相关者是组织方的所有关键成员，如股东、雇员、用户和消费者、第三方合作商、相关政府部门、竞争者、居民和社区、媒体等，有时甚至包含自然、自然环境、人类后代等受到企业经营活动直接或间接影响的客体。[2]

针对利益相关者的用户研究应该在其他用户研究开始之前进行。研究利益相关者有助于对项目有更全面的了解，对目标用户研究的开展起到启发作用。利益相关者的访谈最有效的方式是一对一访谈，而不是大规模跨部门间交流。单独的访谈能促使一些利益相关者畅所欲言，确保个人观点不会被淹没在人群中。对利益相关者的访谈尽量不要超过一小时。如果确认某个利益相关者是极有价值的信息来源，还可以召开后续会议。[3]

针对利益相关者进行用户研究，需要获取以下几类重要信息。

（1）对产品的设想

内部利益相关者中不同部门对将要设计的产品看法都略有不同，因此，设计工作的任务之一，必须把这些看法与用户和客户的看法协调统一起来。

（2）预算和日程计划

向管理者或决策者明确预算和计划，对设计工作的范围进行现状核实。

---

[1] 李苹莉. 经营者业绩评价：利益相关者模式[M]. 杭州：浙江人民出版社，2001：57.
[2] 徐延辉，龚紫钰. 城市社区利益相关者：内涵、角色与功能[J]. 湖南师范大学社会科学学报，2014，43（2）：104-111.
[3] 艾伦·库伯，罗伯特·莱曼，戴维·克罗宁，等. About Face 4：交互设计精髓[M]. 倪卫国，刘松涛，薛菲，等译. 北京：电子工业出版社，2015.

（3）技术限制和机会点

设计范畴的另一个重要决定因素是，在给定财政预算、时间和技术的限制条件下，对技术可行性的理解。另外，研发产品有时是为了利用一项新技术，理解该技术蕴藏的商机有助于规划产品的方向。

（4）商业目标

了解商业目标对设计团队来说非常重要，如果用户研究指出了业务目标和用户需求之间存在冲突，这就又产生了一个新的决策点，设计必须尽可能在产品、用户、顾客和供应商之间打造共赢的局面。

（5）利益相关者对用户的看法

有一些利益相关者和用户有很多接触与交流，如一线销售、顾客代表、客服等，他们会提供一些不同维度的用户信息，带来有建设性的见解，有助于制订目标用户研究计划。

1.3.4　专家用户

专家用户是指产品相关领域的权威人士，或者已经使用本类产品很多年的资深用户。在设计项目初期，对专家用户的研究非常重要，尤其是一些高度复杂或者专业性很强的项目领域（如医疗保健领域）。可以通过对专家的访谈了解复杂专业相关的信息、验证产品方向或设计预想，也可以从专家这里获取对用户的了解，对复杂领域中用户研究的规划非常关键。

针对专家的用户研究有几点需要考虑。

（1）主题专家通常是专业用户

他们对产品或领域的长期经验，意味着他们可能已经习惯了当前的交互。他们可能倾向于专家级用户，专家用户通常不是产品的当前用户，他们更倾向于从管理的角度思考问题。

（2）主题专家知识渊博但不是设计师

他们可能对改进产品有很多想法，其中也不乏行之有效、有价值的意见，但和用户访谈一样，对方提出解决方案时，重要的是询问这对用户或者设计师有什么帮助，挖掘他们提出这些解决方案背后的问题是什么，如"为什么需要这个功能""这个有什么帮助"。

（3）确保设计过程中能够得到主题专家的帮助

如果产品所在领域需要主题专家协助，就能在不同设计阶段依赖于他们，完成设计细节的评估测试。务必在早期访谈中获得这种人脉。

第2章

用户研究流程

在理解用户研究是什么及其对设计的重要性之后,本章将从全局视角介绍用户研究的流程。一方面,从设计流程维度,用户研究伴随设计从发现、定义、发散到交付的全过程,在每个阶段均起到重要作用,从了解用户挖掘问题到分析用户洞察机会点,再到以用户为中心的设计、多次筛选迭代方案。另一方面,每一次用户研究都是一次有目标、有计划、严谨的过程,从制订研究计划到研究实施,再到整理分析,每一步都决定着研究结果的准确性,以及是否能有效地辅助设计决策。

2.1 设计中的用户研究流程

用户研究在设计的各个阶段均有重要价值,本节以双钻模型提出的四个设计阶段为例阐述用户研究在设计中的应用流程。

在探索阶段,通过对行业现状与目标用户的研究来分析现状、洞察问题,以确保设计的出发点是正确且有价值的;在定义阶段,通过分析调研结果定义用户画像,明确用户核心需求与问题,从而制定设计目标,为概念发散提供精准方向;在发展阶段,围绕目标用户特征及其核心需求多次进行概念设计创新发散,并应用故事板结合用户画像的方法对设计方案进行快捷演练及验证,以确保设计方案以用户为中心;在交付阶段,用户研究用于对设计方案的测试与迭代，从用户视角对方案的验证与优化便于提前发现设计方案可能存在的问题，减少方案落地后的相关风险。

2.1.1 探索阶段

在探索阶段，运用一手资料和二手资料的研究方式，围绕项目主题对行业现状、目标用户现状进行深入研究，包括行业或产品现状、目标用户现状，尽早发现问题，探索并研究问题的本质。对应的开发流程是市场调研与用户调研，用于洞察问题与机会点。

（1）行业现状调研

行业（市场）现状调研主要应用桌面调研方法，并结合一些分析工具进行资料的收集、整理与分析。在项目前期，可采用从宏观到微观的思路进行调研与分析。

宏观分析是指将项目放在全国、全球发展等宏观大环境下进行分析，明确项目的方向与定位，从而在项目初期更加全面地分析外部环境，利用不同的角度，从变动的因素上探求某个行业可能的发展潜能，可以对项目自身发展前景有一个大的整体把握，是一种全局化、系统化的分析思路。例如，采用PEST宏观分析法，从政治、经济、社会、技术四个角度分析项目所在行业或领域的国内外大环境。

微观分析是对项目或产品本身的竞争力进行分析，明确项目或产品定位、自身竞争力，以及发展目标等。例如，可应用SWOT分析法分析产品内部竞争力，应用波特五力模型分析产品外部竞争力，还可应用竞品分析、市场趋势分析等方法。

（2）目标用户现状调研

在探索阶段，需要在明确目标用户的基础上，结合相关理论模型与用户调研方法，了解用户特征、态度与行为现状，深入挖掘用户需求与痛点。对用户现状的调研不仅使设计师更了解用户，同时也能从中洞察设计机会。

首先，明确目标用户是谁，部分项目中涉及多个利益相关者，需同时明确利益相关者及其相互关系。在用户调研前明确目标用户范围及利益相关者，可便于在调研时选择调研对象，提升调研结果的有效性与准确性。

其次，根据调研目标选择调研对象及调研方法。调研方法如用户访谈、观察法、情景访谈、焦点小组、问卷法、眼动测试等，可根据应用阶段以及不同调研方法的特征、优劣势进行选择。一般在项目前期选用用户访谈等定性调研方法，便于对用户有更深入的了解，后期采用问卷等定量调研方法进行结构化论证。

在探索阶段，通过对行业现状及用户现状的调研，可明确项目发展方向与目标，对用户有更深入全面的了解，获取产品及用户现存问题。在发现阶段将获得一大堆非结构化的、散乱的研究结果，这些大量的零散信息将在下一阶段得到梳理、分析及总结。

2.1.2 定义阶段

定义阶段聚焦核心问题，通过用户分析与洞察等方法，定义目标用户，挖掘用户本质需求及核心问题，探寻设计机会。

首先，数据整理。把所有零散的数据汇聚到一起，可以通过亲和图等方法进行分类整理和归纳，从个性中总结共性，从表层中挖掘本质，并将结果归并到之前设定的用户研究目标中。

其次，用户分析。通过用户画像、同理心地图等用户分析方法对目标用户进行定义及形象化表达。同时分析用户需求定义核心问题，洞察机会点（在某个主题上未知的真相，它们是关于用户动机、用户诉求或痛点的）。

最后，问题定义。问题定义阶段聚焦项目要解决的核心问题，并通过HMW方法对问题进行拆分，即拆分为以"How might we…""我们如何能……"开头的多个问题，以这种更详细、更易于感知的形式列出哪些问题是可行的和亟待解决的，对核心问题的分析有助于设计师更深入了解问题的本质，对问题的拆分为下一阶段的概念发散提供方向与指导。

2.1.3 发展阶段

发展阶段以围绕核心问题的设计思维发散为核心，是进行创新解决方案构思的重要阶段，但是在进行设计发散的同时，需要时刻明晰目标用户特征以及设计要解决的核心问题，以便使设计构思朝着正确的方向发展，设计方案能够更加有效、更加符合用户诉求。

因此，用户研究在设计发展阶段的应用主要有两个环节，一是以用户为中心的概念设计发散，二是对概念方案的初步评估与筛选。通过这两个环节获得符合用户需求，具备技术可行性、商业可行性等维度的最适合方案。

（1）概念设计

概念设计阶段需要充分发挥设计师的创造力，提出创新性的解决方案。在想法阶段，不做任何是非判断，不否定或质疑每一个想法，让一切皆有可能。同时，为了确保设计的发散朝着正确的方向，在头脑风暴发散方案时，也要时刻铭记上一阶段所定义的目标用户，以及要解决的核心问题，可将之前定义的用户画像、用户旅程图放在旁边，不断思考如何通过创新的方案为目标用户解决问题。

（2）设计评估

在概念设计的最后阶段，评估之前提出的概念性的想法，从用户角度筛选出用户有可能最喜欢或最适合的方案，也要评估方案的技术可行性与商业价值。可以采用的方法包括DVF筛选法、卡诺模型（KANO）、矩阵法等。同时也可以用故事板或场景画布的方法，预演目标用户应用设计方案的过程，关注用户可能的行为与感受，站在用户视角初步评估设计方案，预先发现其中的问题。

设计发展阶段的后期，会获得最终精选出来的少量想法方案，并将在下一阶段以它们为原型进行测试，对这些想法进行优化及细化，得到最终的完整解决方案。

2.1.4 交付阶段

交付阶段是设计方案的最终测试与迭代环节，对上一阶段精选出的想法方案进行细化，并做出原型完成进一步的测试与迭代。用户研究在交付阶段的应用渗透在测试及迭代的每个环节：开发原型、测试分析、迭代重复。

如果说一张画等于1000个词语，那么一个原型就等于1000次会议，不在逼真的环境下，用户不会展示最真实的感受。原型的开发对于方案表达与测试非常重要。原型是将概念方案可视化的结果，是视觉表达的升级版，是产品和服务初期的模型或样本，是产品进一步规划和投入使用前的最后一步。❶

原型营造尽可能真实的场景，便于观察到用户的真实反应，从而更准确地测试评估概念方案和流程。同时原型相对于可视化方案，具有可摆弄、可互动的特点，更便于相关人员基于原型讨论方案，提升沟通效率。原型的类型有很多，如用于测试交互或界面设计的数字原型，用于测试服务系统的戏剧原型、桌面演练等，用于测试产品设计的等比实体模型等。虽然原型的类型有所不同，但其理念都是通过开发一个可感知的原型让用户更真实地感受到设计方案，测试方案是否能够解决最初提出的核心问题。

在测试环节，通过观察用户对原型的使用或感受，结合用户调研获取用户对设计方案的反馈，测试方案是否符合用户诉求、是否解决最初提出的核心问题，挖掘设计方案存在的问题或潜在风险。测试环节可使用的研究方法有很多，如可用性测试、用户满意度测试、态度量表、A/B测试、眼动测试等。

根据测试环节发现的问题，对设计方案进行反复优化，测试与迭代一般会反复多轮，以确保最终落地的设计方案没有可用性问题、有效解决用户的核心问题，同时具有更好的用户体验。

2.2　用户研究的操作流程

2.2.1　明确研究目标

展开用户研究的第一步是明确要研究的问题或研究目标，明确为什么要进行这次用户研究，希望了解哪些问题，希望获得什么类型的研究结果等。精准明确的问题及研究目标可以让后续的研究更聚焦、更高效，起到事半功倍的效果。

（1）用户研究目标的类型

常见的用户研究目标主要有五类：了解用户特征、了解用户行为、了解用

---

❶ 黄蔚.服务设计驱动的革命：引发用户追随的秘密[M].北京：机械工业出版社，2019.

户目标、了解用户态度、了解痛点需求。❶

①了解用户特征：用户特征是哪些人在/会使用该产品，他们有哪些典型特征，主要指目标用户的人口统计学特征，如年龄、性别、职业、学习能力、操作能力、地域分布等。

②了解用户行为：用户的行为习惯或过往经历，之前是如何使用产品的，包括行为频率和工作量等。

③了解用户目标：用户使用或购买产品的目的和动机，为什么这样使用或体验。

④了解用户态度：用户如何看待现有产品/领域/技术/体验等，有哪些好的/不好的地方。

⑤了解痛点需求：在使用或体验产品时遇到哪些问题，有哪些需求未被满足。

例如，在做一个口腔健康检测及诊断应用程序（App）的项目时，用户研究的目标（要研究的问题）如下。

①关注口腔健康的是哪类人群，有哪些特征。（用户特征）

②用户过往是如何发现、治疗、预防口腔问题的。（行为—过往经历）

③应用过程中每个环节用户的感受，以及遇到哪些问题。（痛点需求）

④用户是否使用过相关产品，使用感受如何。（行为感受）

（2）不同设计阶段用户研究的目标

用户研究常常发生在设计的各个阶段，不同的阶段进行用户研究时，其研究目标也各有侧重。

在设计开发前期，用户研究更多是探索性的，因为这时研究者对用户、情境等处于初步了解阶段，研究的问题较为宏观。重点在于从用户角度收集领域知识，进行广泛而开放的讨论，较少深究细节，偏开放型研究。如了解市场现状、目标群体特征等。

在设计开发中期，用户研究的问题更加明确与细化，开始寻找产品运作模式，并提出一些开放式的和明确的问题来连接各个要点，更关注领域细节。如了解用户行为、挖掘具体场景中用户痛点等。

在设计开发后期，用户研究更多是验证性的，验证之前观察到的模式，明

---

❶ 艾伦·库伯，罗伯特·莱曼，戴维·克罗宁，等. About Face 4：交互设计精髓[M]. 倪卫国，刘松涛，薛菲，等译. 北京：电子工业出版社，2015.

确用户角色和行为，对设计方案进行验证与细微调整。要了解的问题应当是具体的，偏封闭型研究。如了解设计方案的可用性、用户满意度等。

用户研究的目标决定了研究的重点。如果在研究的过程中不断产生新的目标（问题），那么这时研究者应当停下来思考：这些是不是一开始被忽略了？如果是，那么就将它加入研究目标列表；如果它只是有趣但并非相关的问题，那么就将其记录下来以后再研究。

2.2.2 选择被试群体

被试的选择与研究目标息息相关，一旦定义好了研究目标（问题），被试群体所具备的特征也就逐渐清晰了。为了达成研究目标进而解决问题，被试可从以下几类群体中进行选择：目标用户、专家用户、利益相关者。

（1）从目标用户中选择——抓典型

用户研究最核心的被试应该从研究对应的目标用户中选择，他们不一定是最广泛的用户群体，却是具有代表性的研究对象。大多数情况下可通过随机抽样来选取被试，找到能代表大部分目标用户的典型被试，但有时候也可以针对研究问题选择目标用户中具备某种特殊属性的群体，如重度用户、长期用户、新用户或者潜在用户。例如，为了测试某产品的新手引导设计方案是否符合用户需求，需要寻找新手用户作为该项用户研究的被试群体。

（2）从专家用户中选择——少而精

产品使用领域的专家用户对该领域知识有较为深入的了解，如培训/管理/咨询人员等。对专家的研究是用户研究的开始，可以让研究者对该专业领域有更深入的了解，或许还能收获到一些隐藏较深的问题。

在选择专家作为研究对象时，需要注意专家用户会对产品/功能有很多想法，应予以筛选，注意询问建议背后的原因，如"为什么需要这个功能""这个有什么帮助"。

（3）从利益相关者中选择——关键人物

这里的利益相关者是指在产品或服务系统中涉及的相关人群，指任何对设计有影响的人，如小朋友（目标用户）的家长、老年社区负责人等。也包括组织方的所有关键成员，通常包括高级管理人员、经理，以及开发、销售、产品管理人员等。对利益相关者的研究可以让研究者对业务现状、业务目标、资源分配等信息有更多维度的了解。对利益相关者的研究也能从侧面了解到关于目标用户的更多信息，很多情况下他们对目标用户有着更全面的认识。

2.2.3 选择研究方法

在确定为什么要进行研究、研究什么、研究谁之后，需要确定使用的研究方法。在用户研究领域有很多研究方法，要在大量的方法中选出最合适的方法非常重要。除了考虑时间、资金等问题以外，还需要考虑研究需要线上进行还是线下进行，需要定性还是定量的结果，研究的是用户的态度还是行为等问题。下面介绍两种选择研究方法的维度：根据研究目的及结果类型选择、根据设计阶段选择。

（1）根据研究目的及结果类型选择

根据研究目的及结果类型选择研究方法是最常用的选择维度之一，研究的目的包括研究行为、研究态度，研究的结果类型包括定性结果、定量结果，图2-1根据研究类型和研究结果两个维度，将常用研究方法进行坐标分布。

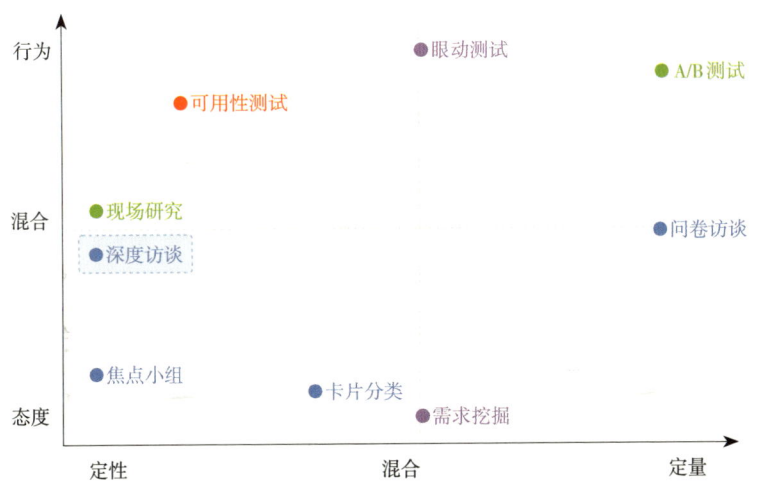

图2-1 常用研究方法坐标分布

（2）根据设计阶段选择

用户研究在不同的设计阶段均有不同程度的应用，每个设计阶段的用户研究目标不同，使用的研究方法也不尽相同。

1）探索阶段的用户研究方法

在探索阶段，通过用户研究了解现状、发现问题，包括了解用户特征、行为现状、如何使用产品、对产品的态度等，发现用户在使用产品中存在的问题，以探寻设计机会点。在这个阶段，用户研究主要采用的是桌面调研、竞品分析、用户访谈、问卷调查等定性与定量相结合的方式。

2）定义阶段的用户研究方法

定义阶段将发现的问题进行拆分与定义、总结与思考，明确重点要解决的问题，这一阶段需要关注的焦点是：用户当前最需要解决的问题有哪些，需要根据业务的目标与用户的目标作出取舍，聚焦到核心问题上。发现可能存在的机会突破点，并不断探索还可以努力的方向，寻找设计价值机会点。在这个阶段，常用的用户研究方法有亲和图、HMW分析法、卡诺模型等。

3）发展阶段的用户研究方法

发展阶段是基于定义阶段聚焦的核心问题，进行方案发散，寻找潜在的解决方案。在这个阶段重要的是利用创新思维尽量多地发散方案，用户研究方法相对其他阶段较少，更多的是在设计过程中快速了解用户的一些需求细节，如通过卡片分类法洞察用户对信息分类的认知；另一类工具如用户画像、用户旅程图则可以在构思阶段持续提醒设计师目标用户是谁，来判断他们是否需要这个方案。

4）交付阶段的用户研究方法

在交付阶段，将对所有潜在的解决方案逐个进行分析验证，选择出最适合的一个或多个并进行开发迭代。在这一阶段使用的用户研究方法多为测试或验证型方法，如A/B测试、可用性测试、满意度测试、眼动测试等，以定量研究为主对方案进行测试和验证，并结合定性研究如用户访谈、观察法等发现问题出现的原因。

2.2.4 用户研究实施

（1）计划及准备

确定了研究方法，下一步便是根据选定的方法及其操作流程，制订研究计划并进行准备，如编写调研大纲、邀请被试、选择场地、准备物料等。

以问卷研究为例，需要编写问卷题目、调整问题顺序、选择问卷发放渠道、安排问卷发放周期等。对于焦点小组则包括工具包制作和被试的筛选等。

此外，对于调研大纲，在前期准备阶段建议进行测试自查。

- 哪些问题是可以通过网上二手资料找到的？
- 哪些是必要问题（一定要获得答案），哪些是非必要问题（打开话题）？
- 是否有难理解的专业词汇，是否描述太官方？
- 对于用户回答的预设及深入提问是否有准备（这一点很重要）？
- 关于问题安排顺序，可由容易打开话题的简单问题开始，由开放型、发散型问题收尾，整体遵循由简到繁，重要问题放中间、私密问题往后放的原则。

（2）预演

正式开始研究之前，一两次预演可以帮助研究者发现并改进很多问题。可以邀请专家做预演中的被试，专家提出的建议可以帮助研究者发现研究方法设计的缺陷，然后做出调整，改变措辞，调换顺序，或者补充一些额外的问题进行深入挖掘，以便让研究变得有条理。预演往往需要开展多次以验证方案的可行性，保障研究的效果。

（3）研究实施

完成预演，确定研究方案可行后，方能开展正式的研究。不论在线发放问卷，还是街头采访路人，或者邀请被试进行一对一的用户访谈，都要预留足够的时间和资源保证研究顺利进行，以便得到可靠的结果。如果是线下研究，如焦点小组、用户访谈，那么要安排好每一场的时间，同时每场之间要留出时间供研究者进行反思和讨论。如果是线上研究，要尽量保障回答问题的人群符合被试要求。

同时研究实施的过程中做好人员分工，负责记录的人员能保证完整地、多维度地记录整个用户研究过程，记录过程中不给被试造成压力，如通过录音、摄像、笔记等方式进行记录，记录完成后快速总结要点，便于后续回顾整理研究结果。负责访谈或主持的人员提前熟悉大纲及流程，保持谦逊及亲和的态度，让被试处于自然放松的状态，并且现场能根据被试的表现随机应变，能保证重要问题深入挖掘、无遗漏。

2.2.5 结果分析及可视化表达

（1）结果分析

研究结果的总结与分析进行得越早越好。主试对实施过程的印象越清晰，整理出来的结果越详细。研究者将结果汇总整理后，形成一份研究报告。根据所用方法的不同，研究报告的形式也略有不同，但不论其形式如何，都要确保读者可以清楚地了解到研究的目的、方法、过程和结果。这部分工作需要大量的时间，但这可以帮助研究者更好地总结、概括整个研究。

如果运用问卷这类定量方法，那么直接对数据结果进行分析即可；如果运用焦点小组访谈或用户访谈，那么还涉及录音翻录、转录、提取和分类等工作。需要注意的是，定量研究中的结果分析与结论不同：结果分析是基于数据的描述统计，不包括预测、推断及对原因和动机的探索；结论是与研究问题的假设相对应，阐述研究结果是否回答了研究问题或验证了假设。

被试的正面反馈和负面反馈都应当被关注。通过正面反馈，研究者往往会探寻到与设想不同的产品亮点。例如，微信朋友圈界面右上方的"照相机"控件，长按可以发送纯文本内容到朋友圈，该功能本属于过渡性功能，但经过大量内测后发现该功能获得大量用户的喜爱，因此得以保留下来。被试的负面反馈可以帮助研究者迅速地找到有待改进的方面，是需要通过设计去重点解决的问题。

若研究是验证性的，在最后要为每个发现的问题添加一个重要级别，并预估完善它们所需的工作量，这将帮助团队在接下来的迭代中更好地按优先级对其予以处理。

在进行用户研究的结果分析时，可回顾之前制定的用户研究目标，判断是否通过研究结果的整理和分析了解到了研究目标中设定的问题，如果没有，则需要进行补充研究。

（2）可视化表达

用户研究结果通常是一些庞杂枯燥的文字与数据，不便于传播与理解，可通过可视化的方式进行表达，方便团队其他成员或者团队外的人更直观准确地阅读，如用户画像是将目标用户的特征进行可视化表达的方法（图2-2），可更形象生动地展示目标用户；用户旅程图描述了目标用户完整的体验过程及过程中的行为、态度、情绪曲线等（图2-3）。当然还有很多数据可视化的图表，用于清晰展示定量研究中获得的数据结果。

● 用户画像

毛毛

年龄：5岁
性别：女孩
地址：成都
爱好：艺术和创造活动

毛毛在日常生活中热爱艺术，在看医生时会很淡定，但在内心会很害怕

兴趣
- 喜欢画画
- 喜欢探索不同的乐趣
- 玩喜欢的玩具

行为特征
- 性格：外表听话，但内心对于治疗过程仍然有所抗拒
- 充满想象力：对世界充满好奇，经常构想奇妙的故事和角色
- 爱好：喜欢阅读和绘画，不太喜欢与人互动

心理特征
- 情感敏感：容易受到情绪的影响，有时会表现出情感波动
- 好奇心强：对艺术、文化和自然界的各种元素都充满好奇心
- 恐惧感：对医疗环境和程序有明显的恐惧感
- 可以理解：可以听进家长劝导

挫折
- 能听劝导，但内心依然会恐惧且不表现
- 可能需要额外的支持来处理情感波动
- 在新环境或社交场合中可能会感到不安

目标
- 希望在一个温和的环境下治疗
- 需要足够耐心的陪伴和鼓励
- 有足够的心理暗示和安慰

图2-2 用户画像

● 用户旅程图

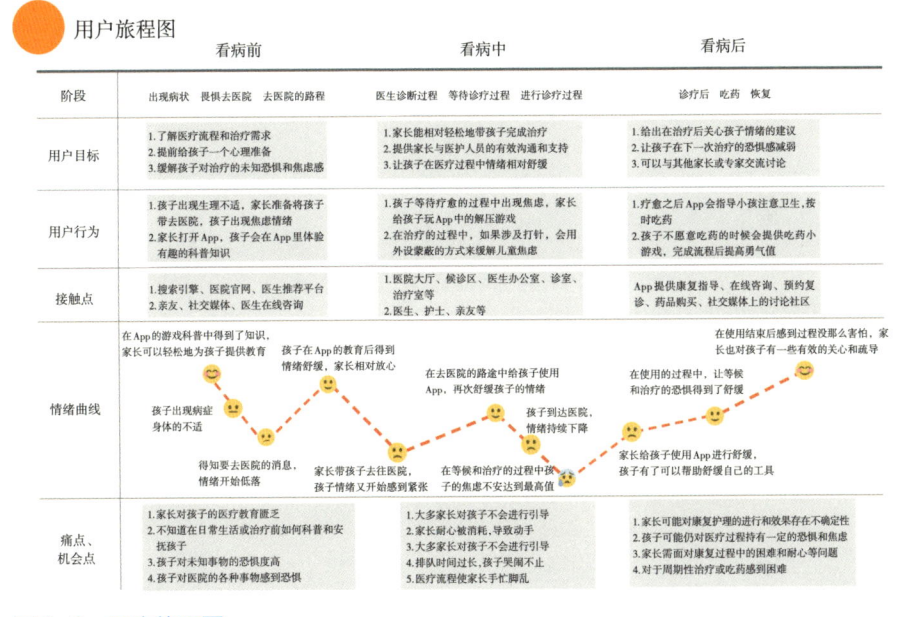

	看病前			看病中			看病后	
阶段	出现病状	畏惧去医院	去医院的路程	医生诊断过程	等待诊疗过程	进行诊疗过程	诊疗后	吃药 恢复
用户目标	1.了解医疗流程和治疗需求 2.提前给孩子一个心理准备 3.缓解孩子对治疗的未知恐惧和焦虑感			1.家长能相对轻松地带孩子完成治疗 2.提供家长与陪护人员的有效沟通和支持 3.让孩子在医院过程中情绪相对舒缓			1.给出在治疗后关心孩子情绪的建议 2.让孩子在下一次治疗的恐惧感减弱 3.可以与其他家长或专家交流讨论	
用户行为	1.孩子出现生理不适，家长准备将孩子带去医院，孩子出现焦虑情绪 2.家长打开App，孩子会在App里体验有趣的科普知识			1.孩子等待诊查的过程中出现焦虑，家长给孩子玩App中的解压游戏 2.在治疗的过程中，如果涉及打针，会用外设蒙蔽的方式来缓解儿童焦虑			1.疗愈之后App会指导小孩注意卫生，按时吃药 2.孩子不愿意吃药的时候会提供吃药小游戏，完成流程后提高勇气值	
接触点	1.搜索引擎、医院官网、医生推荐平台 2.亲友、社交媒体、医生在线咨询			1.医院大厅、候诊区、医生办公室、诊室、治疗室等 2.医生、护士、亲友等			App提供康复指导、在线咨询、预约复诊、药品购买、社交媒体上的讨论社区	
情绪曲线	孩子出现病症身体的不适 → 得知要去医院的消息，情绪开始低落 → 在App的游戏科普中得到了知识，家长可以轻松地为孩子提供教育 → 家长带孩子去往医院，孩子情绪又开始感到紧张 → 在去医院的路途中给孩子使用App，再次舒缓孩子的情绪 → 在等候和治疗的过程中孩子的焦虑不安达到最高值 → 家长给孩子用App进行舒解，孩子有了可以帮助舒缓自己的工具 → 在使用的过程中，让等候和治疗的恐惧得到了舒缓 → 在使用结束后感到过程没那么害怕，家长出于对孩子有一些有效的关心和疏导							
痛点、机会点	1.家长对孩子的医疗教育匮乏 2.不知道在日常生活或治疗前如何科普和安抚孩子 3.孩子对未知事物的恐惧度高 4.孩子对医院的各种事物感到恐惧			1.大多家长对孩子不会进行引导 2.家长耐心被消耗，导致动手 3.大多家长对孩子不会进行引导 4.排队问诊过长，孩子哭闹不止 5.医疗流程使家长手忙脚乱			1.家长可能对康复护理的进行和效果存在不确定性 2.孩子可能仍对医疗过程持有一定的恐惧和焦虑 3.家长面对康复指导中的困难和耐心等问题 4.对于周期性治疗或吃药感到困扰	

图2-3 用户旅程图

PART 02
知识构建

第二部分

用户研究知识系统化构建

在第一部分基础理论中初步介绍了用户研究的概念、价值、应用等知识后，第二部分将开始对设计学中的用户研究构建系统化知识体系。

首先，从关键词维度分析设计学用户研究趋势，并通过对国内外高被引文献的分析，讨论并构建知识体系；其次，将重要知识元按照基础理论类、模型范式类、方法工具类、统计分析类四个类型分别予以介绍。通过本部分，你将对设计学用户研究的理论研究与应用实践均有更深入和全面的理解。

第3章
用户研究的多学科知识构建

20世纪80年代，加利福尼亚大学圣地亚哥分校提出了以用户为中心的系统设计（UCD）概念[1]，此后"以用户为中心的设计"被设计相关行业广泛接受和使用。20世纪90年代，比尔·莫格里奇（Bill Moggridge）指出交互设计要以人为本[2]，并出版了《关键设计报告》[3]，随后国际标准化组织（ISO）相继发布了ISO 13407：1999《以人为中心的交互系统设计过程》（HCD，Human-Centered Design，以人为中心设计）。无论是UCD还是HCD，强调的都是人作为使用者在设计过程中的核心地位，用户始终处于所有过程的首位[4]，由此可见用户研究是设计学重要的知识体系之一。设计学用户研究是分析用户在使用产品、环境和服务过程中的行为和心理，挖掘用户需求，服务用户感受[5]，在业界常作为产品经理的细分而存在，学界也主要运用在工业、产品、服务设计的研究上[6]。用户研究概念最早出现在管理学对图书与情报信息

---

[1] 弗兰克·E. 里特，戈登·D. 巴克斯特，伊丽莎白·F. 丘吉尔. 以用户为中心的系统设计[M]. 田丰，张小龙，译. 北京：机械工业出版社，2018.

[2] Shneiderman B. Designing the user interface-strategies for effective human-computer interaction[J]. Journal of the Association for Information Science & Technology, 2004, 39(1): 603-604.

[3] 比尔·莫格里奇. 关键设计报告[M]. 许玉玲，译. 北京：中信出版社，2011.

[4] 方兴，张文翰，明辕. 基于UCD的海上救援设备设计[J]. 包装工程，2020，41（4）：103-109.

[5] 罗仕鉴，朱上上. 用户体验与产品创新设计[M]. 北京：机械工业出版社，2010.

[6] 胡飞，杜辰腾，王曼. 美国伊利诺伊理工大学"用户研究"课程群解析[J]. 南京艺术学院学报（美术与设计版），2013（5）：141-144.

用户的监控[1][2]，而后经济、通信、传播等领域也出现了类似的研究，虽然都是通过问卷、访谈、调研等方法，对问题进行定性、定量，但各学科用户研究范式、流程和颗粒度不尽相同，多学科用户研究知识用于设计学系统性知识架构还未形成。设计学用户研究还有着"知识单一，内容简单，多以概论形式存在"的现状，鉴于此，收集国内外多学科用户研究文献，对设计学用户研究的多学科知识结构与谱系进行系统性综述，挖掘知识基础与结构，厘清研究流程与应用范畴，为其学理重构、设计创新提供有益的借鉴。

3.1 研究设计与数据来源

3.1.1 研究设计

文献计量属于科学计量学的研究方法，它是对所有收集到的文献进行矩阵和整合，发现文献中隐藏的规律和信息。[3]席涛等[4]利用文献计量对设计科学的研究趋势进行了梳理，并对设计科学研究方法进行了知识图谱分析，熊一君等[5]通过对文献文本分析和三级编码，解析出艺术学科核心素养的要素，从而提出艺术类实践知识体系构建策略。本书分为研究态势梳理和知识体系构建两个阶段：其一，利用文献计量的关键词共现、聚类、中心性和突变梳理用户研究的重点、热点与趋势，真实反映知识流动和重组，并清晰展现发展态势，为系统性综述提供时效性和结构支撑；其二，对文献计量获取的高共被引文献进行文本分析，追溯有影响力的基础理论与关键知识元，并对其进行设计学结构的三级编码，以展现多学科用户研究知识在设计学中的关系与权重。

---

[1] 丁自改. 从用户情报行为规律看用户研究方法[J]. 陕西情报工作, 1984（3）: 38–45.
[2] Wilson L. User research for the national reference library for science and invention[J]. Nature, 1961, 191(4789):733–734.
[3] 陈悦, 刘则渊, 陈劲, 等. 科学知识图谱的发展历程[J]. 科学学研究, 2008（3）: 449–460.
[4] 席涛, 周芷薇, 余非石. 设计科学研究方法探讨[J]. 包装工程, 2021, 42（8）: 63–78.
[5] 熊一君, 汤志刚, 刘海欧. 面向艺术学科核心素养培养的实践教学模式研究[J]. 实验室研究与探索, 2020, 39（1）: 203–209.

3.1.2 数据来源

在科学计量文献搜索上，为了更大范围探寻设计相关用户研究样本，将搜索条件限制在"用户研究""设计"2个主题词上。国内，对中国知网（CNKI）以"用户研究"AND"设计"为主题搜索条件，文献来源确定为"北大核心"OR"CSSCI"OR"CSCD"学术期刊，时间限定为CNKI可实现最大范围，搜索共得2988条结果，剔除会议摘要、书评、简报等，实得有效文献2923条。国外，对Web of Science（WOS）以TS=（design）AND TS=（user research）为搜索条件，文献来源确定为"Web of Science Core Collection"核心合集，包含科学引文索引（SCI）、社会科学引文索引（SSCI）、艺术与人文科学引文索引（A&HCI）3个库，无时间限制搜索共得文献31850条，剔除简报、会议摘要、软件评论、书籍评论、书籍章节、社论材料等，实际检索31301条有效文献。

3.2 关键词维度的设计学用户研究态势

3.2.1 用户研究多学科分布现状

从可查阅的文献范围来看，国内CNKI收录最早的用户研究文献出现在1984年，丁自改从情报行为上详细论述了用户研究的方法，在2004年后文献数量有显著增长，学科分布上排在前3位的分别是计算机软件及计算机应用（24.03%）、图书情报与数字图书馆（15.25%）、工业通用技术及设备（9.24%），见表3-1。值得注意的是，国内研究集中在工学与管理学领域，其中1999年前都是管理学尤其是图情领域的文章，用户研究作为关键词的设计学相关文献出现在2006年，姜葳[1]在其学位论文中对图形界面的用户生理、心理特征进行了研究，随后几年里，武汉理工大学、湖南大学、江南大学、广东工业大学设计学的发文贡献较大，学者胡飞、谭浩、辛向阳等是较多发文贡献者，由此可见用户研究是典型的交叉研究领域，管理学研究较早，设计

---

[1] 姜葳. 用户界面设计研究[D]. 浙江大学，2006.

学相关研究出现在2006年前后，但发展势头迅猛。在国外，WOS收录最早的用户研究文献出现在1962年，弗朗西斯（Francis）在《自然》（Nature）上发表了关于图书馆用户的创新研究方法在科学与发明方面的应用。❶与设计学相关的研究最早出现在1985年，库尔特·哈恩（Knut Holt）在关于产品创新设计方面提出了用户研究的概念。❷研究领域分布上排在前3位的分别是计算机科学（Computer Science）占29.51%、人类工效学（Ergonomics）占21.94%、信息与图书馆学（Information Science Library Science）占10.30%，前3位的学科分布基本与国内一致，不同的是，国外领域前10位还包含了医疗保健科学与服务（Health Care Sciences Services）、心理学（Psychology）、公共环境职业健康（Public Environmental Occupational Health）、环境生态学（Environmental Sciences Ecology）、医学信息学（Medical Informatics），这表明用户研究在国外交叉了医学、心理学、环境学等自然学科，见表3-1。

表3-1 用户研究领域前10位对比

CNKI组			WOS组		
领域	数量	百分比/%	领域	数量	百分比/%
计算机软件及计算机应用	827	24.03	Computer Science	9400	29.51
图书情报与数字图书馆	525	15.25	Ergonomics	6988	21.94
工业通用技术及设备	318	9.24	Information Science Library Science	3282	10.30
电信技术	288	8.37	Business Economics	2767	8.68
互联网技术	205	5.96	Telecommunications	2072	6.50
电力工业	145	4.21	Health Care Sciences Services	1947	6.11
企业经济	143	4.15	Public Environmental Occupational Health	1724	5.41
自动化技术	136	3.95	Psychology	1652	5.18
新闻与传媒	124	3.60	Environmental Sciences Ecology	1484	4.65
贸易经济	77	2.24	Medical Informatics	1332	4.18

---

❶ Francis F. User research for the national reference library for science and invention[J]. Nature, 1962, 7(126): 194.

❷ Holt Knut. User-oriented product innovation—Some research findings[J]. Elsevier, 1985, 3.

3.2.2 设计相关用户研究热点、重点与趋势

共词分析法是通过统计文献集中词汇对或名词短语的共现情况，来反映关键词之间的关联强度，进而确定这些词所代表的学科或领域的研究热点、组成与范式[1]。对CNKI和WOS文献进行关键词计量与共词分析，得到设计相关用户研究关键词共现网络，通过关键词共现网络结合词频、中介中心性、突变排序就可以分析出设计相关用户研究热点、重点以及发展趋势。

（1）研究热点与重点

在关键词共现网络中，节点半径越大代表关键词出现的频率越高，代表了研究热点。[2] 从CNKI关键词共现网络（图3-1）中可以看出，用户体验、用户需求、产品设计、交互设计和KANO模型等节点半径较大，是国内研究热点；国内位于前10频次的关键词（表3-2）中研究对象4个，为用户体验、用户需求、用户行为、情感体验，研究方法1个，为KANO模型，应用领域4个，为产品设计、交互设计、界面设计和体验设计。从WOS关键词共现网络（图3-2）中可以看出，Experience（体验）、Model（模型）、Technology（技术）、User Experience（用户体验）和Impact（影响）等节点半径较大，是

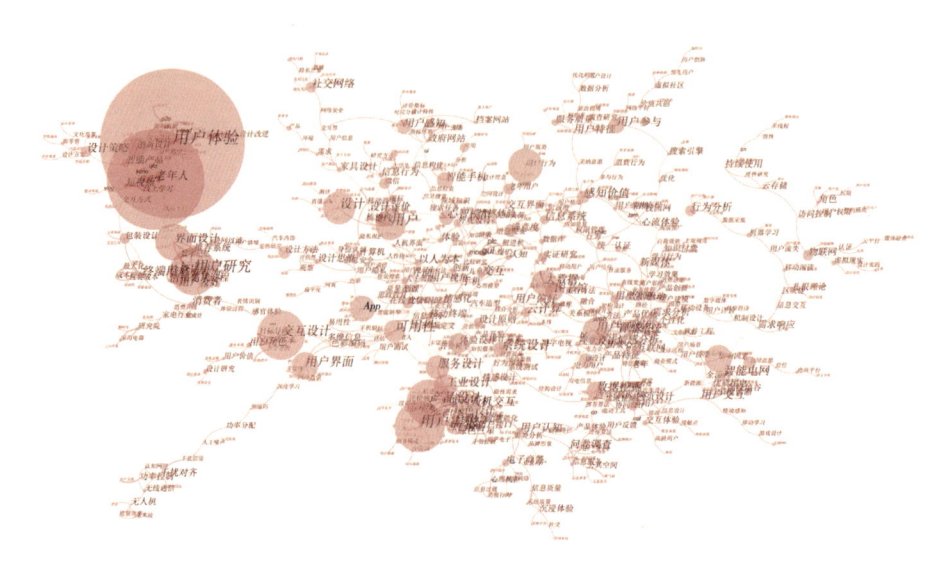

图3-1 CNKI关键词共现网络

---

[1] 傅柱，王曰芬. 共词分析中术语收集阶段的若干问题研究[J]. 情报学报，2016，35（7）：704-713.
[2] 陈悦，刘则渊，陈劲，等. 科学知识图谱的发展历程[J]. 科学学研究，2008（3）：449-460.

国外研究热点；国外位于前10频次的关键词中研究对象6个，为Experience（体验）、User Experience（用户体验）、Impact（影响）、Usability（可用性）、Perception（感知）、Behavior（行为），研究方法1个，为Model（模型），应用范畴3个，为Technology（技术）、System（系统）、Information（信息）。

表3-2 关键词词频前10对比

CNKI组			WOS组		
词频	关键词	占比/%	词频	关键词	占比/%
457	用户体验	15.63	3180	Experience	10.16
235	用户需求	8.04	2019	Model	6.45
190	产品设计	6.50	1681	Technology	5.37
117	交互设计	4.00	1556	User Experience	4.97
110	KANO模型	3.76	1540	Impact	4.92
101	界面设计	3.46	1409	System	4.50
83	老年人	2.84	1271	Usability	4.06
79	用户行为	2.70	1208	Perception	3.86
76	体验设计	2.60	1205	Information	3.85
74	情感体验	2.53	1127	Behavior	3.60

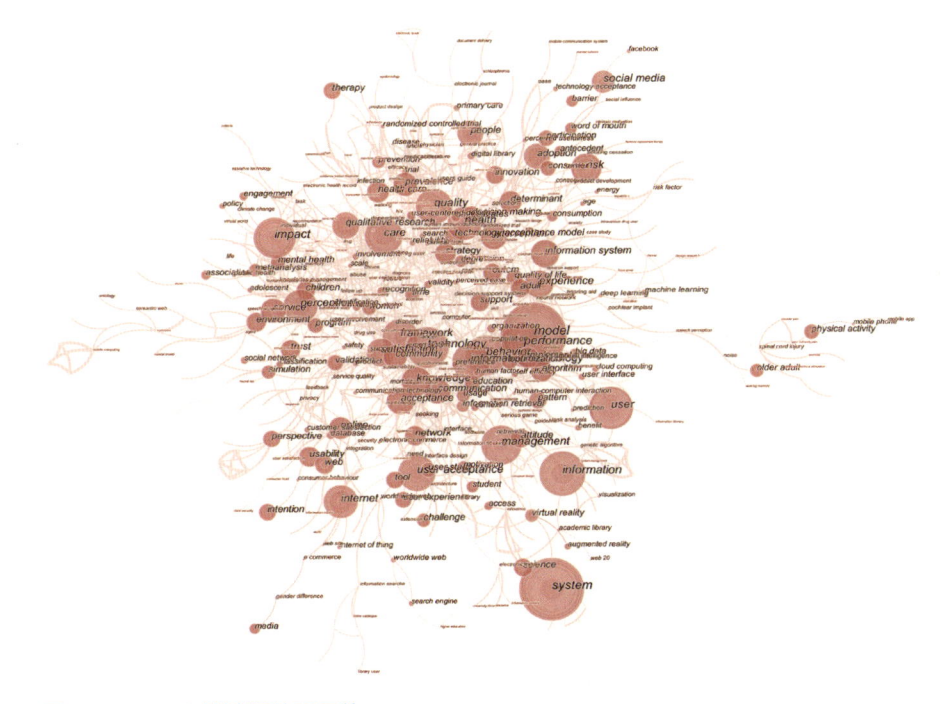

图3-2 WOS关键词共现网络

关键词共现网络中，节点分支越多代表该节点与其他关键词联系越强，中介中心性就越强，凸显出节点在结构中的重要程度。[1]从CNKI关键词共现网络（图3-1）中可以看出，可用性、用户参与、结构方程模型、手机图书馆、数字图书馆等节点分支较多，是国内的研究重点；国内中介中心性前10的关键词（表3-3）中属于研究对象有2个，为可用性、用户参与，研究方法有4个，为结构方程模型、技术接受模型、用户画像、大数据，应用范畴有4个，为手机图书馆、数字图书馆、移动图书馆、界面设计。从WOS关键词共现网络（图3-2）中可以看出，Performance（绩效）、Knowledge（知识）、Reliability（可靠性）、Behavior（行为）和Usability（可用性）等节点分支较多，是国外的研究重点；国外中介中心性前10的关键词（表3-4）中研究对象有7个，为Performance（绩效）、Reliability（可靠性）、Behavior（行为）、Issue（学术问题）、Usability（可用性）、Validation（验证）、Determinant（决定因素），应用范畴有3个，为Knowledge（知识）、Technology（技术）、Communication（通信）。结合以上数据，有以下几点归纳分析：研究热点方面，国内外设计相关用户研究热点均与用户体验高度相关，在热点应用范畴方面，国内偏向于专业或行业，国外偏向于设计整体。研究重点方面，"可用性"虽然不是研究热点，但一直是设计相关用户研究的重点；国内研究重点更集中在图书馆领域，国外研究重点更侧重于设计过程的效果评价，这与国内有较大差异。

表3-3 关键词中心性前10对比

CNKI组		WOS组	
中心性	关键词	中心性	关键词
0.38	可用性	0.26	Performance
0.37	用户参与	0.23	Knowledge
0.33	结构方程模型	0.19	Reliability
0.24	手机图书馆	0.19	Behavior
0.20	数字图书馆	0.18	Usability
0.18	技术接受模型	0.16	Technology
0.17	移动图书馆	0.15	Validation
0.14	用户画像	0.15	Issue
0.14	大数据	0.14	Communication
0.13	界面设计	0.14	Determinant

---

[1] 陈悦，刘则渊，陈劲，等. 科学知识图谱的发展历程[J]. 科学学研究，2008（3）：449-460.

（2）研究趋势

文献计量中的关键词突现是指在一定时期内，关键词发生巨大变化，可表现某一研究领域的衰落或崛起。从关键词突现数据来看（表3-4），国内研究较早的主题是用户界面、产品特征、信息搜索、KANO模型等；研究持续时间较长的主题是用户界面、KANO模型；突现较晚的主题是服务设计、App、社交媒体、扎根理论、人工智能等。国外研究较早的主题是Information System（信息系统）；研究持续时间最长的主题是Information System（信息系统）、User Interface（用户界面）、User Experience（用户体验）；突现较晚的主题是Sustainability（可持续）、Health（健康）、Social Media（社交媒体）、Machine Learning（机器学习）、Big Data（大数据）、Internet of Thing（物联网）、Deep Learning（深度学习）等。结合以上数据，有以下几点归纳分析：设计用户研究最早源于计算机科学，用户界面是早期主要研究方向。在研究方法演进方面，扎根理论的突现代表除了以往的KANO模型、结构方程模型、技术接受模型等量化研究外，社会学质性的研究方法也是当今的趋势。在技术创新方面，大数据、社交网络主题的突现代表了数据驱动、人工智能等最新的技术手段逐渐被用户研究接受，国外技术创新知识更加具体，如机器学习（Machine Learning）和深度学习（Deep Learning）都具体到了算法，而国内出现的是人工智能大概念。在应用领域趋势方面，国内App、服务设计是目前应用比较广的领域，国外Sustainability（可持续）、Health（健康）、Internet of Thing（物联网）、User-centered Design（以用户为中心的设计）应用比较广泛，这也再次印证了设计学用户研究在国内和国外应用领域的维度是有所区别的。

表3-4 关键词突现

CNKI组					WOS组				
关键词	突现强度	开始时间	结束时间	1992—2021	关键词	突现强度	开始时间	结束时间	1982—2022
用户界面	24.70	1992	2013		Information System	116.80	1988	2006	
用户接口	6.33	1992	2003		User Interface	41.55	1991	2012	
企业管理	6.17	1992	2003		System	66.66	1992	2003	
产品需求	5.99	1992	2003		User	28.39	1992	2006	
产品优化	5.64	1992	2003		User Experience	65.84	1996	2019	

续表

CNKI组					WOS组				
关键词	突现强度	开始时间	结束时间	1992—2021	关键词	突现强度	开始时间	结束时间	1982—2022
产品特征	5.64	1992	2003		Users Guide	30.86	1997	2007	
信息搜索	5.28	1992	2003		Database	44.51	1998	2014	
老年人	4.82	1992	2004		Internet	31.49	2000	2011	
KANO模型	4.42	1992	2013		World Wide Web	36.91	2005	2010	
优化设计	4.26	1992	2004		Digital Library	34.09	2005	2012	
面向对象	7.14	1993	2002		Library	42.28	2006	2014	
用户管理	5.48	2001	2005		Software	30.91	2011	2015	
XML	5.04	2002	2007		Word of Mouth	37.34	2016	2019	
多用户	6.74	2006	2015		Consumption	37.16	2017	2020	
预编码	5.17	2009	2012		Sustainability	32.99	2017	2022	
用户感知	4.43	2013	2019		Health	30.13	2017	2022	
服务设计	5.25	2015	2021		Social Media	43.81	2018	2022	
用户行为	4.59	2015	2018		Security	27.4	2018	2022	
App	7.21	2016	2019		Machine Learning	46.38	2019	2022	
影响因素	11.4	2017	2021		Virtual Reality	38.78	2019	2022	
服务质量	4.29	2017	2018		Big Data	35.16	2019	2022	
社交媒体	4.23	2017	2021		Health	27.34	2019	2020	
扎根理论	5.22	2018	2021		User-centered Design	27.26	2019	2022	
人工智能	5.81	2019	2021		Internet of Thing	34.71	2020	2022	
社交网络	5.04	2019	2021		Deep Learning	31.38	2020	2022	

3.2.3 关键词维度的设计学用户研究讨论

对用户研究学科分布、关键词共现、突现，可归纳出关键词维度的用户研究知识结构，见图3-3。从用户研究的多学科现状分析，可以看出与设计相关的用户研究知识主要源于计算机科学、图书情报学、工效学、心理学等学科；研究热点方面，用户研究要注重对用户的测试和评估等统计、量化知识，如用户体验、KANO模型、用户需求、用户行为、情感体验；研究重点方面，集中在产品的可用性、用户画像、结构方程模型、技术接受模型，其中结构方程、技术接受模型作为经典的科学研究模型设计学也适用；研究趋势方面，要借助当今最新技术来交叉，如基于社交媒体数据驱动的用户画像、大数据、机器学习、深度计算等人工智能技术。在研究应用领域方面，国内更加聚焦于用户研究的行业，如产品设计、用户界面、移动图书馆、交互设计，而国外则多聚焦于用户研究的问题（issue），如可用性、信度、绩效等。

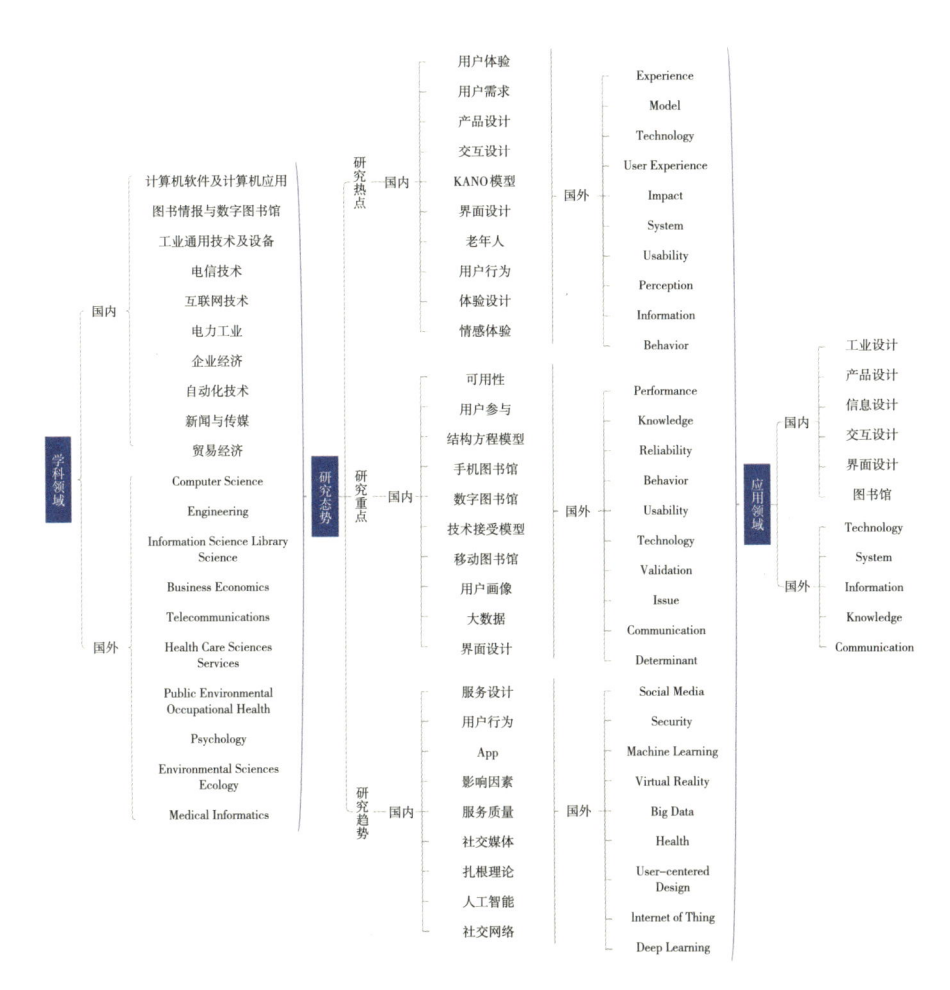

图3-3　用户研究态势——知识结构

3.3　文献维度的设计学用户研究知识重构

共被引分析（Co-citation Analysis）是指两篇文献共同出现在第三篇施引

文献目录中，则这两篇文献形成共被引关系。[1] 高共被引文献被认为是某领域的研究基础[2]，是知识元的重要来源。知识元是将传统载体上的知识分解为知识单元，通过对知识元进行有效组织和集成，可揭示知识内涵，为知识体系构建提供切入点[3]，对高共被引文献进行知识碎片的文本挖掘，并对其知识元编码，可窥觑用户研究的知识关系和权重。

3.3.1 国内外高共被引文献知识碎片梳理

通过对上文文献计量所得的CNKI和WOS 34224篇文献进行共被引聚类，剔除无关文献，并按照重复知识点留取共被引数更高者筛选原则，对CNKI和WOS高引频次前20的重点文献进行全文知识碎片的文本挖掘，对其在学科、领域、文献知识碎片进行梳理，见表3-5、表3-6。从高被引文献的学科和研究领域上发现，与设计相关用户研究知识在自然、社会、人文科学上均有分布，学科大类包含管理学、心理学、工学和理学，管理学分布在工业管理、信息管理和工商管理领域；心理学分布在应用心理和认知心理学领域；工学分布在计算机科学与工业工程领域；理学主要分布在数学、统计学领域；另外，在人文社会科学的经济学、传播学、艺术学领域也有分布，这从文献维度也印证了用户研究的交叉属性。国内，情感化设计的三层次（本能、行为、反思）、结构方程模型、感知有用性、感知易用性、回归分析、卡方检验、设计心理学研究方法等知识共被引频次较高。国外，知识碎片主要集中在结构方程模型（Structural Equation Modeling）、探索性因子分析（Exploratory Factor Analysis）、多元回归分析（Multiple Regression Analysis）、多元方差分析（MANOVA）、联合分析（Conjoint Analysis）、聚类分析（Cluster Analysis）、技术接受模型（TAM）、感知有用性（PU）、感知易用性（PEOU）等，根据高共被引文献知识碎片可以发现，国内高共被引文献呈现的领域较广阔，而国外研究视角相对更窄，但知识深度较深。

---

[1] 梁永霞，刘则渊，杨中楷. 引文分析学的知识流动理论探析[J]. 科学学研究，2010，28（5）：668-674.
[2] 王愉，辛向阳，虞昊，等. 服务设计文献计量可视化分析[J]. 南京艺术学院学报（美术与设计），2021（2）：99-105.
[3] 于秀慧，李宝山. 基于知识元的知识管理[J]. 山东图书馆学刊，2013（1）：10-13.

表3-5　CNKI高共被引文献文本分析

参考文献	学科大类	学科领域	共被引频次	文献知识碎片
1[1]	工学	认知心理学	5575	情感化设计的三个层次（本能、行为、反思）
2[2]	理学	统计学	4882	结构方程模型、模型适配度统计量、验证性因素分析、路径分析、潜在变量的路径分析、多群组分析、多群组结构平均数检验
3[3]	管理学	管理科学与工程	4092	感知有用性、感知易用性、回归分析、通道配置模型
4[4]	工学	工业通用技术及设备	3959	设计原则（易理解性和易使用性、限制因素的类别、可视性和反馈）
5[5]	心理学	实验心理学	2830	中介变量、检验、第一类错误率、功效、同伴关系
6[6]	管理学	经济与管理科学	2777	结构方程模型、卡方检验
7[7]	工学	工业通用技术及设备	1946	设计心理学的研究方法（观察法、访谈法、问卷法、投射法、实验法、态度总加量表法、语义分析量表法、案例研究法、心理描述法、抽样调查法、创新思维法），消费者需要的理论研究（马斯洛的需要层次论、需要层次论与市场心理），附加值理论研究，设计附加值理论研究
8[8]	工学	工业通用技术及设备	1652	产品造型设计；外显知识；内隐知识；设计知识；口语分析；语义差异
9[9]	管理学	管理科学与工程	1521	技术接受模型（TAM）、推理行动理论（TRA）、计划行为理论（TPB）、扩展TAM（TAM2）
10[10]	工学	工业通用技术及设备	1044	用户体验要素、用户需求

[1] 唐纳德·A.诺曼.情感化设计[M].付秋芳,程进三,译.北京：电子工业出版社,2005.
[2] 吴明隆.结构方程模型：Amos实务进阶[M].重庆：重庆大学出版社,2013.
[3] Davis F D. Perceived usefulness, perceived ease of use, and user acceptance of information technology[J]. Mis Quarterly, 1989, 13(3): 319-340.
[4] 唐纳德·A.诺曼.设计心理学[M].梅琼,译.北京：中信出版社,2003.
[5] 温忠麟,张雷,侯杰泰,等.中介效应检验程序及其应用[J].心理学报,2004,36(5)：614-620.
[6] Fornell C, Larcker D F. Evaluating structural equation models with unobservable variables and measurement error[J]. Journal of Marketing Research, 1981, 24(2): 337-346.
[7] 李彬彬.设计心理学[M].北京：中国轻工业出版社,2001.
[8] 罗仕鉴,朱上上,孙守迁,等.产品造型设计中的用户知识与设计知识研究[J].中国机械工程,2004（8）：53-56,78.
[9] Davis V F D. A Theoretical extension of the technology acceptance model: Four longitudinal field studies[J]. Management Science, 2000, 46(2): 186-204.
[10] 杰西·詹姆斯·加勒特.用户体验的要素：以用户为中心的产品设计[M].范晓燕,译.北京：机械工业出版社,2007.

续表

参考文献	学科大类	学科领域	共被引频次	文献知识碎片
11[1]	工学	计算机科学与技术	912	认知心理、人机工程、人机界面、多通道交互
12[2]	管理学	经济与管理科学	777	因子分析法
13[3]	艺术学	艺术设计	729	物理逻辑、行为逻辑
14[4]	管理学	管理科学与工程	578	结构模型、二元信任、感知反馈机制、李克特量表、主成分因子分析法、确认性因子分析（CFA）模型
15[5]	工学	计算机科学与技术	406	心智模型、用户建模、视觉设计原则
16[6]	工学	计算机软件及计算机应用	217	显性要素、隐性要素、面向用户体验的界面设计理论
17[7]	理学	应用心理学	215	心流理论、通道模型、面谈、问卷调查、心理体验抽样法（ESM）
18[8]	工学	工业通用技术及设备	204	产品意象、感性意象
19[9]	管理学	经济与管理科学	159	用户画像、行为特征、信息标签建模、网络爬虫、精准营销
20[10]	工学	计算机科学与技术	111	以用户为中心、可用性测试、人类信息处理模型、人机工学模式、用户角色模型、任务分析法、场景分析法、决策中心法、对象模型化、集簇分析法、信息可视化

[1] 罗仕鉴，朱上上，孙守迁. 人机界面设计[M]. 北京：机械工业出版社，2002.
[2] 汪纯孝，韩小芸，温碧燕. 顾客满意感与忠诚感关系的实证研究[J]. 南开管理评论，2003（4）：70-74.
[3] 辛向阳. 交互设计：从物理逻辑到行为逻辑[J]. 装饰，2015（1）：58-62.
[4] Pavlou P A, Gefen D. Building effective online marketplaces with institution-based trust[J]. Information Systems Research, 2004, 15(1):37-59.
[5] 艾伦·库伯，罗伯特·莱曼. 软件观念革命：交互设计精髓[M]. 詹剑锋，张知非，译. 北京：电子工业出版社，2005.
[6] 罗仕鉴，龚蓉蓉，朱上上. 面向用户体验的手持移动设备软件界面设计[J]. 计算机辅助设计与图形学学报，2010，22（6）：1033-1041.
[7] 任俊，施静，马甜语. Flow研究概述[J]. 心理科学进展，2009，17（1）：210-217.
[8] 苏建宁，李鹤岐. 基于感性意象的产品造型设计方法研究[J]. 机械工程学报，2004（4）：164-167.
[9] 曾鸿，吴苏倪. 基于微博的大数据用户画像与精准营销[J]. 现代经济信息，2016（16）：306-308.
[10] 沙尔文迪. 人机交互：以用户为中心的设计和评估[M]. 董建明，傅利民，译. 北京：清华大学出版社，2003.

表3-6 WOS高共被引文献文本分析

参考文献	学科大类	学科领域	共被引频次	文献知识碎片
1[1]	管理学	工商管理	359	结构方程模型（Structural Equation Modeling）、蒙特·卡罗方法（Monte Carlo Method）、福内尔—拉克尔标准（Fornell-Larcker Criterion）、交叉载荷（Cross-Loadings）、异质–单质比率（HTMT）
2[2]	理学	统计学	330	探索性因子分析（Exploratory Factor Analysis）、多元回归分析（Multiple Regression Analysis）、二元因变量回归（Regression with a Binary Dependent Variable）、平衡设计的方差分析过程（ANOVA）、不平衡设计一般模型的方差分析过程（GLM）、多元方差分析（MANOVA）、联合分析（Conjoint Analysis）、聚类分析（Cluster Analysis）、多维尺度分析（Multidimensional Scaling）、相关分析法（Correspondence Analysis）、结构方程模型（Structural Equation Modeling）、验证性因子分析法（Confirmatory Factor Analysis）
3[3]	管理学	市场营销	298	创新扩散理论（Diffusion of Innovations Theory）、多步创新流动理论（Multi-Step Flow Theroy）、创新采用曲线（Innovation Adoption Curve）、相对优势（Relative Advantage）、相容性（Compatibility）、复杂性/易用性（Complexity/Easy to Use）、可试性（Trialability）、可观察性（Observability）、扩散网络的同质性和异质性、观念领导者（意见领袖）
4[4]	心理学	应用心理学	218	网络外部性（Network Externalities）、动机理论（Motivation Theory）、持续使用意愿（Continued Intention to Use）、认知风险（Perceived Risk）、认知利益（Perceived Benefit）、聚类分析（Cluster Analysis）、结构方程模型（Structural Equation Modeling）

[1] Henseler J, Ringle C M, Sarstedt M. A new criterion for assessing discriminant validity in variance-based structural equation modeling[J]. Journal of the Academy of Marketing Science, 2015, 43(1): 115-135.

[2] Hair J F, Black W C, Babin B J, et al. Multivariate data analysis[M]. Upper Saddle River, NJ:Prentice Hall, 2006.

[3] Musmann Klaus, Kennedy William, Kennedy William H. Diffusion of innovations—A select bibliography (bibliographies and indexes in sociology)[M]. New York: Greenwood Press, 1989.

[4] Lin K Y, Lu H P. Why people use social networking sites: An empirical study integrating network externalities and motivation theory[J]. Computers in Human Behavior, 2011, 27(3): 1152-1161.

续表

参考文献	学科大类	学科领域	共被引频次	文献知识碎片
5[1]	工学	计算机科学及信息系统	214	搜索策略（Search Strategies）、统计分布（Statistical Distributions）、主题索引关键词（Subject Index Terms）、数据万维网（Data World Wide Web）
6[2]	管理学	信息科学	212	网络度量（Web Metrics or Measurement）、可用性（Usability）、设计和性能结构（Design and Performance Constructs）、绩效内容结构（Construct Validity）、法则效度（Nomological Validity）
7[3]	工学	设计学	173	定义问题（Problem Definition）、研究设计（Design）、数据收集（Data Collection）、数据分析（Data Analysis）、结论报告（Composition and Reporting）
8[4]	管理学	信息科学	160	技术接受模型（TAM）、感知有用性（PU）、感知易用性（PEOU）、技术接受与使用统一理论（UTAUT）、动机享乐（Hedonic Motivation）
9[5]	工学	用户体验	162	可用性分析（Usability Analysis）、隐式映射（Implicit Mapping）、敏感性分析（Sensitivity Analysis）、变分条件（Variational Condition）、利普希茨连续（Lipschitz Continuity）
10[6]	工学	用户体验	154	可用性测试、功能性、有效性、迭代开发、信息架构、访谈、情境调查、任务分析、卡片分析、焦点小组、观察、结构化日记、半结构化日记、竞争性研究

---

[1] Jansen B J, Spink A, Saracevic T. Real life, real users, and real needs: a study and analysis of user queries on the web[J]. Information Processing and Management, 2000.

[2] Palmer J W. Web site usability, design, and performance metrics[J]. Information Systems Research, 2002, 13 (2): 151-167.

[3] Aberdeen T. Case study research: Design and methods (4th Ed.)[J]. Canadian Journal of Action Research, 2013.

[4] Venkatesh V, Thong J Y L, Xu X. Consumer acceptance and use of information technology: Extending the unified theory of acceptance and use of technology[J]. MIS Quarterly, 2012, 36(1): 157-178.

[5] Nielsen J, Molich R. Heuristic evaluation of uesr interfaces [C]//the SIGCHI Conference. 1990: 249-256.

[6] Kuniavsky, Mike. Observing the user experience, a Practitioner's guide to user research[M]. San Mateo: Morgan Kaufmann, 2003.

续表

参考文献	学科大类	学科领域	共被引频次	文献知识碎片
11[1]	心理学	认知心理学	154	数据驱动、情境调查、解读会、情境化设计模型、亲和图、故事板、用户界面、产品结构、用户工作场景设计模型、认知风格、工作团队
12[2]	理学	统计学	150	因果与统计建模、统计图和概念图、线性回归分析、中介模型、中介分析、逐步检验、混淆和因果顺序、调节分析、PROCESS分析、有调节的中介模型
13[3]	理学	统计学	140	结构方程模型、Pearl的图形理论和SCM、因果推理框架、条件过程建模、纵向数据的路径模型、项目反应理论、验证性因子分析中的测量不变性、显著性测试、观察变量模型与潜在变量模型
14[4]	工学	计算机科学与技术	136	人工智能、强化学习（Reinforcement Learning）、深度学习（Deep Learning）、多步Q学习（Multi Q-Learning）
15[5]	工学	计算机科学及信息系统	124	信息和通信技术（ICT）、电子商务（Electronic Commerce）、协作（Collaboration）、资源共享（Resource Sharing）、大数据调查、可持续性（Sustainability）、经济效益（Economic）、愉悦度（Enjoyment）
16[6]	管理学	信息科学	123	理性行为理论（Theory of Reasoned Action，TRA）、科技接受模型（Technology Acceptance Model，TAM/TAM2）、动机模型（Motivational Model，MM）、计划行为理论（Theory of Planned Behavior，TPB/DTPB）、TAM与TPB结合模型（a Model Combining the Technology Acceptance Model and the Theory of Planned Behavior，C-TAM-TPB）、PC使用模型（Model of PC Utilization，MPCU）、创新扩散理论（Innovation Diffusion Theory，IDT）、社会认知理论（Social Cognitive Theory，SCT）、整合性科技接受与使用模型（The Unifled Theory of Acceptance and Use of Technology，UTAUT）

[1] Ghaoui C. Encyclopedia of human computer interaction[M]. Cambridge: Cambridge University Press, 2005.

[2] Andrew F. Hayes. Introduction to mediation, moderation, and conditional process analysis[M]. Guilford: The Guilford Press, 2005.

[3] Kline R B. Principles and practice of structural equation modeling (2nd edition)[M]. The Guilford Press, 2010.

[4] LeCun Y, Bengio Y, Hinton. G-Deep learning[J]. Nature, 2015: 521, 436–444.

[5] Hamari J, Sjklint M, Ukkonen A. The sharing economy: Why people participate in collaborative consumption[J]. Journal of the Association for Information Science and Technology, 2016, 67(9): 2047–2059.

[6] Venkatesh V, Morris M G, Davis G B, et al. User acceptance of information technology: Toward a unified view[J]. MIS Quarterly, 2003, 27(3): 425–478.

续表

参考文献	学科大类	学科领域	共被引频次	文献知识碎片
17[1]	管理学	工商管理	123	S-D 逻辑（S-D Logic）、原理（Theory）、规则（Institutions）、生态系统（Ecosystems）、欧几里得的公理（Euclid's Axiom）
18[2]	管理学	市场营销	120	客户体验（Customer Experience）、顾客旅程（Customer Journey）、营销策略（Marketing Strategy）、客户体验管理（Customer Experience Management）、接触点（Touch Points）
19[3]	理学	计算机与行为科学	119	游戏化（Gamification）、游戏式设计（Gameful Design）、动机（Motivation）、用户体验（User Experien）、游戏化的理论认知
20[4]	管理学	工商管理	112	服务场域（Service Field）、技术变革服务研究（Technology Transformative Service Research）、创新协同创造（Innovation Co-creation）、服务设计（Service Design）、大数据（Big Data）

3.3.2 基于文献知识元的用户研究知识体系编码

知识体系包括知识的构成、知识的层次关系、知识元之间的前后依赖关系，知识元为知识体系构建提供了微观知识基础[5][6]，在高被引文献全文文本分析后，对提取到的用户研究知识碎片进行知识元编码，并使用桑基图（Sankey Diagram）来体现数据流的关系和权重。首先，使用开放性编码原则，将收集的文献知识碎化为不同概念的知识元；其次，使用关联编码原则，将知识元赋予其学科范畴、类型范畴和设计流程范畴；最后，使用

---

[1] Vargo S L, Lusch R F. Institutions and axioms: An extension and update of service-dominant logic[J]. Journal of the Academy of Marketing Science, 2015, 44(1): 5–23.

[2] Verhoef, Peter C, Lemon, et al. Understanding customer experience throughout the customer journey[J]. Journal of Marketing, 2016.

[3] Seaborn K, Fels D. Gamification in theory and action: A survey[J]. International Journal of Human - Computer Studies, 2015, 74: 14–31.

[4] Ostrom A L, Parasuraman A, Bowen D E, et al. Service research priorities in a rapidly changing context[J]. Journal of Service Research, 2015, 19(2): 127–159.

[5] 高国伟，王亚杰，李佳卉，等. 基于知识元的知识库架构模型研究[J]. 情报科学，2016，34（3）：37–41.

[6] 温有奎，焦玉英. 基于知识元的知识发现[M]. 西安：西安电子科技大学出版社，2011.

选择性编码原则，将学科范畴、知识元、类型范畴、设计流程范畴整体可视化，厘清其之间多重归属和上下游关系，以系统展示设计学用户研究知识体系。

（1）设计学用户研究的学科范畴知识元编码

将文本分析的所有知识碎片进行汇总、去重，共得到75个用户研究知识元。考虑有些知识元本身就有交叉学属性，按照完全开放原则，共归纳到8个学科范畴，其中属于心理学的知识元最多，产生28条连线，其次是计算机科学14条、统计学12条、管理学13条、设计学12条、经济学7条、传播学5条、工业工程4条，见图3-4。在心理学方面，马斯洛需求层次理论、诺曼的情感化设计理论共被引最高，马斯洛需求层次理论是管理心理学中五大理论支柱之一；诺曼的情感化设计理论基于本能、行为和反思三个设计维度，阐述了情感在设计中的重要地位和作用。在统计学方面，卡方检验、回归分析和方差分析都是用于用户研究的定量数据统计方法。管理学中的结构方程模型解决了很多心理、教育、社会难以直接准确测量的难题；技术接受模型是在运用理性行为理论研究用户对信息系统的接受时提出的一个重要理论，这两种模型作为经典的科学研究方法被各学科使用。设计科学中的用户体验设计五要素将产品和信息设计分为五个层次：战略层、范围层、结构层、框架层和表现层；情境分析、卡片分析、焦点小组等设计方法一直被产品设计、用户体验设计使用。传播的创新扩散理论是传播效果研究的经典理论，是通过媒体说服人们接受新产品的理论，关注大众传播对社会和文化的影响。经济学中价值四象限解决用户具体问题带来的价值，背后的逻辑支撑是业务和场景；服务利益相关者、顾客旅程图在服务设计领域是非常成熟的研究工具。工业工程的感性意向、显性隐性设计要素是近几年在工业设计领域针对产品造型和用户需求的科学设计方法。在计算机科学中，用户画像是勾勒目标用户轮廓、联系用户需求和设计方向的有效工具，由软件工程师阿兰·库珀（Alan Cooper）最早提出，目前影响到了设计、经济、管理等领域；当今计算机科学的数据驱动、人工智能深刻地影响着设计学用户研究全过程。

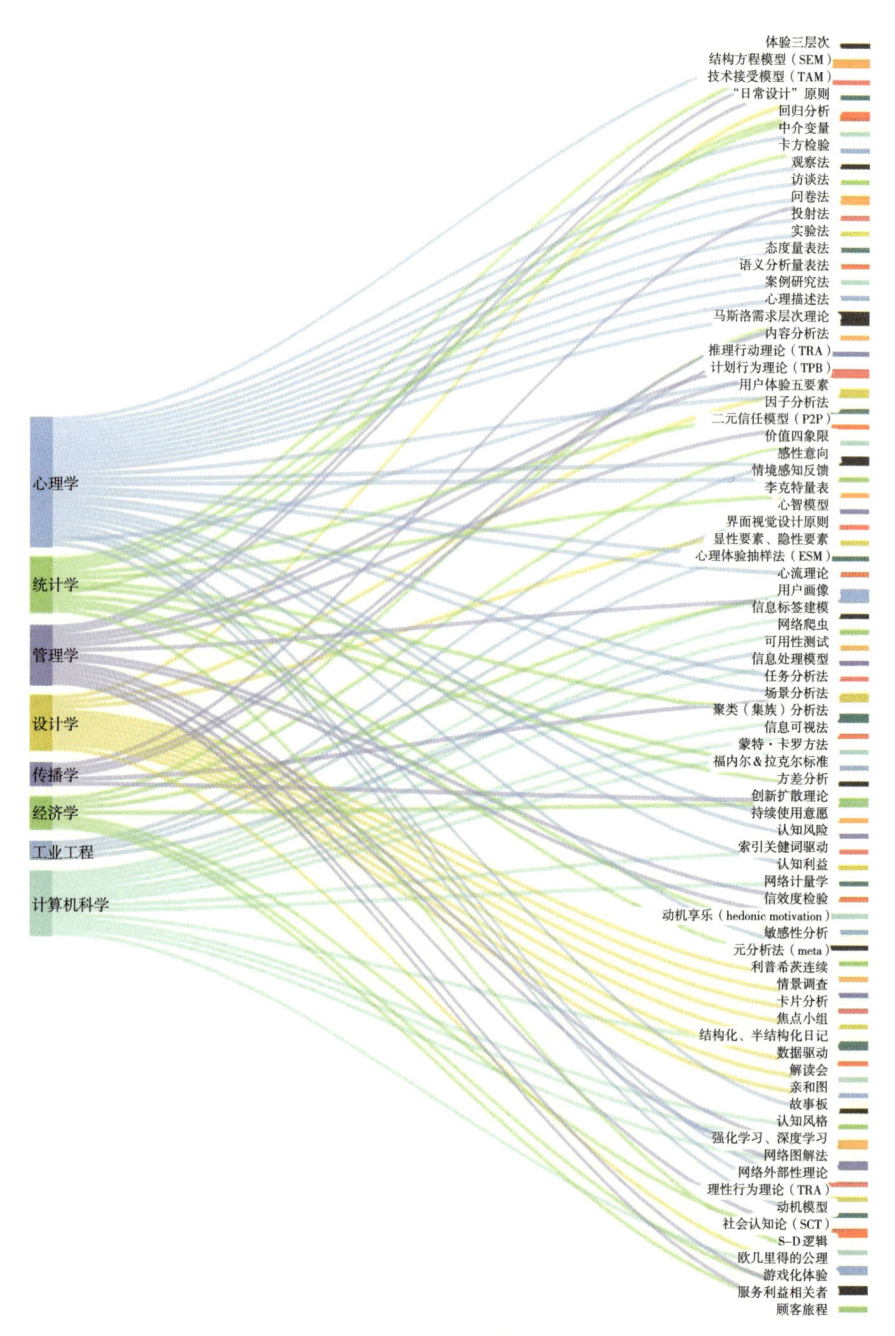

图3-4 学科－知识元桑基图

（2）用户研究的类型范畴知识元编码

将75个知识元依据设计研究特点，对其种、类、属关系编码，同样考虑有些知识元本身就有交叉类型，按照完全开放原则归纳出"基础理论""模型与范式""方法与工具"和"统计与分析"4个设计学用户研究知识类型。对知识元和知识类型梳理发现，基础理论最少，产生7条连线，模型与范式产生32条连线，方法与工具最多，产生了45条连线，统计与分析产生了17条连线，见图3-5。基础理论方面，"日常设计"原则作为设计学经典理论共被引最高；作

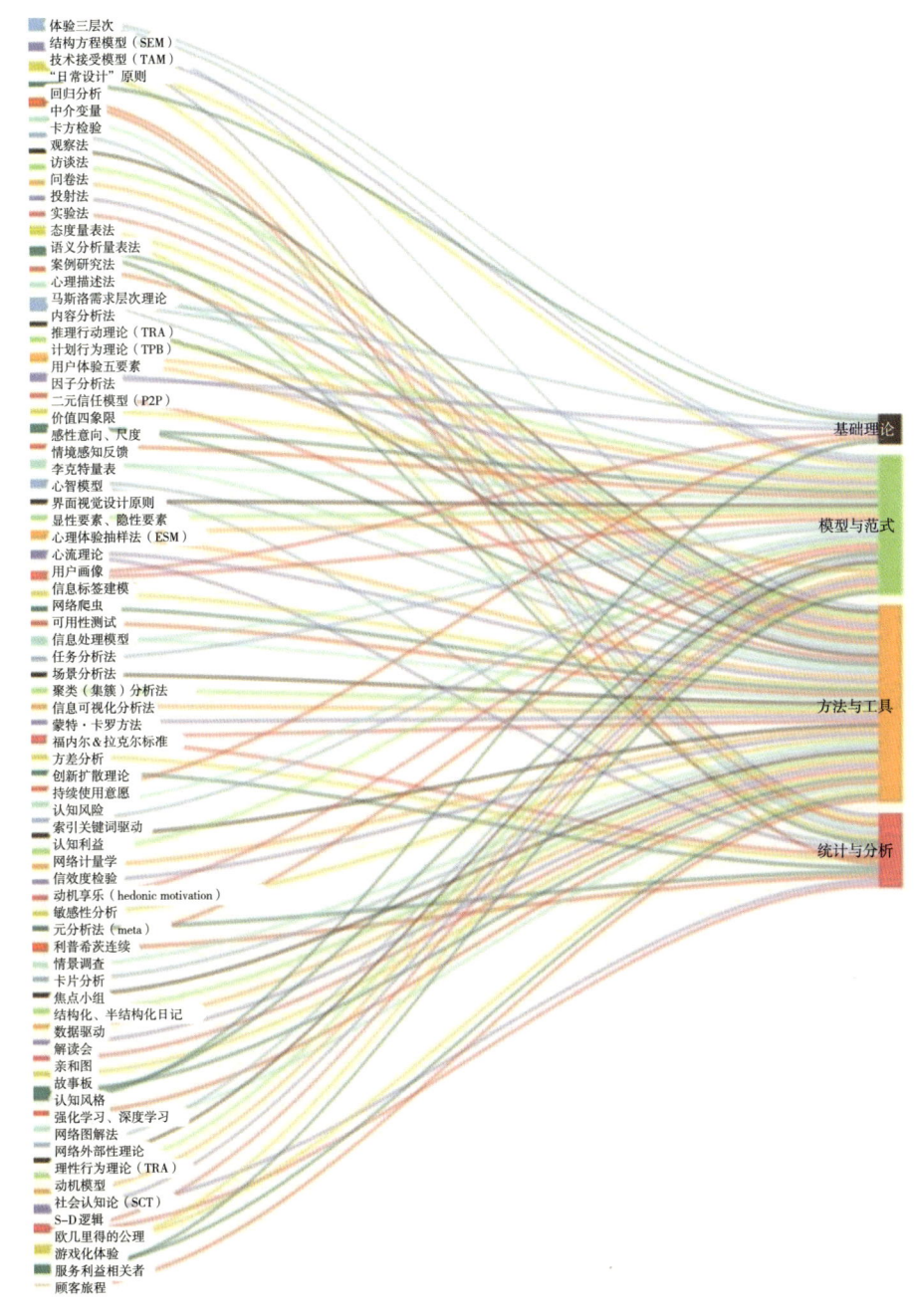

图3-5　知识元-知识类型桑基图

为心理学理论，马斯洛的需求层次理论、心流理论对设计用户的研究也非常重要。模型与范式方面，结构方程模型、技术接受模型给设计学用户研究提供了科学的量化研究范式；心智模型、认知风格、人的信息加工模型作为对用户心理、行为研究的经典模型可规范设计学用户研究过程；而用户体验五要素、可用性评估、利益相关者、旅程图更是以用户为中心的设计中重要的研究范式。方法与工具方面，大量地聚集了多学科用户研究的具体方法和工具，这些可作为设计科学的研究方法，也可作为设计实践的设计方法，如常用的问卷、观察、实验、投射、量表、因子分析等既可以是学术研究方法，也可以是设计方法，另外，感性意向、用户画像、故事板、焦点小组、卡片分析、解读会等都是被很多设计领域长久使用的设计方法，再有机器学习、深度学习、大数据驱动、信息标签建模、信息可视化等计算机科学的方法越来越被设计领域接受和使用。

（3）用户研究的设计流程范畴知识元编码

以用户为中心的设计按照英国设计协会（2005）提出的双钻模型划分为"发现、定义、发展、交付"4个过程❶❷，在4个过程中用户研究一直存在。为了更加清晰地对设计过程中用户研究知识进行梳理，对高共被引文献75个知识元编码，同样考虑有些知识元本身的多重属性，按照完全开放原则分别对应得到"用户调查""用户需求""用户测试"和"用户评估"4个用户研究过程，其中"发现－用户调查"26条连线，"定义－用户需求""发展－用户测试"和"交付－用户评估"均为40条连线，见图3-6。用户调查主要解决在设计过程中发现的问题，是对用户包括桌面、案头、市场等环节的问题发现，这个阶段使用了观察、访谈、半结构化问卷等定性研究方法与工具。用户需求是在"用户调查"发现问题的基础上定义问题，与"用户调查"不同的是，此阶段的定义问题主要是剖析问题的实质原因，是在基础理论下，运用心智模型、人的信息加工模型、认知方式等研究范式对用户需求的定义，既有第一阶段的心理、行为的普适性调查方法，也有人工智能、大数据驱动新技术、新方法的参与，最终得到的是用户画像、用户旅程图、同

---

❶ The Design Council. The Design Process: What is the Double Diamond?[EB/OL].（2015-03-17）[2019-12-18].

❷ 胡飞，冯梓昱，刘典财，等. 用户体验设计再研究：从概念到方法[J]. 包装工程，2020，41（16）：51-63.

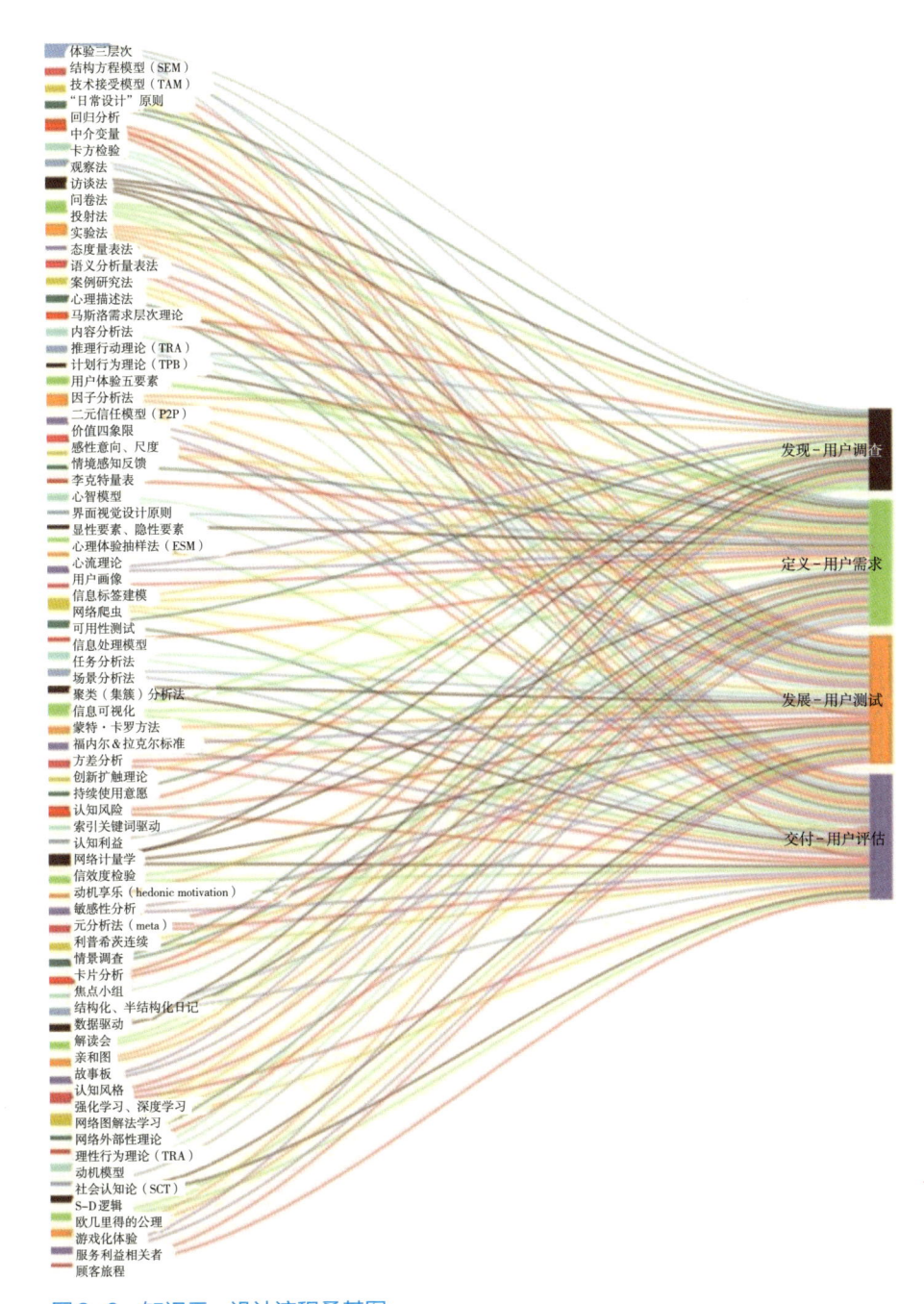

图3-6　知识元-设计流程桑基图

理心地图等。用户测量发生在定义问题后的原型设计过程中，本阶段方法与工具很关键，有两大类方法，一类是设计方法，是对定义问题的创意、思维解决；另一类是对设计原型的用户测试，如故事板、焦点小组、亲和图、卡片分析等。用户评估阶段主要解决设计的交付和产品的迭代，方法基本上和用户测试阶段类似，使用了心理学、管理学的方法和量化的统计与分析工具。

3.3.3 设计学用户研究知识关系与权重可视化

综合学科－知识元－类型－流程的分析，在设计相关的用户研究学科对比中，心理学的桑基能量最多，心理学的理论、模型、方法、统计对设计学用户研究都非常重要，同时也贯穿了知识类型、设计流程的各个环节。在知识类型方面，模型与范式、方法与工具接收到的知识元桑基能量最多，说明了设计学用户研究的理论研究和应用研究都很活跃。在设计流程阶段，用户研究接收了很多"方法与工具"桑基能量，"基础理论""模型与范式"多发生在"发现"和"定义"阶段，多为心理学理论与模型，"统计与分析"多发生在"发展"和"交付"阶段，为用户测量和评估提供了大量的统计学的知识元，见图3-7。

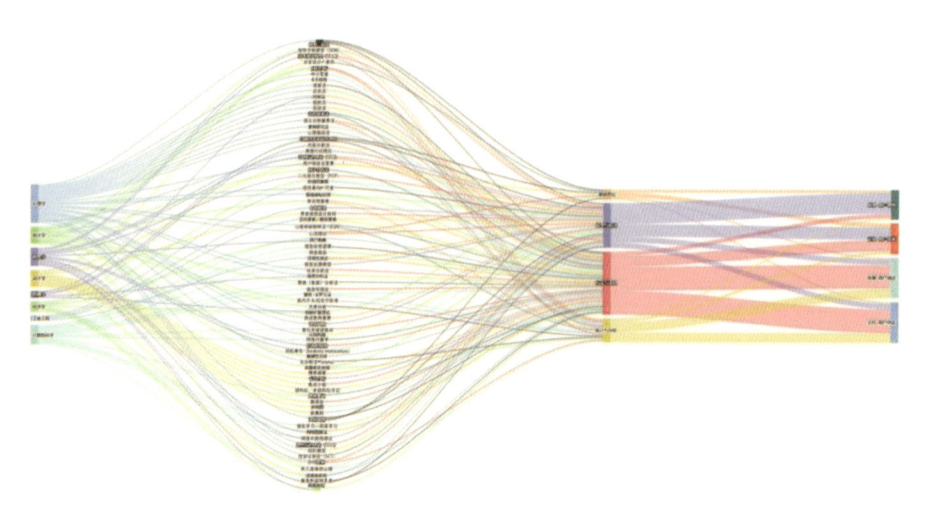

图3-7 学科－知识元－知识结构－设计流程桑基图

3.3.4 设计学多学科用户研究知识构建讨论

在研究态势上，可以看出与设计相关的用户研究是典型的跨学科研究，这也符合设计学的交叉属性；从关键词词频和聚类来看，用户研究不仅要体现基本理论的传授，更要注重产品、服务、系统出现后对用户绩效的关注，要加强用户评价、用户研究信度、效度的相关知识。在文献维度上，设计学用户研究可以分为"基础理论""模式与范式""方法与工具"和"统计与分析"的知识结构，"基础理论"更多的是一些宏观或中观的设计学本体理论，针对"以人为中心的设计"兼可演绎；在模型与范式和方法与工具上出现了较多跨学科的知识元，如"结构方程模型""技术接受模型""李克特量表""扎根理论"等，自然科学和社会科学的范式与方法近几年逐渐被设计研究所使用；在对用户资料、数据的统计与分析上，运用了"方差检验""回归分析"等客观的统计方法，绝大多数都是定量的研究工具，这表明设计学用户研究更多是实证研究，描述性的研究成果较为罕见。另外在研究趋势上要关注创新技术的整合，如社交媒体获取用户行为数据、数据驱动用户画像、网络爬虫、机器学习、深度学习等人工智能算法新技术的用户研究工具。

第4章

用户研究中的相关理论

用户研究中常常引用各领域的相关理论作为指导。在设计学的用户研究中，常见的相关理论大多是来自心理学领域和设计学领域的经典理论，对于构建以用户为中心的设计非常重要。本章将介绍用户研究中常用的经典理论，包括理论理解、对用户研究和设计的指导价值以及应用场景。

4.1 用户研究中相关理论概述

在第3章中通过高被引文献全文分析及知识元编码提出75个知识元，其中基础理论相关的知识元有7个，如马斯洛需求层次理论、心流理论、"日常设计"原则等，虽数量相对较少，但均为各领域非常经典的理论。了解这些高被引基础理论，有助于为设计学用户研究提供理论指导与研究依据，对用户研究非常重要。

用户研究中的高被引基础理论可根据其在设计学用户研究中的理论指导价值，初步分为多用于指导用户分析的心理学相关理论，以及多用于指导设计分析的设计学相关理论。

（1）心理学相关理论

在设计学用户研究高被引的基础理论中，心理学相关理论占大多数，如心理学重要理论之一心流理论，描述人的需求本质的马斯洛需求层次理论，描述人的行为特性的推理行动理论、计划行为理论、理性行为理论等。心理学相关理论对于认识用户本质以及进行用户研究有重要的指导作用。

（2）设计学相关理论

除了心理学相关理论外，还有一些基础理论与设计过程相关，如创意扩散理论、"日常设计"原则、网络外部性原理等。这些理论与用户研究相结合可更精准地指导设计分析与设计构思。

接下来将详细介绍每个基础理论是什么、适合应用的场景或擅长分析的问题、如何指导用户研究或设计。

4.2 心理学相关理论

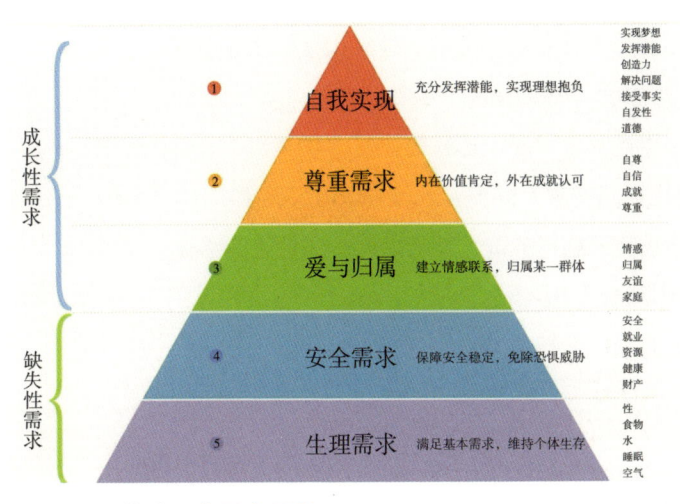

4.2.1 马斯洛需求层次理论

（1）马斯洛需求层次理论的内涵

马斯洛需求层次理论（Maslow's Hierarchy of Needs）是心理学中的激励理论，包括人类需求的五级模型，通常被描绘成金字塔内的等级，见图4-1。亚伯拉罕·马斯洛（Abraham Maslow）指出，人们需要动力实现某

图4-1 马斯洛需求层次理论

些需要，有些需求优先于其他需求。从层次结构的底部向上，需求分别为生理（食物和衣服），安全（工作保障），爱与归属（友谊），尊重和自我实现。这种五阶段模式可分为不足需求和增长需求。前四个级别通常称为缺陷需求（D需求），而最高级别称为增长需求（B需求）。马斯洛的五阶段模型已经扩大为八阶段，包括认知和审美需求（马斯洛，1970a）和后来的超越需求（马斯洛，1970b）。[1]

1）生理需求（Physiological Need）

食物、水分、空气、睡眠、性的需求等。它们在人的需求中最重要、最有力量。

2）安全需求（Safety Need）

人们需要稳定、安全、受到保护、有秩序、能免除恐惧和焦虑等。

3）归属和爱的需求（Belongingness and Love Need）

指人要求与他人建立情感联系，以及隶属于某一群体并在群体中享有地位的需求。这一层次的需求包括两个方面：一是友爱的需求，即人人都需要伙伴之间、同事之间的关系融洽或保持友谊和忠诚；二是归属的需求，即人都有一种归属于一个群体的感情，希望成为群体中的一员，并相互关心和照顾。这种需求属于较高层次的需求。

4）尊重需求（Esteem Need）

分为两类：一是尊重自己（尊严、成就、掌握、独立），二是对他人的名誉或尊重（如地位、威望）。

5）认知需求（Cognitive Need）

知识和理解、好奇心、探索、意义和可预测性需求。

6）审美需求（Aesthetic Need）

欣赏和寻找美、平衡、形式等。

7）自我实现需求（Self-actualization Need）

人们追求实现自己的能力或者潜能，并使之完善化。

8）超越需求（Transcendence Need）[2]

一个人的动机是超越自我的价值观。

---

[1] Maslow A. A theory of human motivation[M]. Psychological Review, 1943.
[2] Sperling A P. Motivation and Personality[J]. Psychology Made Simple, 1982.

（2）马斯洛需求层次理论的应用

需要注意的是，马斯洛讲这些需求时的核心词是"个体"的需求。所以这个理论在人事管理和市场营销过程中，是非常适用的。一定要先定义好客户（个体）是谁，然后站在客户角度发现他不同时期的主要需求是哪个层级的，再传递相对应的价值[1]，见图4-2。

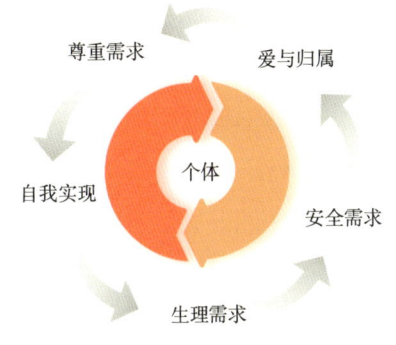

图4-2 马斯洛需求层次结构

例如，制造型企业新员工管理，要先从安排新员工的衣食住行做起，满足个体的生理需求；通过一系列员工关怀活动，让新员工建立安全感；接下来班组长要用科学的方法快速教会新员工操作技能；在公休时间组织团队聚餐、郊游等活动，满足新员工的社交需求；对于新员工的进步，及时在早会上提出表扬，满足新员工被尊重的需求；度过了新员工期，还会产生自我实现的需求，因此，企业的职业通道、内部晋升机制要适配。在以上过程中，员工还会有婚恋需求。

4.2.2 心流理论

心流（Flow）是心理学研究的重要分支之一，心流理论在20世纪70年代，由美国心理学家米哈里·契克森米哈赖（Mihaly Csikszentmihalyi）首次提出。[2] 心流理论是指，人们在从事活动或工作时，高度集中注意力，完全投入过程中，并且自动地过滤掉与之不相关的知觉，表现为忽略时间的流逝和现实世界的影响，进入"流"的状态。在这个过程中，人们感受不到时间的推移，享受活动或工作带来的充实感与兴奋感，获得沉浸体验。人们处于心流体验时，会增强对事物或活动过程的态度、行为和个人意愿等。

心流理论的核心是心流体验（Flow Experience），当个体处于心流体验状态时，他们的意识仅限于活动本身，在过程中充满愉悦感。心流体验是一种动态与情感的表现，受个人素质和进行的活动限制。[3]

---

[1] Maslow Abraham Harold. Religions, values, and peak-experiences. [M]. Penguin, 1994.
[2] 姜婷婷，陈佩龙，许艳闰. 国外心流理论应用研究进展[J]. 信息资源管理学报，2021，11（5）：4-16.
[3] 王卫，史锐涵，李晓娜. 基于心流体验的在线学习持续意愿影响因素研究[J]. 中国远程教育（综合版），2017（5）：17-23，79.

（1）心流理论相关模型

1）心流通道模型

心流通道模型与心流理论密切相关，可以用来分析用户在进行某项活动时的体验需求，判断是否处于心流状态。[1]具体包括三通道模型[2]（图4-3）、四通道模型[3]（图4-4）和八通道模型（图4-5）等多个子模型。

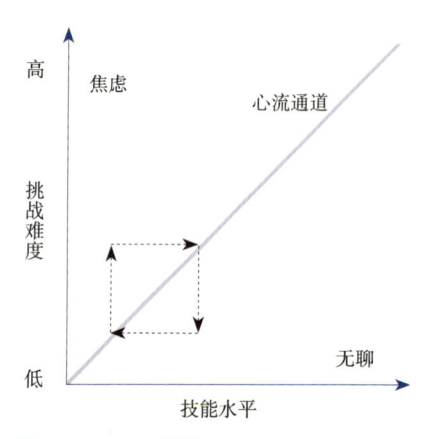

图4-3 三通道模型

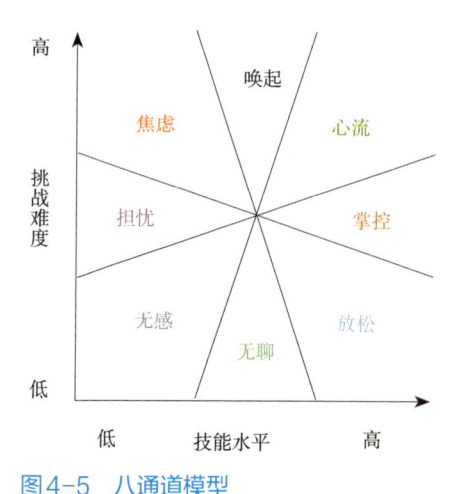

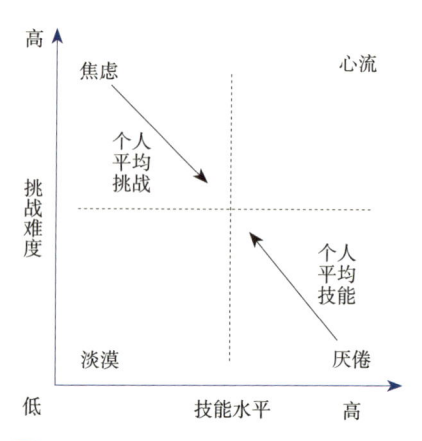

图4-4 四通道模型

图4-5 八通道模型

① 三通道模型

米哈里·契克森米哈赖运用经典抽样法对心流理论进行研究，提出了技能水平与挑战难度相匹配时，就会产生积极的心流状态。根据挑战难度和技能水平，将坐标划分成三个区域，这些区域被称为通道。当任务的挑战难度高于用户的技能水平时，会让用户感到焦虑；当用户拥有较高的技能水平，却参与难度较低的任务挑战时，也会表现出厌烦的情绪；只有当用户的技能水平和任务的挑战难度成正比时，用户才能达到任务中的心流状态。

---

[1] 欧细凡.基于心流理论的功能整合网络平台设计研究[D].湖南大学，2015.
[2] 张宁，王倩颖.基于能力需求匹配模型的老年图标设计[J].包装工程，2022，43（6）：103-109，133.
[3] 邓鹏.心流：体验生命的潜能和乐趣[J].远程教育杂志，2006，24（3）：74-78.

② 四通道模型

随着心流理论研究的进一步发展，米兰大学的马西米尼（Massimini）和卡里（Carli）对三通道模型进一步修正和扩展为四通道模型，在技能水平和挑战难度的基础上，划分了4种状态，分别为心流、焦虑、淡漠和厌倦。[1]目前四通道模型在心理学领域得到了广泛的应用，但是此模型没有充分地说明挑战难度和技能水平，也没有具体地指出如何定义挑战难度和技能水平的范围。

③ 八通道模型[2]

20世纪90年代，马西米尼等学者根据用户动态性、可修正性的情感状态，将四通道模型进一步拓展为八通道模型，对技能水平和挑战难度的关系进行更加全面的梳理，将用户体验的4种状态划分为8种，分别为担忧（Worry）、无感（Apathy）、掌控（Control）、放松（Relaxation）、唤起（Arousal）、焦虑（Anxiety）、无聊（Boredom）和心流（Flow）。

2）用户—工具—任务模型

原始的心流理论是将用户所从事的任务或活动视为一个整体，但在后续的研究过程中，逐渐关注到工具在用户和任务完成过程中的重要作用，工具在任务中表现出高度的复杂性和动态性。针对用户心流的不同阶段，构建了用户（Person）、工具（Artifact）和任务（Task）三个维度组成的用户—工具—任务模型[3]，见图4-6。

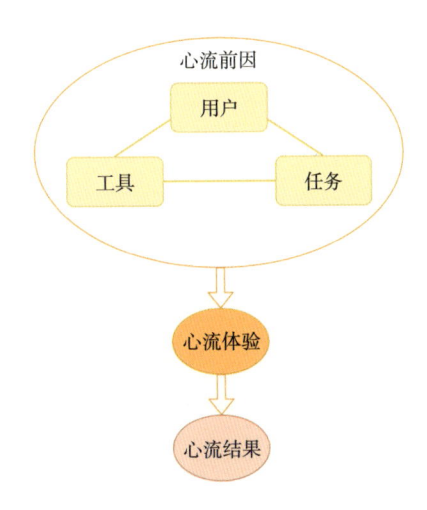

图4-6 用户—工具—任务模型

---

[1] 胡文越. 基于心流理论的骨折复健类APP交互设计分析[D]. 北京交通大学，2021.
[2] 姜婷婷，陈佩龙，许艳闰. 国外心流理论应用研究进展[J]. 信息资源管理学报，2021，11（5）：4-16.
[3] 武瑶佳. 基于心流理论的移动健身类应用设计研究[D]. 中国矿业大学，2018.

用户维度，具体划分为两个方面，一是用户在生活中保持稳定的人格特征或心境状态；二是用户在活动过程中动态变化的状态属性，如情绪或心情。

工具维度，在心流状态的过程中，工具的选择是用户在活动中重要的一方面，用户对工具掌握的程度和工具为用户带来的可用性都会影响用户在整个活动过程中心流状态的变化和心流体验发生的概率。

任务维度，用户在适合自身状态的活动过程中，更容易引起心流体验，当用户清楚任务的目标，并具备应对任务所挑战的技能，能够掌握任务过程或熟悉任务的难易程度，并且所掌握的工具符合任务的特点，更适合用户产生心流体验。

（2）心流理论的应用

1）心流理论在用户研究中的应用

心流理论是衡量用户体验的重要理论和标准。心流是用户对正在进行活动的精神力的完全投入，当用户沉浸在某项活动或工作中时，会忽略掉时间以及身边事物的特殊状态。在用户研究中，对"心流"的分析，可以通过探究用户体验时所产生的主观经验、持续使用意愿和用户黏度等，主要以用户的体验优化和升级为目标，分析目标用户的心理、心境、情感和行为等方面，探究用户在任务过程中的情感持续性、体验交互连贯性和用户文化背景的融合，指导设计对用户黏度的必要性，满足用户的心理需求，提高用户体验。

2）心流理论的测量方法

心流状态是对用户体验的积极情绪评价，但用户在不同的情境下所产生的心流状态，具有差异性、不稳定性和用户主观意识的特点，需要通过测量来进行用户心流状态的评估。

①用户访谈法

与被访用户进行描述性访谈调查，具有简单、直接和易于操作性的特点，是测量用户心流状态的常见方法。在用户体验任务的过程中，或任务体验后与用户进行面对面的访谈或提供相关的问卷，让用户回想任务过程中的状态，将用户在任务中的状态以文字等形式记录。随着访谈用户数量的增多和访谈内容的不断深入，最终得到有关用户心流状态的描述记录会更加丰富和客观。

②心流体验抽样法

心流体验抽样法（Experience Sampling Method，ESM），通过持续研究

调查用户在任务过程中的及时行为和及时体验来获得较为真实客观的用户情感，并分析调查用户的心流状态。心流体验抽样法的优点是通过对调查用户活动的跟踪记录所获取的较为精准客观的情境数据，可以有效避免访谈问题回答较为扭曲或刻意编造完美答案等问题，同时为了进一步保证调查结果的准确性，也应要求调查用户对活动情境和体验作出正确和真实的评估。

4.2.3　理性行为理论

（1）什么是理性行为理论

理性行为理论（Theory of Reasoned Action，TRA）又译作"理性行动理论"，是由美国学者菲什拜因（Fishbein）和阿耶兹（Ajzen）于1975年提出的，其核心思想是：人是理性的。个体的实际行为在某种程度上是由行为意向决定的，而行为意向又是由个体对该行为的态度和主观规范决定的。该理论阐述了基于认知信息的态度的形成过程，以及态度、意向和行为的关系，为预测和解释用户的行为提供了一种可行的方法。[1] 构建并建立了由信念因素、行为态度、主观规范、行为意向和实际行为构成的概念框架，见图4-7。

其中，行为意向是个体愿意从事某一行为的强度；行为态度是个体对某一行为积极或消极的评价或感受，更具体来说，是指个体所感知的关于某一行为的结果以及对该结果进行评价的函数；行为信念是个体对采取某行为可能产生的结果的预期；结果评价是个体对结果的价值评定；主观规范是个体感知到的其周边环境为其带来的压力的大小，是个体的规范信念和个体服从规范信念的倾向的函数；规范信念是个体感知的，对其重要的他人或团体对其行动的期望；依从动机则是个体对他人或团体对其提出的建议的遵从程度。[2][3]

---

[1] 张一涵，袁勤俭.理性行为理论及其在信息系统研究中的应用与展望[J].现代情报，2018，38（11）：145-153.

[2] Fishbein M, Ajzen I. Belief, attitude, intention, and behavior: An introduction to theory and research[J]. Philosophy and Rhetoric, 1977, 6(2): 244-245.

[3] Ajzen I, Fishbein M. Understanding Attitudes and Predicting Social Behavior [M]. Englewood Cliffs, NJ: Prentice-hall, 1980.

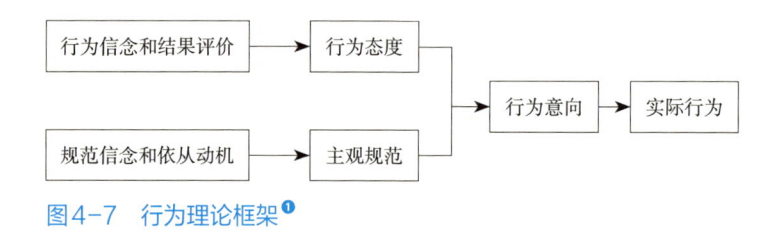

```
┌─────────────────┐      ┌────────┐
│ 行为信念和结果评价 │─────▶│ 行为态度 │──┐
└─────────────────┘      └────────┘  │    ┌────────┐    ┌────────┐
                                      ├───▶│ 行为意向 │───▶│ 实际行为 │
┌─────────────────┐      ┌────────┐  │    └────────┘    └────────┘
│ 规范信念和依从动机 │─────▶│ 主观规范 │──┘
└─────────────────┘      └────────┘
```

图4-7　行为理论框架[1]

（2）适合应用的场景

很多学者在不同情境下和不同特征的人群中对理性行为理论进行普适性研究。[2]

1）情景研究

最常见的情景研究是，利用理性行为理论来预测不同的行为，或是在不同的文化背景下验证理性行为理论。其中对理性行为理论的跨文化研究数量最多。

①理性行为理论在不同文化背景下的比较研究

文化对理性行为理论的影响研究主要关注两个方面的问题：一是探查理性行为理论在不同文化背景下的普适性；二是探查在不同的文化背景下，行为态度和主观规范对行为意向影响作用的变化。

②理性行为理论在不同的行为领域的验证

验证理性行为理论普适性的另外一个研究热点就是在不同的行为中验证这一理论。这一理论已经被应用到多种多样的社会行为中，例如，捐献骨髓[3]、环保行为[4]、产品选择行为[5]、优惠券使用行为[6]、用餐行为[7]等，并被证明是普遍适用的。

---

[1] 张一涵，袁勤俭. 理性行为理论及其在信息系统研究中的应用与展望[J]. 现代情报，2018, 38（11），145-153.

[2] 于丹，董大海，刘瑞明，等.理性行为理论及其拓展研究的现状与展望[J].心理科学进展，2008（5）: 796-802.

[3] Bagozzi R P, Lee K H, Van Loo M F. Decisions to donate bone marrow: The role of attitudes and subjective norms across cultures[J]. Psychology and Health, 2001, 16(1):29-56.

[4] Park H S. Relationships among attitude and subjective norms: testing the theory of reasoned action across cultures[J]. Communication Studies, 2000, 51(2):162-175.

[5] Lee C, Green R T. Cross-cultural examination of the fishbein behavioral intentions model[J]. Journal of International Business Studies,1991, 22(2): 289-305.

[6] Bagozzi R P, Baumgartner H, Youjae Yi. State versus action orientation and the theory of reasoned action: an application to coupon usage[J]. Journal of Consumer Research, 1992, 18(4): 505-518.

[7] Bagozzi R P, Wong N, Abe S, et al. Cultural and situational contingencies and the theory of reasoned action: application to fast food restaurant consumption[J]. Journal of Consumer Psychology, 2000, 9(2): 97-106.

2）个体特征研究

针对个体特征的理性行为理论研究通常与行为态度和主观规范预测作用的相对重要性联系在一起。

例如，特拉菲莫（Trafimow）与芬利（Finlay）在他们的研究中将消费者分为两类，一类是态度控制型，另一类是主观规范控制型[1]。如果个体行为态度与意向的相关程度大于主观规范与意向的相关程度，那么个体被认为是由态度控制，反之是由规范控制。

4.2.4 计划行为理论

（1）什么是计划行为理论

计划行为理论（Theory of Planned Behavior，TPB）是由艾斯贝兰德（Icek Ajzen，1988，1991）提出的，是理性行为理论的继承者。计划行为理论认为人的行为是经过深思熟虑的计划的结果，能够帮助研究者理解人是如何改变自己的行为模式的，见图4-8。

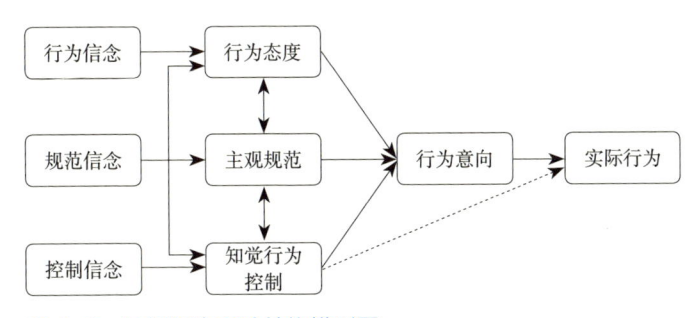

图4-8 计划行为理论结构模型图

1）行为信念

菲什拜因和阿耶兹（1980）认为行为信念（Behavior Belief），就是个人想要采取某一特定行为之行动倾向，也就是指行为选择的决定过程下，所引导而产生是否要采取此行为的某种程度表达，因此，行为信念是任何行为表现的必需过程，为行为显现前的决定，皮特（Peter）和奥尔森（Olson）（1987

---

[1] Trafimow D, Finlay K A. The importance of subjective norms for a minority of people: Between-subjects and with in subjects analyses[J]. Personality and Social Psychology Bulletin, 1996, 22(8): 820-828.

提出对行为信念的测量，可用来预测实际行为的产生，可应用于营销市场对消费者行为做预测。

2）行为态度

行为意图第一个决定因素：执行某项行为的态度（Attitude Towards the Behavior）。对于态度的说法，并不一致。根据期望—价值理论（Fishbein &Ajzen，1975）指出，态度乃个人对特定对象所反应出来一种持续性的喜欢或不喜欢的预设立场，也可说是个人实行某特定行为的正向或负向的评价，他们认为态度的形成可从个人实行某特定行为结果的重要信念（Salient Beliefs）和对结果的评价（Outcome Evaluations）两个层面解释，即

$$Ab = \sum_{i-1}^{i} BB_i OE_i$$

式中：Ab——执行某项行为的态度；

BB_i——行为信念；

OE_i——结果评价；

i——显著信念的个数。

3）主观规范

行为意图第二个决定因素：主观规范（Subjective Norm），它是由个人在采取某一特定行为时所感受到的社会压力的认知。主观规范可以说是个人知觉重要的他人或团体（Salient Individuals or Groups）认为他应不应实行某一特定行为的压力。所以主观规范是规范信念（Normative Belief）和依从此普遍性社会压力的依从动机（Motivation to Comply）的积和，即

$$SN = \sum_{j-1}^{j} NB_j MC_j$$

式中：SN——主观规范；

NB_j——规范信念；

MC_j——依从动机；

j——规范信念的个数。

4）知觉行为控制

行为意图第三个决定因素：知觉行为控制（Perceived Behavioral Control），亦即个人预期在采取某一特定的行为时自己所感受到可以控制（或掌握）的程度。因此，可能促进或阻碍行为表现的因素之个人能力

评估（Control Belief）和这些因素重要性考虑的便利性认知（Perceived Facilitation）的积和，即

$$\text{PBC} = \sum_{k=1}^{k} \text{CB}_k \text{PF}_k$$

式中：PBC——知觉行为控制；

　　　CB_k——控制信念；

　　　PF_k——便利性认知；

　　　k——控制信念的个数。

知觉行为控制常反映个人过去的经验或二手信息或预期的阻碍。阿耶兹和麦登（Madden）的知觉行为控制（1986）与班杜拉（Bandura）的自我效能（Self-efficacy）和特里安第斯（Triandis）的便利条件（Facilitating Conditions）概念类似。基本上，知觉行为控制是包括了内在控制因素，如个人的缺点、技术、能力或情绪等，以及外在控制因素，如信息、机会、对他人的依赖性或障碍等。

（2）适合应用的场景

闫岩[1]从理论的研究对象出发，对应用研究进行分类总结。计划行为理论的应用可以总结为以下三个类别。

1）个体理性行为的预测

虽然理论一开始是为了解释个体如何计划行为来实现特定目标，但到目前为止，大部分研究都专注于如何通过改变或影响各要素来预测个体行为，从而实现特定目标。这类研究广泛见于社会学、健康传播、营销学、管理学、临床医药学等领域。研究针对的行为对象有病患就医意愿[2]、大学生国学学习态度[3]、创新行为[4]、居民健康自我管理[5]、戒烟[6]等，计划行为理论在这些研究中都

---

[1] 闫岩. 计划行为理论的产生、发展和评述[J]. 国际新闻界，2014，36（7）：113-129.

[2] 聂静虹，金恒江. 病患就医意愿和健康意向的影响因素研究——基于计划行为理论（TPB）模型的构建[J]. 新闻大学，2017，34（5）：86-94，150.

[3] 沈自友，王媛璘. 大学生国学学习态度与行为调查研究——基于计划行为理论视角[J]. 北京教育（德育），2017（4）：28-30.

[4] 李慧萍，牛莉霞，董双勇. 基于计划行为理论的创新行为因素分析[J]. 经贸实践，2017（19）：319-321.

[5] 瞿先国，王晓迪，胡俊江，等. 基于计划行为理论的居民健康自我管理行为影响因素探析[J]. 健康研究，2016，36（5）：506-509.

[6] Shu-Chen Hu, Richard R Lanese. The applicability of the theory of planned behavior to the intention to quit smoking across workplaces in southern taiwan[J]. Addictive Behaviors, 1998, 23(2): 225-237.

有很高的解释度。

2）向新媒体领域的扩展

随着新媒体成为日常生活的一部分，研究者们致力于考察计划行为理论对在线行为的预测力和解释力。这一类研究集中于21世纪第一个十年，研究对象包括网络购物，在线服务使用，在线活动等。

3）跨文化应用

计划行为理论是在北美文化语境中提出和检测的，因此，在该理论被推广使用时，各地研究者都会致力于研究其对本土文化的适用性[1]。

4.2.5 社会认知论

（1）什么是社会认知论

社会认知论（Social Cognition Theory，SCT），是社会心理学的主要理论之一。著名社会心理学家班杜拉（Bandura）[2]提出的社会认知理论认为，人、行为与环境三者之间两两存在动态的、互惠的交互作用，也即个体、行为和环境是相互影响、相互依赖的。

该理论最核心的概念有两个：一是自我效能感，即个体对于自己组织和执行一系列行动以达成既定目标的能力的自我评价；二是结果期望，即个体对于自己的行为将会带来的可能性结果的判断。根据该理论，个体采取某项行为的动机大小不仅取决于个体对自身能力的信念，而且取决于个体对行为结果的预期。

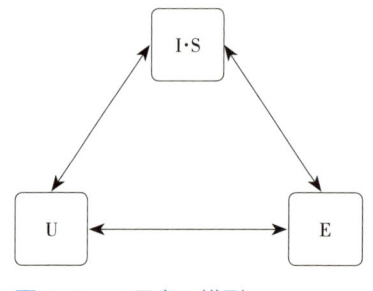

图4-9 三元交互模型

（2）社会认知论的应用

根据班杜拉的理论，可以认为信息查寻行为、用户的内部因素，以及图书馆环境之间也存在三元交互的决定关系，三者关系见图4-9。

在图书馆I·S代表的就是图书馆用户的

---

[1] 韩艺荷，薛云珍. 计划行为理论的发展及应用[J]. 心理月刊，2019，14（7）：195-196.
[2] Bandura A. Social foundations of thought and action[M].Englewood Cliffs. NJ: Prentice-Hall, 1986.

信息查寻行为，U代表的就是图书馆用户的内部因素，E代表的就是图书馆环境（包括软环境和硬环境），图中的U⟷I·S表示图书馆用户个体的期待、信念、目标、意向、情绪等主体因素影响或决定其信息查寻行为，用户的内部因素包括认知的、情感的、动机的和生理的，对用户的信息查寻行为有着强有力的支配和引导作用。如果用户认为他在图书馆找不到所需要的资料，那么他就不会去利用图书馆。用户过去利用图书馆资源的信息查寻行为及其结果也会影响其内部因素。E⟷U表示图书馆环境因素与用户的内部因素之间的相互作用和决定关系，在用户的内部因素与图书馆环境因素之间，不仅图书馆环境可以影响和决定用户的内部因素，用户的内部因素也能影响和决定图书馆环境。如果用户认为他能在图书馆获得所需要的信息，那么他就倾向于利用图书馆，并积极向图书馆建言献策，提出建议，推动图书馆环境建设。如果图书馆环境舒适、资源丰富、管理到位，就能给用户带来成功的感受，让用户在利用时有愉悦的感受。I·S⟷E 表示信息查寻行为与图书馆环境之间的相互关系。行为是用户与环境关系的中介，用户的信息查寻行为推动着图书馆环境的变化，同时信息查寻行为也受到图书馆环境的限制，如果图书馆用户对某类电子资源或图书的需求量大，图书馆就会想办法订购相关数据库或图书来满足他们的需求。同样的，如果图书馆拥有用户需要的资源，用户也自然会对其加以利用。[1]

4.3 设计学相关理论

4.3.1 创意扩散理论

20世纪90年代，英国首次提出创意产业概念后，引起国内外学者开始关注创意概念的相关研究。国内外学者借鉴和整合扩散理论，对创意扩散的概念给出较为完整的定义，即"创意扩散源以创意者头脑中最初的灵感或想法为起点，经过创意方案形成、创意产品化和创意市场化等阶段，分别以初始创意源、创意方案、创意产品和创意商品等形式为扩散载体，在政府、科研机构和金融机构等内部和外部环境的协同作用下，通过多种扩散媒介和扩散渠道，被

---

[1] 伍玉伟. 社会认知理论在图书馆用户信息查寻行为中的应用研究[J]. 河北科技图苑，2014，27（2）：20-22，9.

创意产业集群内部组织，以及创意产业集群外部的消费者逐步采纳和传播的过程"[1]。

在创意扩散理论中，以创意者头脑中最初的灵感来源为起点，产生创意扩散源，分别以初始创意源、创意方案、创意产品和创意商品等形式为载体，经过创意价值链上游创意方案化、中游创意产品化和下游创意市场化等阶段，通过多种扩散媒介和扩散渠道，在创意价值链上、中和下游各创意者或消费者间逐步采纳和传播的过程。

（1）创意扩散过程

创意扩散过程是技术、文化和经济三者相结合的过程，这个过程主要包括创意扩散主体、创意扩散载体、创意扩散环境和创意扩散渠道等要素。创意扩散过程具有复杂性、多层次性和高风险性。创意扩散过程是一个由简单到复杂，然后由复杂到更高层次的、更简单的螺旋式循环上升的过程。多层次性不仅表现为创意在各扩散主体之间的扩散，还表现在同一扩散主体内，人员之间、部门之间的流动。创意扩散过程中的各个阶段都存在不确定性，由此引发创意扩散的高风险性。

影响创意扩散的因素可以分为两个方面，第一个方面为，创意特征变量、创意者特征变量和环境因素等，从主观和客观两个角度出发，影响创意扩散理论的变化特征。第二个方面为，时间因素和空间因素作为影响创意扩散理论的研究变量之一，时间因素在影响过程中占主体和基础性地位；空间因素是创意扩散理论中另一个基本影响因素，在空间因素中，最重要的是传播渠道，可促进彼此之间的交流和沟通。时间因素是抽象的，空间因素是具体的。[2]

（2）创意扩散与创新扩散

在研究过程中，创意和创新两个概念经常发生混淆，创意是创新的基础，创新是创意商业化生产的过程，是创意过程作用的结果。创意注重强调创意人群的思想，当创意人群的思想转化为生产结果时，就产生了创新。

---

[1] 张庆普，李沃源. 创意产业集群创意扩散过程及扩散模式研究[J]. 研究与发展管理，2014，26（1）：22-33.

[2] 孙光磊，鞠晓峰. 创意扩散理论基本概念解析与概念模型[J]. 哈尔滨理工大学学报，2011，16（6）：129-132.

1)创新扩散理论

创新扩散理论,由美国学者埃弗雷特·M.罗杰斯(Everett M.Rogers)于20世纪60年代提出,是一个关于通过媒介劝服用户或消费者接受新观念、新事物和新产品的理论,侧重大众传播对用户、社会和文化之间的影响。

创新扩散理论是一种被用户或者其他群体视为新颖的观念或事物,采用传播的方式,随着时间的推移在社会系统的各种成员群体间进行传递❶,其扩散的过程以创新事物或产品本身、用户群体、沟通渠道、时间和社会系统4个要素组成。在用户研究中,运用创新扩散理论可以分析用户行为的发生过程,探究用户在新信息和新事物的接受与传递时的用户体验特征与需求偏好的影响。

创新扩散理论在新观念或新事物与用户传播的过程中,具有相对优越性(Relative Advantage),认为某项创新优越于它所取代的旧观念的程度;兼容性(Compatibility),认为某项创新与现有价值观、以往经验、预期采用者需求的共存程度;复杂性(Complexity),认为某项创新理解和运用的难度;可试验性(Experimentability),某项创新在有限基础上可被试验的程度;可观察性(Observability),某项创新结果能被用户群体看见的程度;可试性(Trialability),规定的思维模式不可能有创新的成果的特点。❷

2)创新扩散理论的过程

在创新扩散过程中埃弗雷特·M.罗杰斯依据创新扩散时间顺序将采用者对创新的事物或观念决策这一过程分为认知、说服、决策、执行和确认5个阶段,并指出在创新扩散的过程中采纳者的确认结果也会影响其他人对创新的采纳,见图4-10。

认知阶段,主要是指个人或其他决策单位了解到某项创新的存在并对它的功能有所认识。

说服阶段,是指决策者或决策单位对某项创新事物的态度,具体表现为喜欢或者不喜欢等,个人或其他决策单位对创新赞同或者反对的态度。

决策阶段,即决策者或决策单位对某项创新作出的接受或者拒绝的选择过程。

---

❶ 王晨筱,王丽,张庆普. 新产品扩散中领先用户不同角色对普通用户采纳意愿的影响研究[J]. 研究与发展管理,2019,31(5):103-113.
❷ 刘电威. 消费者网上购物决策的关键影响因素实证研究——基于创新扩散理论[J]. 科技管理研究,2014,34(5):175-179.

执行阶段，即决策者或者决策单位对采纳后的某项创新进行投入运用。

确认阶段，是指个人或决策单位对采纳的创新作出进一步的确认，如果与起初了解的信息自相矛盾则可能改变决策，对已完成的创新决策寻求进一步的证实，或者是改变先前作出的接受或拒绝的决定。

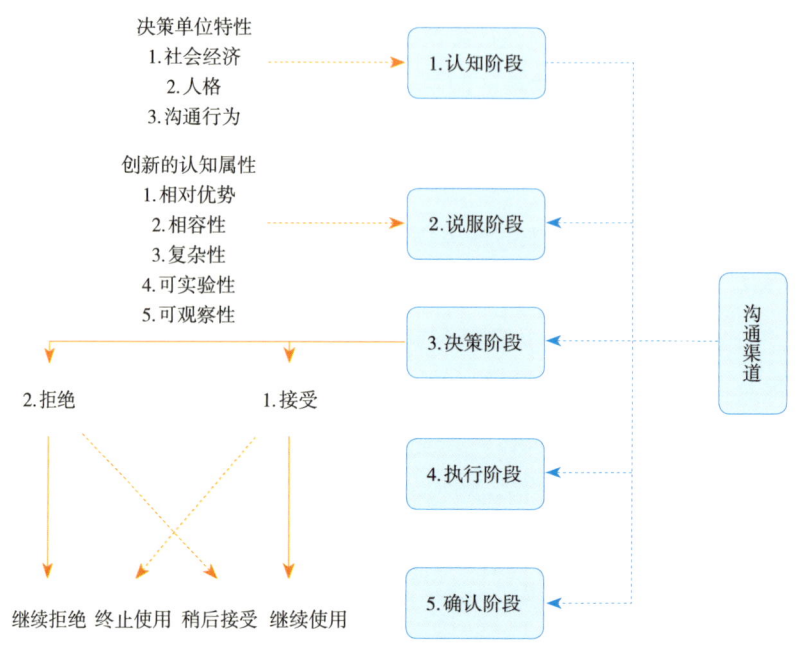

图4-10　创意扩散理论的5个主要阶段

（3）创意扩散理论的应用

创意扩散理论在用户研究中，主要关注用户的自我评估、选择和决策对价值信息的关注和浏览，用户依据主观感知，决定是否采纳新事物和新观念，在整个新事物和新观念的扩散过程中，受到用户个人特征与偏好的影响。基于用户的属性特征，其在主观意识阶段与兴趣偏好阶段，会更加地注意和关注有效的价值信息，进而产生兴趣。并且在新产品的设计和开发阶段，可以用来验证用户是否会采纳该产品。

基于新兴媒体呈现出联合发展趋势，构成了新兴媒体环境，创意扩散在此过程中起到了重要作用，不仅是载体传播和扩散的重要途径和手段，在一定程度上，结合新兴媒体的发展创新了传统创意扩散模式，提供了新型人力、智力、创新和技术等优势。

4.3.2 "日常设计"原则

诺曼在《设计心理学1：日常的设计》中举例说明了很多会影响到日常设计的因素，指出设计师可以从五个方面去考虑优秀的设计：示能、意符、映射和反馈，以及概念模型。[1]该范式从心理学的角度举了大量案例，揭示了这5个原则对于设计的重要性。优秀的设计师善于协调各方面的资源，把所有人都当成用户，而不仅仅是使用产品的用户，满足各方的需求，开发出从示能、意符、映射、反馈都很优秀的产品，包括拥有一个良好的概念模型。

（1）示能（Affordance）

吉布森（J.J.Gibson）提出批判行为主义的心理学概念。其是指一个物理对象和人之间的关系（无论是动物还是人类，甚至机器和机器人，它们之间发生的任何交互作用）；示能是物品特性与决定物品预设用途的主体（用户）能力的关系。

假如，你面前有一扇门，门上有一个把手，这扇门告诉我可以利用这个把手与我进行互动。如果只是单扇门，那么可以利用推或拉的动作打开，但如果是两扇门并排，两个把手在中央靠近，那么这时候门展示出来的意思就是两扇门都可以推或拉。但如果门把手在门的靠外两侧，那么意思就变成将门侧滑后才可以通过（图4-11）。

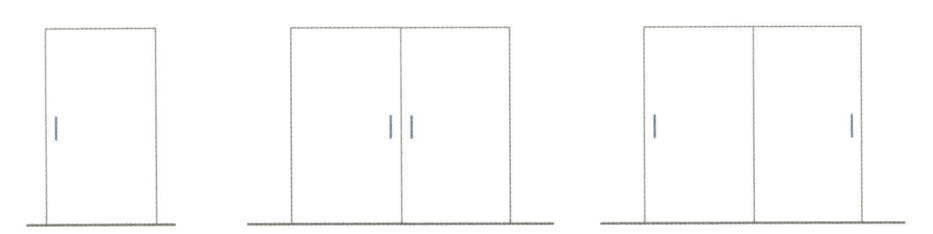

图4-11 示能应用

（2）意符（Signifiers）

用户了解产品、服务的操作、用途、替代方案所借助的符号、线索。设计通过意符向用户交代产品的信息（目的、操作方法、架构等）。示能决定可能

---

[1] 唐纳德·A.诺曼.设计心理学1：日常的设计[M].小柯,译.北京：中信出版社，2013.

的操作，而意符点明具体的操作。

判断一个设计是否优秀，会观察其本身的示能和意符传达是否自然，例如，在通知、设置的场景中经常会用到开关，并且需要有相应的文字描述来解释开关控制的内容是什么（图4-12）。

图4-12 意符应用

（3）映射（Mapping）

出自数理理论，表示两组事物要素间关系，应用于控制—反馈模式的设计或布局。映射也分种类，如自然映射（按空间布局的对应关系）、文化映射（向上移动是增加，向下移动是减少）。映射还可以根据认知原理，对控制—反馈模式进行分组或图式化（格式塔心理学）。

当控制和反馈模式设计契合自然映射或文化映射，即符合人的认知规律和文化心理的时候，设备就容易使用。

诺曼在如何设计映射中提到，自然映射设计可以分为3个层次。

1）控件分布在被控制的对象上

例如，洗衣机上有一个用来选择洗涤模式的旋钮（图4-13），洗涤模式围绕在旋钮的周围，旋钮上有光点，旋转旋钮光点就会旋转到需要的洗涤模式上，这也是控件与对象一体的形式，满足用户对控制器与被控制对象的心理预期。

2）控件与被控对象更接近

例如，电饭煲的烹饪模式和其对应的按钮，都是通过多次点击进行控制，而不是在单独的模式中具有单独的按钮，而最好的方法肯定是想选什么模式直接选，而不是做一个按钮来多次切换（图4-14）。

图4-13 洗衣机映射应用

模式2　模式1　模式3　　　　　功能　模式3

功能　　　　　　　　　　　　功能　模式3

　　　　　　　　　　　　　　功能　模式3

图4-14　电饭煲映射应用

3）控件与被控对象在空间分布一致

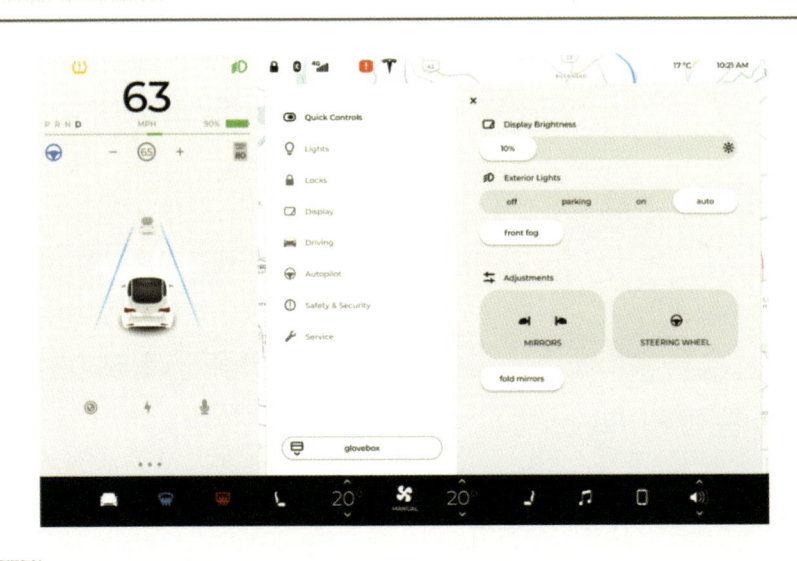

例如，在特斯拉的 UI 界面中，将整体分为3块区域（图4-15），左侧是形式仪表，右侧是多功能区域，底部则是车辆相关的控制功能。这样的设计让控件与被控制的对象能够在远距离形成一个映射关系。

图4-15　特斯拉UI界面的映射应用

（4）反馈（Feedback）

反馈—沟通行动是控制论、信息论的著名概念。反馈应当是即时的（延迟问题），必须提供信息。糟糕的反馈（未有效传达的反馈）比没有反馈更差劲。

过多的反馈可能比过少的反馈更恼人（发光鼠标、发光充电器）。太多的信息也许会让关键、重要的信息漏掉。拙劣的反馈设计往往旨在降低成本，如使用单一光源或声音传达多种声音（电报），提高了传达的难度。重要场合（医院、核电站、航空航天器的控制中心等）的反馈尤其需要精心设计，按重要性先后设计映射，不能让反馈反而干扰问题的排除。

例如，用户在操作的过程中，系统通过交互元素的状态变化告知用户这些操作是有效的（图4-16）。一般而言，这种类型的反馈都比较轻量，以微动效为主。

（5）概念模型（Conceptual Model）

概念模型即高度简化的说明。不必完成，达成目标就行。技术手册、产品说明的撰写也是建立概念模型的过程，当然要比一般模型更详细、复杂。用户心中的概念模型，被称作"心理模式"，即用户心中对产品如何运作、操作的理解。

同一个产品，不同人会建立不同的心理模式；同一个产品，同一个人也会产生多个心理模式（不同层面）。概念模型有的是人人相授（培训）；有的是来自手册；有的是凭经验（约定俗成，和文化有关）建立起来。

用户点击输入框，输入框中会出现光标，告知用户输入框目前已激活，可输入文字

图4-16　反馈应用

例如，在数字界面中，通常会使用可视隐喻来帮助用户理解如何操作，如垃圾桶图标可以传达出"删除不需要的文件"的含义（图4-17）。

图4-17　概念模型应用

4.3.3　网络外部性理论

（1）什么是网络外部性理论

网络外部性是新经济中的重要概念，是指连接到一个网络的价值取决于已经连接到该网络的其他人的数量。通俗地说，就是每个用户从使用某产品中得到的效用与用户的总数量呈正相关。[1] 用户人数越多，每个用户得到的效用就越高，网络中每个人的价值与网络中其他人的数量成正比。这也就意味着网络

---

[1] 倪经纬. 开发性金融"走出去"的网络外部性分析[J]. 上海金融，2017（1）：34-41.

用户数量的增长，将会带动用户总所得效用的几何级数增长。网络外部性分为直接外部性和间接外部性。直接网络外部性是通过消费相同产品的用户数量变化所导致的经济收益的变化，即由于消费某一产品的用户数量增加而直接导致商品价值的增大；间接网络外部性是随着某一产品使用者数量的增加，该产品的互补品数量增多、价格降低而产生的价值变化，见图4-18。

图4-18 网络外部性理论——微信商业化生态闭环

（2）适合应用的场景

网络外部性连接两类不同需求的用户参与群体，根据上述网络外部性的特征，其存在周边影响和双边交互影响。也就是说，在双边市场中，任意一方参与人的市场规模发生变化，都可能会给自身市场的用户或者另一边市场参与人的效用带来影响。据此，可以将其分为网络外部性和交叉网络外部性。网络外部性是指对处在同一边市场中的参与人而言，有相同需求的市场用户群体规模发生变化所带来的影响，亦即某一方参与人的规模大小会影响自身的效用水平；交叉网络外部性是指双边用户的两边市场之间，或者不同类型需求群体之间所产生的网络外部性，某一方用户参与人规模的大小对另一方用户使用平台获得的效用产生影响。网络外部性涉及用户规模和效用相互之间的影响关系，交叉网络外部性又可以进一步细分为成员外部性和使用外部性。成员外部性是指一边用户规模的改变对于另一边效用水平所造成的影响效应，是规模对效用所造成的影响；使用外部性是基于效用对效用的影响，即双方效用水平的变化所带来的相互影响关系。其还可以按照平台的用户性质进行分类。

第5章

用户研究中的模型范式

用户研究中的模型范式是指对于实际问题或客观事物、规律进行抽象后的一种形式化表达方式,把解决问题的方法总结归纳到理论高度,为研究与实践提供指导。本章介绍用户研究中的模型范式,选择对设计学有较大指导价值的部分模型和范式进行详细介绍,它们各有优势,可用于深入理解用户的、解决研究问题的,或是指导设计的应用。

5.1 用户研究中模型范式概述

在第3章中提出的75个用户研究知识元中,与模型范式相关的有32个,这32个模型范式均为用户研究理论与应用研究中高频引用的模型范式,为用户研究提供必要的结构化指导或支撑。根据模型范式对于用户研究的研究内容及价值,初步将其分为针对用户的模型范式、针对研究过程的模型范式、针对以用户为中心设计的模型范式三类。

5.1.1 用户相关

在模型范式中,有一部分是以理解人为目的,将人的心理、行为、认知等方面的事实、规律、方法进行抽象所形成的,如体现人心理规律的心智模型,体现人信息处理过程和方式的人的信息加工模型、认知风格等，这些模型范式在用户研究中非常重要，可作为对用户心理、行为研究的经典模型，可规范设计学用户研究过程。

5.1.2　研究相关

与研究方法相关的模型范式是指将用于解决问题的方法总结归纳到理论高度所形成的结构化模型范式中，为用户研究过程提供科学的可执行的研究范式，如结构方程模型、技术接受模型、持续使用意愿等。这类模型范式给设计学用户研究提供了科学的量化研究范式。

5.1.3　设计相关

与设计相关的模型范式是指面向设计应用、用于指导以用户为中心的设计范式，通过模型范式的规范与应用，以使最终的设计方案能够满足用户诉求、符合用户认知与使用习惯等方面，实现真正的以用户为中心的设计。此类模型范式，如用户体验设计五要素、利益相关者、旅程图、情境感知等，是以用户为中心的设计中重要的研究范式。

了解与学习这些经典的模型范式对于用户研究的理论与实践非常重要。本章将从32个模型范式中挑选其中19个进行详细介绍，包括其概念特征、优劣势、应用场景，以及如何应用等。

5.2　用户研究中的模型

5.2.1　心智模型

1943年首次提出心智模型（Mental Models）的概念，同时也叫心智模式，主要应用在心理学、管理学和人机交互等领域中，是对用户思维的高级建构和用户主观认知的表征。[1]心智模型是用户在有限的知识领域和有限的信息

---

[1] 陈荣虎. 心智模型及其管理学意义[J]. 现代管理科学，2006（6）：36-37.

处理能力上，对某事试图做出合理解释，是对外部世界或真实、或假设、或想象的心理表象，是用户理解世界的方式，是对某一事物如何运作的一种表述。

在用户研究中，心智模型还表示为设计认知的工作方式，讲述设计活动和与之相关的实现模型，让用户明白设计是如何工作的。当设计活动与心智一致时，设计才能被用户所接受，满足用户的预期和用户需求。

心智模型对用户的研究内容主要包括心理过程、心理动力、心理状态和心理特征等。其中，心理过程包括认知过程、情感过程和意志过程；心理动力包括动机、需要、兴趣和世界观；心理状态由注意状态伴随；心理特征包括能力、气质和性格。其中，认知过程包括感觉、知觉、记忆、想象和思维；认识过程包括思维、记忆、言语、知觉、想象和感觉等。

（1）心智模型的形成

心智模型的形成主要来自3个方面。首先，用户通过学习和观察获取对于世界的基本认知；其次，根据已拥有的心智模型，通过类比的方式，建构新的模型，日常生活中，用户经常用到类比思维，如心智模型作用机理（图5-1），拿一件事来理解另一件事，用熟悉的事物解释不熟悉的事物，对新事物进行赋义；最后，通过日常观察外部世界，对外部事物形成自己的解释。心智模型也会不断地接受新的信息刺激，强化或更新原有的心智模型。

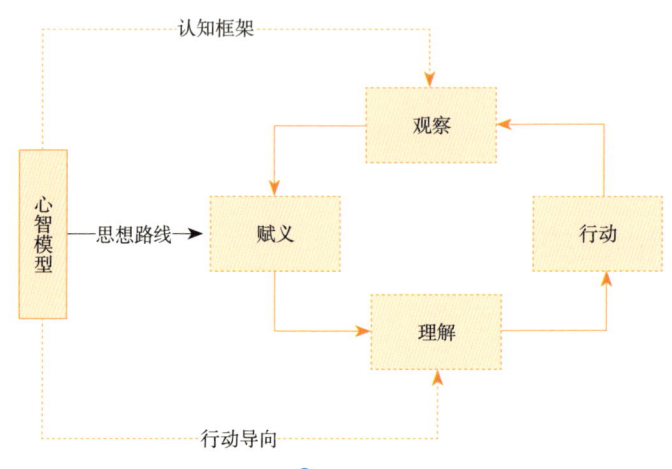

图5-1 心智模型作用机理[1]

---

[1] 李芳宇，倪佳. 基于老年用户心智模型的智慧厨房适老性饮食管理应用研究[J]. 图学学报，2018，39（4）：689-694.

（2）心智模型的评价

不完整性（Incomplete）：由于用户之间的经历不同，对世界的认知有差异，所以人们对于现象所持有的心智模型大多是不完整的。

局限性（Limit）：研究者执行心智模型的能力受到各种外在因素和内在因素的限制。

不稳定性（Unstable）：由于心智模型不断更新，研究者经常会忘记所使用心智模型的细节。

边界模糊性（Boundaries）：混淆类似的心智模型。

非科学性（Unscientific）：人们对世界在心智上的认知有归纳、类比、抽象、概括、联想等非逻辑的手段，相对来说是更加主观的，存在不客观和不科学性。

简约性（Parsimonious）：人们根据经验习惯形成心智的惯性，不用每次都去从头思考一遍，即"推论阶梯"只意识到底部和顶部。

（3）心智模型的应用

用户群体具有特殊性，会根据自身需求的不同，更加关注解决问题的过程和结果是否符合自身的主观认知，注重用户体验的良好程度。[1]用户在体验的过程中会产生情感，并且情感也会支配用户的体验性，对心智模型的探索，可以更好地研究用户情感体验的作用，为有关用户认知和用户情感的研究提供思路。

在设计的流程中，可以通过心智模型对用户的认知、心理和情感进行分析和挖掘，描述用户的行为及其背后的内心世界，通过研究用户心智模型可以发现用户在使用产品过程中存在的情绪，可以更好地注重以用户情绪体验为目的，帮助设计师完善设计，提升用户体验，更好地满足用户需求。

心智模型揭示了用户的心理活动，在设计的研究中，是获取用户需求的有效方法，可以减少用户的认知摩擦；在设计的过程中，更加注重用户情感上的愉悦和满足，明确用户的情感需求，加强情感化设计。

1）心智模型用户信息收集

心智模型的信息收集是将用户的思维活动和行为方式整理表达出来。[2]心智信息记录和分析的方法，包括以下几个方面。

---

[1] 韩正彪. 基于用户心智模型的文献数据库评价研究[J]. 图书与情报，2018（4）：72-79.
[2] 黄群，朱超. 基于用户心智模型的产品设计[J]. 包装工程，2009，30（12）：133-135，153.

① 因果关系分析

当一个事件紧跟另一个事件后，用户倾向于假设因果关系，即使这种关系有时候不一定存在，可以通过因果关系分析了解用户行为产生的原因、分析用户的行为或现象及其背后的成因。

② 任务分析

识别和理解用户目标和任务的过程，解析和认识用户的任务和目的，以及达成任务和目的的工具，其中包括用户用于执行任务的策略、使用的工具、遇到的问题，以及用户希望在其任务中看到的变化。

③ 问卷调查

比较浅层次地收集用户心智信息的方法，常常用于大范围的心智模型记录，可以获取样本量较大的用户个人数据，主观性较强，较为细致，但深层的信息可能会有所遗漏，可以帮助确定用户的背景和主观满意度。问卷侧重于揭示整体效应，即用户群体的心智模型。

④ 焦点小组与访谈

深入了解有关问题，获取用户深层次的心智模型，是广泛使用的非正式方法。可用于规划或评估系统设计，侧重于发现用户心智模型的各种可能性，以及各种可能的解决方案。

⑤ 情境调查

该方法需要在用户的工作现场进行观察。使用此方法是因为用户对其工作的理解通常取决于实际工作环境。在情境调查中，评估者观察并记录用户在典型工作中的行为，收集有关用户环境、工作流程、业务流程和技术使用等大量信息。情境调查可以用于接收个体用户的认知习惯，揭示个体效应。

2）用户心智模型的构建

在设计中，心智模型构建分为3个阶段（图5-2），研究前期准备、心智信息收集和心智数据分析。

首先，研究前期准备，需要明确研究的目标是什么、确定目标用户是谁、明确研究问题，以及确定研究日程规模。

其次，心智信息收集，收集用户的行为特征与心理活动信息，一般采用设计调研方法来获取，常用的研究方法有用户访谈法、用户观察法、出声思考法、问卷调查法、概念图法和因果分析法等，使用特定方法将用户的思维活动、行为方式用可视化的方式表达出来，表征和提取用户的心智信息。

最后，心智数据分析，在心智信息收集的基础上进行心智数据分析，心智模型数据分析是指对分析与提取出来的心智信息进行评估，分析提炼出用户特征及需求，建立心智模型，以便后续指导产品设计工作，常用的方法为亲和图法、卡片分类法、隐喻抽取法（ZMET）、层次分析法、路径搜索法和多维尺度法等。

研究前期准备阶段	心智信息收集	心智数据分析
目标确定	用户访谈法	亲和图法
目标用户确定	用户观察法	卡片分类法
问题确定	出声思考法	隐喻抽取法（ZMET）
日程安排	问卷调查法	层次分析法
	概念图法	路径搜索法
	因果分析法	多维尺度法

图5-2　用户心智模型的构建流程

3）心智模型数据分析

心智模型数据分析是对提取出来的用户心智信息进行评估分析，常用的方法有概念图法、行为亲和图法、多维尺度法、路径搜索法和聚类法等。

概念图法，利用节点代表概念，连线展示概念间联系的图示法，并以数据可视化的形式展现其内部结构和模式。

行为亲和图法，根据其相似性，对收集的大量未知事物的意见或想法等信息进行归纳整理，明确问题所在，得到一致的认知及协调工作。

多维尺度法，将多维空间的研究变量简练到低维空间实行定位、分解及归类，与此同时又留下变量间原始联系的数据分析方法。

路径搜索法，常以路径搜索网络图，将其以可视化形式呈现，用户认知过程中的陈述性或认知描述，常常用于有分层结构的交互系统来比较相似度，也可与心智模型记录方法配合使用。

聚类法，根据相似程度对研究对象进行聚类的一种研究方法，指找出一个分类的依据作为度量指标之间相似度的统计量，把相似程度高的指标组合在一起，直到聚合完毕。

4）用户心智模型与用户体验要素

根据用户体验五要素理论，其表现层、框架层、结构层、范围层、战略层与心智模型相结合，分别对应了心智模型的宏观层面与微观层面，见表5-1。

心智模型的宏观层面呈现用户在态度和活动层面的认知结构与内容，包括用户的认知概念、任务流程与相关模型[1]，对应用户体验五要素中的表现层、框架层和结构层，探究用户的风格喜好、行为特征和思维方式。

心智模型的微观层面指用户完成一项具体任务时的心智模型，对应用户体验五要素的范围层和战略层，代表了用户期望和价值标准。

心智模型能够从宏观到微观覆盖用户需求，与五个层面的用户体验要素相对应，帮助设计师进行用户体验设计。

表5-1 用户体验要素与心智模型

用户体验		心智模型	
表现层	视觉设计	风格喜好	宏观层面
框架层	信息设计 界面设计	行为特征	
结构层	交互设计 信息架构	思维方式	
范围层	内容需求 功能规格	用户期望	微观层面
战略层	企业目标 用户需求	价值标准	

5.2.2 信息加工模型

信息加工模型是描述人对外界信息认知过程的理论模型，模型中一般包括感觉、知觉、注意、记忆等认知理论。

简单的信息加工模型一般包括感觉存储、短时记忆和永久记忆三种心理结构，并且三种心理结构之间相互影响。威肯斯（Wickens）在简单的信息加工模型的基础上进一步总结并提出了一种信息加工模型。该模型描述了一系列处理阶段或心理操作，这些阶段或操作描述了人执行任务时的信息流。[2] 其模型

---

[1] 韩正彪. 国外信息检索系统用户心智模型研究述评与展望[J]. 情报学报，2018，37（7）：668-677.
[2] Wickens C D, Hollands J G, Banbury S, et al. Engineering psychology and human performance[M]. New York: Routledge, 2016.

共包含四个阶段和两种记忆：感觉阶段、知觉阶段、反应的选择阶段、反应的执行阶段，以及工作记忆和长时记忆，同时增加了注意和反馈两个重要的元素。其信息加工模型的框架如图5-3所示。

人通过视觉、听觉等感觉接受环境中的信息，并且部分信息可被短暂地保存在短期感觉存储（Short Term Sensory Store，STSS）。在感觉到的信息中，只有很少的一部分信息被实际感知，形成知觉。知觉的形成是利用过去的经验来理解被实际感知信息含义的过程，而过去的经验存储在长期记忆中。感知后的信息后可通过两条途径进一步进行加工处理。第一条途径为信息被感知后通过对反应的多种可能性进行选择，最后执行相应的反应。第二条途径为信息被感知后通过工作记忆暂时保存对信息的理解，然后主动收集并获取更多的相关信息，对这些信息进行思考，最后对信息做出反应或将信息提交给长时记忆储存。在反应执行之后，相应的环境或任务情况发生变化，从而导致需要对新环境或新任务情况中的信息重新进行感知，即反馈的过程。另外，注意在该模型中起了重要的作用。如前所述，注意是有选择性的，因此其作用之一是对信息进行筛选，筛选出任务相关的信息而忽略任务非相关信息。注意还可为信息加工的各个阶段提供注意力资源，起到促进信息加工的作用。

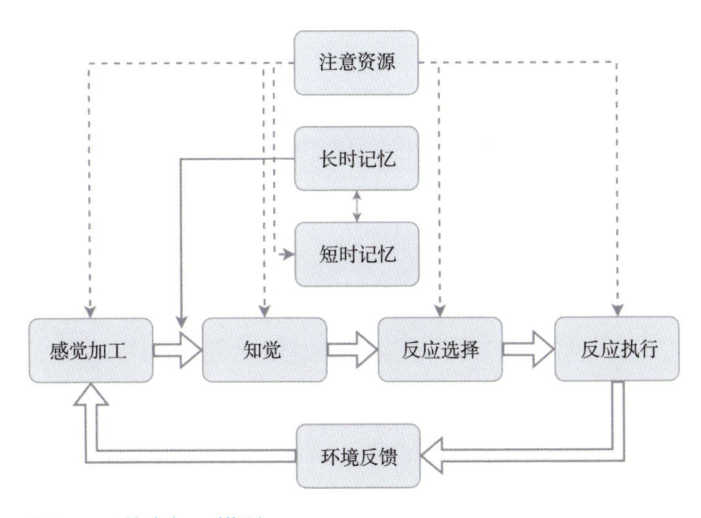

图5-3 信息加工模型

（1）信息加工的过程

感觉加工，是信息加工模型的第一阶段。感觉，是用户感觉器官所产生的，表示身体内外经验的神经冲动过程，是对外界刺激即时、直接的反应。[1]在这一阶段中，感觉器官所接收到的刺激信息被短暂保存，如果缺少进一步处理，就会迅速衰退直至完全消失。

知觉，是对感觉经验的加工处理，是认识、选择和组织并解释外界刺激的过程。知觉被看作一种主动的和富有选择性的构造过程，知觉的过程就是对外界刺激的解释过程。知觉是将感觉信息组织成有意义的对象，即在贮存知识经验的参与下，把握刺激的意义。知觉是现实刺激和已贮存的知识经验相互作用的结果。

记忆，可分为感觉记忆、短时记忆和长时记忆。某一刺激被感知和注意后，就会进入短时记忆，通过复述效应进入长时记忆，或者被快速遗忘。短时记忆的容量是有限的，相似的刺激信息可以被联合成熟悉的、较大的信息组块。短时记忆中的信息以组块为单位，组块的容量通常为（7±2），也有学者定义为（5±2）个组块。如产品设计中，信息呈现的数量需要根据记忆的组块模式进行设计，为用户有效地记忆和理解。

环境反馈，通过感受器获知活动结果的相关刺激信息。用户可以通过反馈来判断自身活动的有效性并进行及时的自我调节。视觉、听觉和触觉等感觉器官均能提供高效而准确的反馈，反馈在产品设计中对于人机之间的信息对话起到了重要作用。高效而智能的系统需要给予用户充分而直观的反馈，提升用户识别和理解的能力。

注意，通过感觉、记忆和其他认知过程对大量现有信息中的有限信息积极加工，包括有意识加工和无意识加工两种形式，具有选择性和集中性，被用来调节人的心理资源并影响着感觉登记之后的所有信息加工过程。

（2）信息加工模型的应用

对信息加工模型进行研究，可以分析和总结为用户使用过程中的认知方式和认知过程，以及在感知与注意机制的作用下，对用户体验所产生的各种影响。并且可以结合探究用户的情感体验，阐述用户在认知过程中对情绪、情感与用户体验的关系，对设计中用户的研究产生影响。

1）信息加工模型在设计中的运用

用户对于设计的认知是一个信息加工处理的过程。设计通过一系列符号化

---

[1] 韩忠霞. 基于用户感觉的大学图书馆社区化功能研究[J]. 四川图书馆学报，2017（6）：7-9.

的语言来刺激用户的感觉器官，通过用户大脑的信息加工来取得对设计成果的印象。[1]在用户对设计认知的过程中，联想在其中起着非常重要的桥梁作用。联想的过程是一个选择、比较、过滤和提取的信息加工过程，提取与记忆中信息相联系的内容，而这些信息的认识和加工过程，正是通过许多造型信息的编码刺激所形成的。

在用户的生理、心理活动中，重视编码是凭借符号传达信息的过程。设计师可以根据编码过程的重要性，在确定所需传达的内容后，用造型上的明喻、暗喻、类推、借喻和联想等手法使内容具体化，结合形态、色彩和质感的类比性或相异性，增加设计形态的可读性、注目性和相宜性，可以分为视觉编码、听觉编码、触觉编码和嗅觉编码等几种形式，它们之间既相互独立又相互联系，从而共同发生作用，通过用户外部感官的输入影响内在的心理认知。

2）信息加工模型在用户体验层次上的应用

将信息加工模型的过程阶段与本能层、行为层和反思层结合，从心理学角度分析用户认知与使用产品的过程，根据信息加工模型理论，用户的认知应首先反映在本能层，并逐渐向反思层深入，最终再由反思层作用于前两者。

通过对体验阶段的划分，可以将用户的信息加工归纳为感知阶段、沟通阶段和反思层阶段3个层级，它们逐层递进、依次渗透，最终合并为整体的用户体验过程。

①感知阶段

用户在最初看到的设计外观、触摸的感觉、声音的听觉和直观感受，本能层反应组成了用户在感性层面对产品的认知。包含了设计的形态美感、物理手感、色彩搭配和材质肌理等不同通道的感官刺激。这些刺激共同形成了感官层的体验效果，感官体验具有即时性，是即刻的情感反应。

②沟通阶段

建立设计与用户之间的沟通关系，让用户理解如何去使用和接收，并以此扩展用户的技能或提供某种服务。这是一种行为认知，也是塑造设计体验的最佳环节。

③反思阶段

以拟人化的态度对待事物，通过设计影响用户情感和认知。在行为认知阶

---

[1] 高全力，高岭，杨建锋，等. 上下文感知推荐系统中基于用户认知行为的偏好获取方法[J]. 计算机学报，2015（9）：1767-1776.

段，积累的感受会最终作用于用户情绪与情感，从而直接反应到对待设计的行为和态度上。

5.2.3 动机模型

（1）认识动机模型

1）动机

在心理学，动机是驱动人或动物产生各种行为的原因。动物的行为简单，比较容易理解，可是人的行为复杂，很多背后的原因不易解释。在涉及动物行为动机时，常用需要或内驱力来解释行为，如动物饥饿了会为了食物互相残杀。但是涉及人的动机时，除了需要、内驱力外，还会涉及目标、兴趣、愿望、理想、信念等来解释行为，因此，人的动机更为复杂且难以区分。

2）动机模型

1997年岑迪安研究所（Censydiam Institute）出版的《今天的"裸体"消费者》（The Naked Consumer Today）完整提出了岑迪安（Censydiam）动机理论，它包括了"两维度""四策略"以及"八动机"（图5-4），旨在挖掘人类行为背后深层次的动机。由于其较高的学术价值，近年来不断有学者将其由心理学领域引入到其他领域。[1]

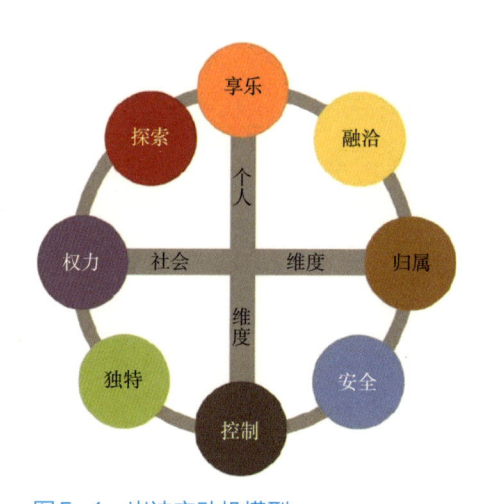

图5-4 岑迪安动机模型

---

[1] 蒲若桐，鲍懿喜. CENSYDAM动机理论视角下众筹平台的交互设计研究[J]. 设计，2022，35（8）：136-139.

岑迪安动机理论作为框架，对前人的研究成果进行归纳整理，将众筹参与者的动机归集到了以下的6个动机子类中，见图5-5。

① 探索（Vitality）。众筹平台中的项目大多具有创新性，项目的回报产品不仅新鲜而独特，且尚处于设计开发阶段，具有一定的不确定性，热爱探索的用户可能会被这种特点所吸引。

② 融洽（Conviviality）。不少用户渴望能与项目发起者互动，成为产品的"共创者"；同时也有不少用户渴望与同个项目的其他参与者进行群体性的交流。

③ 归属（Belonging）。归属动机实际上属于一种利他动机，用户可能会出于想帮助项目发起者建立事业、追逐梦想而选择投资项目。

④ 独特（Distinctive）。本身即具有独特性，可以帮助用户彰显个性、建立个人形象。

⑤ 安全（Security）。如果用户对发起者足够信任，那安全动机也会成为他们参与的动机之一。

⑥ 控制（Control）。专业投资者想要投资有发展潜力的项目并与项目发起者成为合伙人。

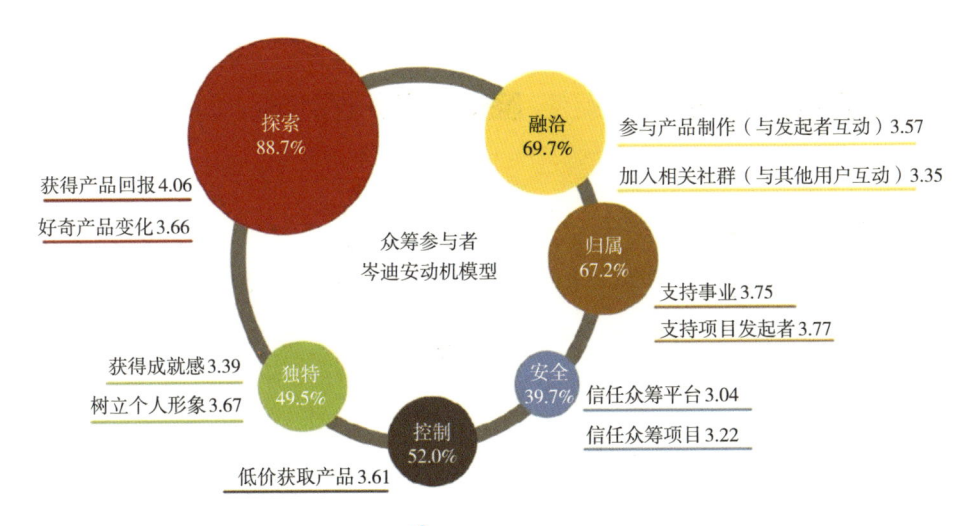

图5-5 众筹参与者岑迪安动机模型 ❶

---

❶ 蒲若桐，鲍懿喜. CENSYDAM动机理论视角下众筹平台的交互设计研究[J]. 设计，2022，35（8）：136-139.

（2）动机模型的应用

辛向阳教授将交互设计的五要素定义为"用户、场景、行为、工具或媒介、目的"[1]，并明确指出行为才是交互设计的主要对象。在当前的语境下，参与动机即是目的，用户旅程图的方法对参与者的行为路径进行可视化表达，将整体行为拆解成许多细微而具体的行为。根据已建立的众筹参与者岑迪安动机模型，将不同的动机子类用不同颜色的圆点在用户旅程图中进行对应表示，见图5-6，从中可以对参与者动机与参与者行为之间的对应关系一目了然。从用户进入众筹平台的一刻起，用户与平台之间的交互就已经开始了；如果用户对某一众筹项目产生兴趣，他可能会选择进一步与众筹项目的内容产生交互。

情感宣泄、社会关系、朋友交往等因素与传统的在线社交网站（即SNS）在动机因素上有所重合，这反映了微博作为 Web 2.0 的一种应用，仍然担负着在线社交网站所具有的部分功能。[2] 技术因素—社会热点关注—可靠数据源，特别是技术因素—可靠数据源构成微博使用动机模型中最重要的关系链，这说明技术因素在微博使用过程中起着决定性的作用。微博消息的简洁性、移动性及广播特性是微博广泛使用的技术因素，见图5-7。

探求他人隐私是动机模型中的一个元素，它能直接导致用户社会关系的建立，也就是说用户的好奇心能促使新的社会关系得以建立。

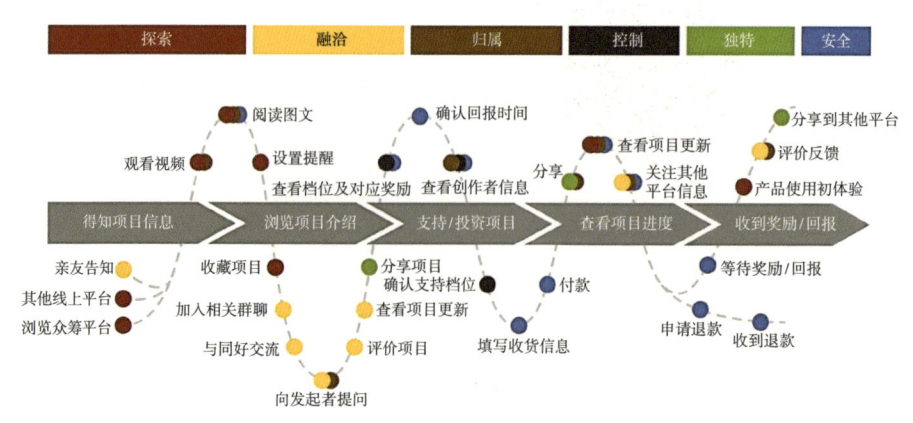

图5-6 众筹平台参与者——用户旅程图[3]

---

[1] 辛向阳. 交互设计：从物理逻辑到行为逻辑[J]. 装饰，2015（1）：58-62.

[2] 李芳，曲豫宾. 大学生微博使用动机模型实证研究[J]. 福建论坛（社科教育版），2010，8（8）：115-118.

[3] 蒲若桐，鲍懿喜. CENSYDAM动机理论视角下众筹平台的交互设计研究[J]. 设计，2022，35（8）：136-139.

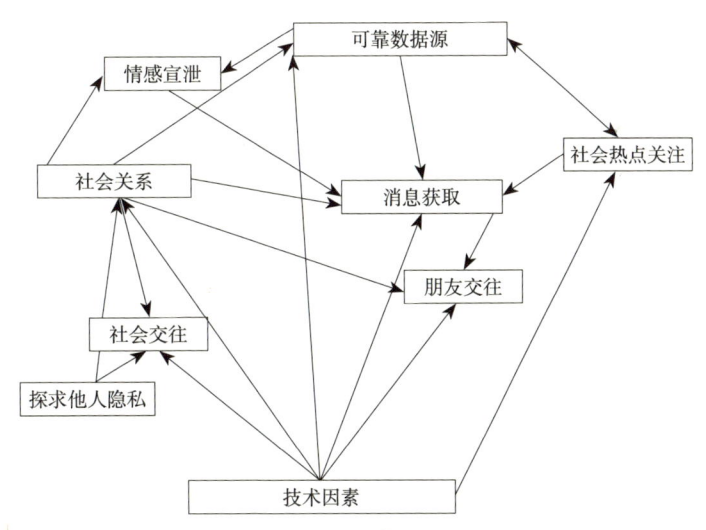

图5-7 微博动机结构等级价值图[1]

5.2.4 卡诺模型

（1）了解卡诺模型

不同的产品属性对用户的重要性各不相同，卡诺模型可以用来分析产品的哪些属性最能影响用户的满意度。卡诺模型是由质量管理领域的专家狩野纪昭（Noriaki Kano）提出的一种品质管理方法，他第一次将满意度标准引入质量管理领域。[2]

卡诺模型可以分析某一属性的需求程度和用户满意之间的非线性关系，见图5-8，横坐标代表某一属性的具备程度，越向右具备程度越高，纵坐标代表用户满意程度，越向上用户满意度越高。将需求具备程度与用户满意度的关系划分为五个类型：必备属性、期望属性、魅力属性、无差异属性、反向属性。卡诺模型是一种重要的需求分析方法，在用户研究中使用卡诺模型，可以识别出哪些产品属性（如功能、价格和外观）是能够更大程度地影响用户对产品满意度的，并对它们进行排序，帮助设计师了解用户需求。[3]

---

[1] 李芳，曲豫宾. 大学生微博使用动机模型实证研究[J]. 福建论坛（社科教育版），2010，8（8）：115-118.

[2] Kano Noriaki, Nobuhiku Seraku, F. Takahashi. Attractive Quality and Must-be Quality[J]. Journal of the Japanese Society for Quality Control, 1984，14（2）:147-156.

[3] 贝拉·马丁，布鲁斯·汉宁顿. 通用设计方法[M]. 初晓华，译. 北京：中央编译出版社，2013.

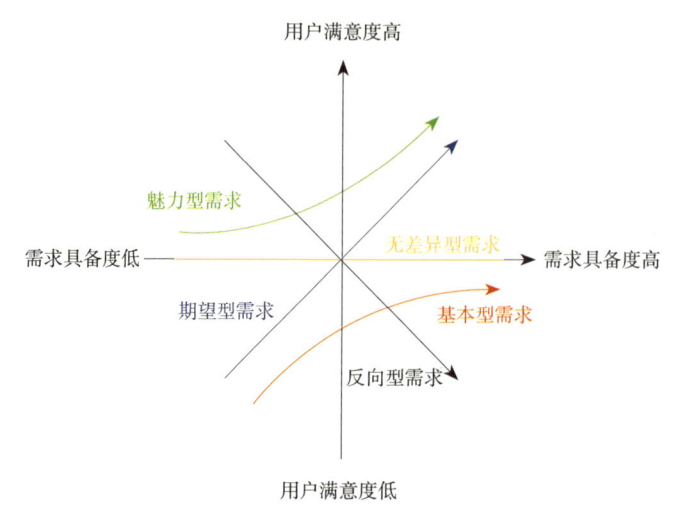

图5-8 卡诺模型

1）必备属性

用户认为必须要有的功能，指产品的基础功能。如果产品中提供这类必备功能或服务，用户满意度不会提升；但当不提供这类功能或服务时，用户满意度会大幅降低。因此，这类属性一旦确定，就必须在产品中体现出来。最基本的隐私性、安全性、保障性和法律要求等都是必须具备的属性。

2）期望属性

期望属性和用户满意度有着直接的关系：如果产品或服务包含这些期望属性，就会提高用户对产品价值的评价；如果没有这些期望属性，评价就会降低。一旦确定了某些期望属性，最好在产品中体现出来。

3）魅力属性

魅力属性给用户带来喜悦和惊喜，指一些让用户出乎意料的产品功能或服务。魅力属性能够提高用户满意度，然而，与必需属性或期望属性不同的是，即使没有刺激或惊喜的属性，通常也不会让用户感到失望或沮丧。刺激或惊喜的属性是用户的潜在需求，大多数用户都不会主动要求这方面的属性。

4）无差异属性

无差异属性是指用户无论如何都不会非常在意的功能。有没有这些功能都不会影响用户满意度，用户根本不在意。

5）反向属性

具备反向属性会对用户满意度造成负面影响。反向属性有助于了解在产品设计中应该避免的问题。有时候用户会为了消除这些功能的烦扰宁肯多付些钱（比如，免费的应用程序中包含广告，但付费的应用程序中没有广告）。但如果竞争对手的产品中没有这样的反向属性，用户可能会放弃你的产品而转向竞争对手的产品。

（2）卡诺模型的应用

1）用户调研

如何判断某个产品属性属于卡诺模型中的哪种类型呢？通常可以通过问卷调查或用户访谈的方式从用户那里获得。

评估每个功能或属性时都需要设定正反两个问题为一组（表5-2），分别测量用户在面对提供或不提供该功能属性时的反应，正反问题之间的区别需注意强调，防止用户看错题意；同时对于功能的解释，应该尽量简单清晰，确保用户理解。

问题设置如：

（正）如果软件登录时除账号密码还提供微信一键登录功能，你觉得怎么样？

A 喜欢　　B 理应如此　　C 无所谓　　　D 可以忍受　　E 不喜欢

（反）如果软件登录时仅账号密码登录不提供微信一键登录功能，你觉得怎么样？

A 喜欢　　B 理应如此　　C 无所谓　　　D 可以忍受　　E 不喜欢

表5-2　卡诺模型评价问卷

问题	喜欢	理应如此	无所谓	勉强接受	不喜欢
如果产品/服务有××模块，您的评价是？					
如果产品/服务没有××模块，您的评价是？					

在设置问卷时，最好对选项进行明确说明。由于用户对"喜欢""理应如此""无所谓""可以忍受""不喜欢"的理解不尽相同，因此，需要在问卷中给出统一解释说明，让用户有相对一致的标准，方便填答，如：

- 喜欢：让你感到开心、惊喜。
- 理应如此：你觉得是应该的。
- 无所谓：你不会特别在意。

- 勉强接受：你不喜欢，但是可以接受。
- 不喜欢：让你感到不满意。

2）二维属性归属

通过用户调研获取到用户对某一产品功能或服务属性的态度，将用户反馈结果对应到表5-3中进行交叉对比，可以快速判断该功能属于哪种卡诺类型。其中A代表魅力属性、O代表期望属性、M代表必备属性、I代表无差异属性、R代表反向属性、Q代表可疑结果。每个产品或服务功能都要重复这个过程。

表5-3　卡诺模型评价对照表

产品服务需求		负向问题：不提供/不具备xxx				
		喜欢	理所当然	无所谓	勉强接受	不喜欢
正向：提供/具备	喜欢	Q	A	A	A	O
	理所当然	R	I	I	I	M
	无所谓	R	I	I	I	M
	勉强接受	R	I	I	I	M
	不喜欢	R	R	R	R	Q

如果想要获得更准确的优先级排序，可以将所有被调研者对该功能的反馈结果对应到表格中的相应位置后，计算用户对该功能的反馈结果在表格中6个区域（对应6个分类）的出现比例，将相同维度的比例相加后，可得到各个属性维度的占比总和，总和最大的一个属性维度，便是该功能的属性归属。

以"购物车商品降价提醒"功能为例进行调研，得出如下结果（图5-9），可知该功能属于类型A：魅力属性。

功能：可以第一时间提醒你购物车的商品降价			不提供该功能					总结	
			喜欢	理所当然	无所谓	勉强接受	不喜欢	魅力属性	37.50%
提供该功能	喜欢	计数	19	10	23	42	56	期望属性	28%
		占比	9.5%	5.0%	11.5%	21.0%	28.0%	必备属性	3%
	理所当然	计数	1	11	6	3	6	无差异属性	21.50%
		占比	0.5%	5.5%	3.0%	1.5%	3.0%	反向属性	0.50%
	无所谓	计数	0	0	19	0	0	可疑数据	9.50%
		占比	0.0%	0.0%	9.5%	0.0%	0.0%		
	勉强接受	计数	0	0	1	3	0		
		占比	0.0%	0.0%	0.5%	1.5%	0.0%		
	不喜欢	计数	0	0	0	0	0		
		占比	0.0%	0.0%	0.0%	0.0%	0.0%		

图5-9　"购物车商品降价提醒"功能卡诺模型评价对照

5.2.5 价值四象限模型

价值四象限模型（图5-10），是由美国学者丹尼斯·迪帕斯奎尔（Denise Dipasquale）和威廉·C. 惠顿（William C. Wheaton）提出的[1]，以供求理论为基础的静态模型，是基于定性与定量研究相结合，以供求理论为基础的静态模型，可以用来分析用户市场变化的一种工具。

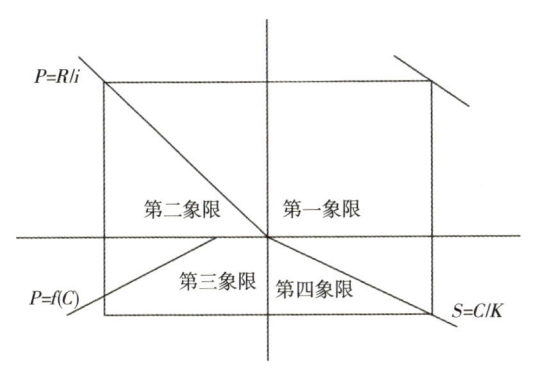

图5-10 价值四象限模型

（1）价值四象限模型的来源

价值四象限模型，主要来自经济学领域，最初主要用于分析房地产市场，广泛运用于分析用户市场的各个影响因素，也可以用来解决用户需求问题带来的价值，背后的逻辑支撑是业务和场景。价值四象限模型，建立在两个因素划分的基础上，分别建立了四个象限。通过建立价值四象限模型，可以对用户问题进行规范的用户价值获得分析，即各要素的逻辑和价值关系可以通过数学模型的方式进行推演。

（2）价值四象限模型的应用

利用价值四象限在用户研究领域的应用，常见的如解决用户需求问题的四象限，将模型中的四个象限区域（图5-11），分别代表用户需求指标的重要性和急需性的不同程度[2]，第一象限为期望型需求，指重要且急需的需求；第二

---

[1] Dipasqualed, Wheaton W C.Urban economics and real estate markets[M].New Jersey: Prentice Hall, 1996.

[2] 张芳兰，贾晨茜. 基于用户需求分类与重要度评价的产品创新方法研究[J]. 包装工程，2017，38（16）：87-92.

象限为兴奋型需求，指重要但非急需的需求；第三象限为无关型需求，指非重要也非急需的需求；第四象限为基本型需求，指非重要但急需的需求。通过用户满意度系数和不满意度系数，确定用户需求在四象限模型中的具体位置，位于象限一、象限二的用户需求属于重要用户需求。

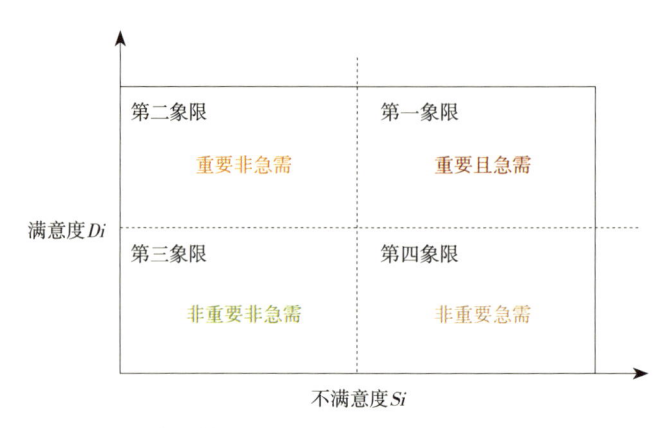

图5-11　四象限模型

在分析需求优先级时，价值四象限模型可以与卡诺模型结合使用，用于分析用户需求层次，准确识别用户需求的偏好和满意度，如基于构建用户的需求分类和结构层，优化规范结构布局、信息层级和可视化表现层的内容等，最终形成完整的用户需求构建，如Better-Worse指数四象限图（图5-12），通过量化分析表示各个用户需求与用户满意度间的具体关系，可用于计算某一要素影响用户偏好需求的程度。

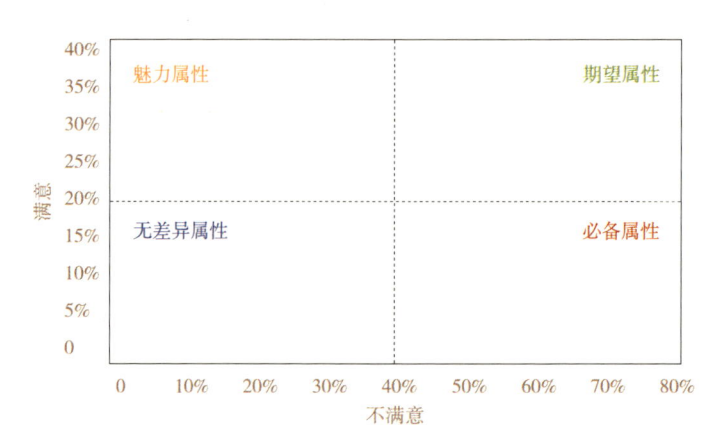

图5-12　Better-Worse指数四象限图

5.2.6 技术接受模型

（1）什么是技术接受模型

技术接受模型（Technology Acceptance Model，TAM），是戴维斯（Davis）在1989年，运用理性行为理论研究用户对信息系统接受时所提出的一个模型，提出技术接受模型最初的目的是对计算机广泛接受的决定性因素做一个解释说明[1]，见图5-13。

戴维斯提出的技术接受模型中有两个主要因素，一个是感知有用性（Perceived Usefulness，U），其定义为个体用户预期感觉到在组织内部中使用具体的应用系统，可以提高其工作业绩的程度。另一个是感知易用性（Perceived Ease of Use，EOU），其定义为个体用户预期使用目标系统的容易程度。使用的态度（Attitudes of use）是指个体用户在使用系统时主观上积极或消极的感受。使用的行为意愿（Behavioral willingness to use）是个体意愿去完成特定行为的可测量程度[2]。

该模型认为目标系统的使用主要是由个体用户的使用行为意愿所决定的，使用行为意愿则是由使用态度和感知有用性决定的（BI=A+U），使用的态度是由感知有用性和感知易用性决定的（A=U+EOU），感知有用性则是由外部变量和感知易用性决定的（U=EOU+External Variables），感知易用性则是由外部变量决定的（EOU=External Variables）。外部变量是一些可测的因素，如系统培训时间、系统用户手册等，以及系统本身的设计特征。

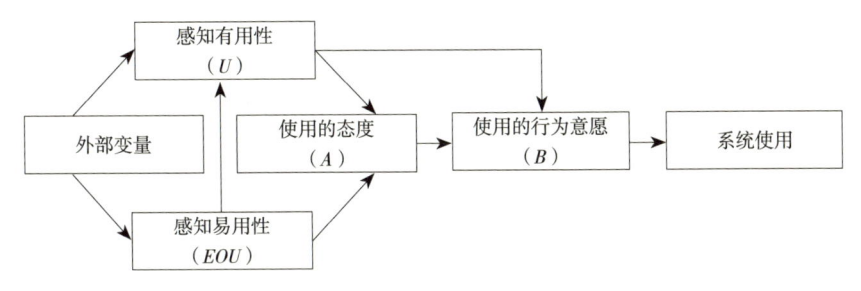

图5-13 技术接受模型基本框架

---

[1] 鲁耀斌，徐红梅. 技术接受模型的实证研究综述[J]. 研究与发展管理，2006（3）：93-99.
[2] 陈渝，杨保建. 技术接受模型理论发展研究综述[J]. 科技进步与对策，2009，26（6）：168-171.

（2）技术接受模型的应用

不同的技术接受模型具有不同的拓扑结构，实证的变量也各不相同，表5-4分析了经典的实证研究文献的模型变量。

表5-4　不同技术接受模型的变量比较分析

模型	模型的自变量	模型的中间变量	模型的因变量
Money M, Turner A（2004）	感知的有用性、易用性	行为意向	系统使用
Amoako-Gyampah K, Salam A F（2004）	计划交流，训练，利益的共识，感知的有用性、易用性	想用的态度	使用ERP系统的行为意向
Hung-Pin Shih（2004）	相关性	感知的有用性、易用性，想用的态度	感知的业绩
Vijayasarathy L R（2004）	感知的有用性、易用性，兼容性，隐私，安全，规范的信念，自我效用	想用的态度	行为意向
Gefen D, Karahanna E, Straub D W（2004）	熟悉，信任倾向	信任，感知的有用性、易用性	购买意向

5.3　用户研究中的范式

5.3.1　情景感知

（1）认识情景感知

情景感知又称为"情境感知"。随着Web 3.0时代的到来，以及移动设备的普及，互联网使世界变得更加智能。大量的数据信息在新的互联网时代方便共享与获取，用户需求也随之变得多样化。为了更好地满足用户体验，有关情境感知的研究开始被学者们关注。[1]研究学者们从不同角度给"情境感知"做出了定义。贝尔克-施利特（B.Schilit）等首次提出情境感知（Context Aware）这个词，将情境归为"位置、人和物体周围的标识和这些物体的变化"，情境感知应用能将

---

[1] Want R. The Active Badge Location System[J]. Acm Transactions on Information Systems, 1992, 10(1): 91-102.

情境告知应用，而应用能适应情境[1]；施密特（A.Schmidt）将情境感知定义为一个三维结构，三维分别为自身、活动和环境[2]；戴伊（Dey）在其博士论文中将情境感知定义为：无论是用桌面计算机还是移动设备，普适计算环境中使用情境的应用，都叫情境感知，并将其分为主动情境感知（直接显示的原始情境信息）和被动情境感知（内部隐含的高级的情境信息），前者如位置信息、时间信息和设备环境信息等，后者如用户的特点、习惯、知识层次和喜好等人工智能技术来获取的信息；基姆（Kim）等认为情境感知最简单的定义是获取和应用场景，应用场景包括适应场景和使用场景[3]；国内学者初景利首次提出用户感知服务的问题[4]；顾君中认为情境感知的目的是试图利用人机交互或传感器，提供给计算设备关于人和设备环境等情景信息，并让计算设备给出相应的反应。这种获取与反应，应当满足情景适应性、计算机反应性、情景与反应的响应性、就位性、情景敏感性和环境导向性[5]。综上所述，情境感知简单说就是通过传感器及其相关的技术使计算机设备能够"感知"到当前的情境。其主要有4个过程：信息感知、获取、处理和反馈。计算机与互联网的相关研究者早在2000年就提出情境感知的概念，通过获取用户信息，感知用户身份与状态，准确满足用户需求。

如今情景感知已经成为一种新生代智能手机或可穿戴设备应用软件必不可少的一项技术，同时也是评判一项电子产品是否具备智能的条件之一。移动设备可以通过情景感知技术收集到的信息对人的行为进行更细致的"猜测"，从而帮助其完成日常工作，在此基础上为相关用户提供情境感知服务。当前的情景感知主要包含三个阶段的模块处理，即情境信息获取、情景感知模块和情境信息发布。第一阶段情景信息获取主要获取两部分传感信息，一是经过异类数据中间件处理的初级传感信息，这部分信息主要是通过传感设备获取的，二是部分信息的获取来自服务导向架构中的网页服务，这部分信息主要是感知用户的操作等行为或是用户的服务需求。第二阶段是情境感知模块，主要处理的是事件管理元件、情境信息管理，以及信息反馈等。事件管理元件主要是基于用

---

[1] Schilit B N, Adam S N, Want R.Context-aware computing applications[C]//IEEE Workshop on Mobile computing Systems and applications, 1994, 37: 85–90.

[2] DEY A K. Providing architectural support for building context-aware applications [D].Atlanta: Georgia Institute of Technology, 2000.

[3] Kim S W, Park S H, Lee J B. Sensible appliances: Applying context-awareness to appliance design[J].Personal and Ubiquitous Computing, 2004, 8(3-4): 184–191.

[4] 初景利. 图书馆服务质量评价新理论[J]. 图书情报工作, 1999（11）: 3–5.

[5] 顾君忠. 情景感知计算[J]. 华东师范大学学报（自然科学版）, 2009（5）: 1–20, 145.

户行为加以判断和处理，包括用户身份、操作行为等事件信息。情境管理则是基于数据管理模块分析、运算和储存传感信息，数据管理模块还可以整合信息，针对性地满足用户需求。情境信息反馈则是反馈传感设备信息，对传感设备的设定进行调校，同时通过电子商务架构网页中的信息反馈来了解用户的售后服务体验、产品应用体验，以及用户网页操作信息，在此基础上进行分析，再针对性地改善产品及服务质量。第三阶段是情境信息发布，基于物联网的电子商务架构所提供的情境感知服务可以通过服务导向架构来发布并使用，设备信息及感知信息服务等都可以通过服务导向架构进行发布和使用。

（2）情境感知的应用

目前情境感知法被广泛应用于用户需求的研究中，其重点是用户需求的获取；其涉及的学科门类众多，主要有图书情报学、计算机软件，以及计算机应用、电信技术等。用户研究和用户体验设计的难点之一在于了解用户使用产品的情境和环境。流行的做法是通过实地研究去了解用户情境，这种做法最大的一个问题在于成本过高，且样本量一般不够充分，如果要获取大样本的数据则需耗费大量资源。通过情境感知计算可以借助传感器获取关于用户所处环境的相关信息，从而进一步了解用户的行为动机等，尤其是移动互联网产品、手机传感器技术对用户研究具有重大意义。同时，情境感知技术对于用户体验设计更重要的一个方向是所谓的"主动服务设计"，即计算机（特别是可移动计算机）可以通过情境感知，自适应地改变，尤其在用户界面、应用中为用户提供推送式服务。比如，手机铃声根据自适应变更为会议还是户外等。

在物联网背景下，情境感知信息的获取主要通过传感设备和网页服务，用户界面包括用户满意度调查，传感器信息包括订阅服务、搜索服务、用户服务等，传感设备包括温度传感器、土壤湿度、环境光传感器、洒水车传感器、定位传感器等配置。物联网技术还可以加以云端技术辅助，通过大数据分析、云计算等来分析每个环节、每个角色应该使用的设备和服务。

对于顾客用户而言，交易付款时，应用的传感设备可以是移动设备，用户的购物操作行为可以成为传感信息的获取来源，商家所进行的顾客满意度调查就是反用户的反馈信息。对于企业而言，他们是网页服务的提供者，通过传感设备获取的传感信息，如订阅、查询、售后服务等相关信息，可以成为情境感知信息和反馈信息的源泉，在此基础上改进产品服务质量。如在购物的过程中，用户反馈企业所提供的网页信息服务无法满足需求或是过于复杂，企业就可以依据这一反馈来改进网页服务和信息接口。对于产品提供商家而言，在产品生产、包装、仓储等环节涉及的传感设备可以应用电子标识技术，产品的所有信息都可记录，生产、制作过程的详细记录可供查询。通过用户的使用和查询记录可以分析反馈信息，根据反馈了解用户需求，从而创新改进。

5.3.2 动机享乐

（1）动机享乐

动机享乐是指愿意发起能够增强积极体验的行为和能够减少消极体验的行为。这个术语在文献中的使用有两种情况。其一，它被用来解释人类行为的一般原则。个体更有可能发起导致奖励或远离惩罚的行为。其二，动机享乐被考虑在幸福的背景下，快乐动机（寻求快乐和避免痛苦）与动机享乐（卓越及成长）进行对比，以解释人们追求幸福的差异。动机享乐是人类经验和行为的基础。作为享乐追求的结果是个体丰富了他们的幸福感，并启动和维持有用的行为。

享乐主义的心理学概念化与古代哲学家的著作相符，试图确定生活中的终极善。例如，伊壁鸠鲁（Epicurus）认为，追求宁静和避免痛苦的原因只有对人类是合理的。最终动机行为心理学家已经翻译了这些东西，把概念变成可测量的心理结构融合在动机和幸福的理论中。

动机享乐背后的一般原则是简单的：个人倾向于发起行动，意图是增加积极体验和减少消极体验。这方面格雷（Gray）的人格理论对动机享乐进行了详细的研究。这两个系统的有效性引导健康的个体最大化奖励经验和最小化痛苦体验。

在享乐论和幸福论取向的幸福感研究[1]基础上，胡塔（Huta）等[2][3][4]提出了以动机享乐和幸福动机为基础的幸福感研究理论建构，该理论建构的内容主要有4点。

---

[1] Ryan R M, Deci E L. On happiness and human potentials: A review of research on hedonic and eudaimonic well-being[J]. Annual Review of Psychology, 2001, 52: 141-166.

[2] Huta V, Ryan R M. Pursuing pleasure or virtue: The differential and overlapping well-being benefits of hedonic and eudaimonic motives[J]. Journal of Happiness Studies, 2010, 11(6): 735-762.

[3] Huta V, Pelletie L G, Baxter D, et al. How eudaimonic and hedonic motives relate to the well-being of close others[J]. The Journal of Positive Psychology, 2012, 7(5): 399-404.

[4] Huta V. Eudaimonic and hedonic orientations：Theoretical considerations and research findings[J]. Handbook of Eudaimonic Well-Being, 2016: 215-231.

一是，把享乐论和幸福论的幸福诉求作为人们社会生活的基本动机，即动机享乐和幸福动机，两种动机在人们社会生活中并存，无论所指向的目标是否最终达到。

二是，动机享乐的要素是追求愉悦和舒适的感受；幸福动机的要素是追求真实、意义、卓越及成长。

三是，两种动机共同作用下实现的幸福感，比单一动机作用下实现的幸福感更为完整，而且幸福感水平更高。

四是，在实证研究中，可以以两种动机为基本原因变量，在此基础上加入其他变量构成原因变量系列，预测作为结果变量的幸福感。

（2）范式应用

心理测量工具被用来测量动机享乐以及享乐体验。享乐和享乐激活动机是一个简短的自我报告问卷，询问一个人在多大程度上用享乐来处理他们的日常活动。例如，"寻求快乐"或"寻求乐趣"。为了支持量表效度，该量表测量更强的动机享乐与更积极的情感、照顾性和满意度。幸福取向量表用六个因子来解释动机享乐，即对健康的担心、精力、对生活的满足和兴趣、忧郁或愉快的心境，对情感和行为的控制、松弛与紧张（焦虑）。例如，"生命太短暂，无法推迟它所能提供的快乐"或者"我喜欢做刺激的事情"。尽管幸福取向量表存在事实价值，但由于动机享乐量表未能预测到有效性，人们无法预测在日常生活中的行为。这也可能表明，动机享乐预测的是，活动是如何接近和体验的，而不是个人选择发起什么活动。

5.3.3　感性意向尺度

感性，是用户对事物的主观印象，通过用户的各种感官综合而成的心理反应。意象，是指在知觉基础上，大脑形成的各种感性形象。感性意象，是用户对事物所产生的感觉，在心理上对物体产生期待和感受，是一种深层次的、高融合度的主观情感活动[1]，见图5-14。

---

[1] 陈金亮，赵锋. 产品感性意象设计研究进展[J]. 包装工程，2021，42（20）：178-187.

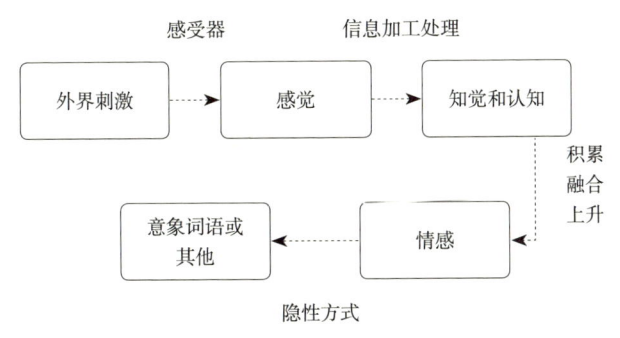

```
感受器        信息加工处理
外界刺激 ---> 感觉 ---> 知觉和认知
                              |
                              | 积累
                              | 融合
                              | 上升
                              ↓
意象词语或 <--- 情感
其他
       隐性方式
```

图 5-14　感性意象形成过程[1]

（1）感性意象尺度的形成过程

感觉到知觉和认知的形成是感性意象形成的关键。感性意象不同于直观的感觉，在感觉形成的基础上，结合了用户的心理因素、社会因素和外界刺激等，经过多种因素的综合，大脑进行加工处理，生成了一种感性知觉和认知。

用户的感性意象有着各自特有的知识系统，每个用户都有着自己特有的知识系统，而这种知识系统影响着用户对于设计的感性意象尺度。根据获取途径，可以分为外显性（Explicit）和内隐性（Implicit）。外显性与客观事物紧密相关，它可以通过文字、声音和图像等，进行表达和传播。而内隐性则是跟个人内心感受紧密相关，很难轻易描述，它往往更多地体现在认知、直觉、灵感、经验和洞察力等方面，这一类知识极具主观性和随意性，但难以量化和表达。

感性意象尺度是用户判断和价值形成的基础，如用户在进行消费活动时，除了产品的必要功能，更多吸引用户的是一种与自我情趣感受相吻合的心理满足。用户所感受到的产品的内涵、气质和对产品的感性意象尺度往往是决定购买行为的主要因素。

（2）感性意象尺度的应用

1）感性工学

感性意象尺度体现在感性工学中，获取用户的期望意象或心理感受，将用户的诉求和情感用设计元素体现出来。[2]设计元素是以用户更青睐的形态、色彩和材质等媒介体现，从而满足用户的情感需求，提升用户体验。

---

[1] 陈金亮，赵锋. 产品感性意象设计研究进展[J]. 包装工程，2021，42（20）：178-187.
[2] 潘萍，杨随先. 产品形态设计评价体系与评价方法[J]. 机械设计与研究，2013，29（5）：37-41.

在感性工学系统（Sensorimotor System）也称为顺向感性工学系统，感性意象尺度主要作用是通过输入用户感性需求以得到设计要素。逆向感性工学系统是通过输入设计细节要素来预测用户可能产生的感性意象，该系统能够由设计师的设计方案推导出用户的感性意象，帮助设计师了解其所设计的特性以及用户感性意象之间的关联。

顺向和逆向的感性工学系统使用相同的数据库，二者结合在一起应用，从而产生可双向转译的混成系统，即复合式感性工学系统。复合式感性工学系统不仅可以将用户的感性意象顺向地转译为具体设计细节要素，也可以逆向地对设计师的设计方案给出感性意象评判，使设计要素和感性意象之间的转译更便捷。

2）产品设计

在产品设计中，感性意象尺度的主体是获取用户目标意象，研究分析用户的感性意象，使之能够匹配用户目标，并通过设计师的设计满足用户的物质需求和精神需求，以提高用户的情感需求。[1]产品设计注重用户感性意象的研究，其目的是满足逐渐增长的感性消费，从被动地去迎合用户的感性需求而进行设计，逐渐发展到有计划地用感性设计开拓市场。

用户在对产品进行认知之前，大脑中会对产品的概念形成某种印象和联想，而这种印象和联想并不是凭空产生的，而是建立在过去同类产品的经验之上的，这些经验会无意识地储存在记忆中，当产品认知受到无意识刺激，这些印象和联想就会被激发出来，为现在的产品提供认知参照物。接受了当前产品信息之后，用户就会在之前的基础上进行比较、评价，而感性意象尺度则可以通过一些意象形容词表达出来，如简洁的、时尚的、典雅的等。

5.3.4 持续使用意愿

（1）认识持续使用意愿

持续使用意愿（Continuance Intention to Use），是一种用户主观行为意愿，将用户对信息系统的使用意愿拓展为个体使用信息系统的主观倾向[2]，是

---

[1] 苏建宁，李鹤岐.基于感性意象的产品造型设计方法研究[J].机械工程学报，2004，40（4）：164-167.

[2] 谢小玲，范群林.基于期望确认模型的共享电动汽车用户持续使用意愿的影响因素研究[D].重庆理工大学，2021.

对其未来的行为或特定活动所产生的行为倾向或主观判断。

持续使用意愿的研究大多围绕社交媒体、线上社区或品牌社区对用户行为的研究。用户持续使用意愿是一种主观的意图，因为在使用的过程中，用户对于信息系统的态度是动态的，随时会发生变化，初次使用信息系统行为对信息系统固然重要，但用户在未来能持续使用此信息系统才是验证该信息系统是否成功的核心关键，而这种意图决定了未来一段时间用户是否还会对信息系统进行多次访问与使用。

（2）持续使用意愿的应用

用户研究中，用户持续使用意愿在不同特定的社会群体或活动中会带来相互影响，即用户会受到来自外界环境带来的社群压力，社交关系和大众传媒等因素对用户主观规范和用户持续使用意愿有间接或直接影响。[1]为用户营造良好的情感体验，提供良好的交互体验，才能增强用户在社会群体或活动中的信任感和满意程度，从而提高用户的持续使用意愿。

信任和满意度是用户持续使用意愿的重要影响因素，满意度和信任对持续使用意愿的影响已广泛应用于用户研究中，其中满意度指用户对产品或服务是否满足其需求的评估，反映了用户与服务提供商多次互动后形成的累积感觉；信任则指用户基于互动产生的主观评估。

与持续使用意愿相关的模型有期望确认模型与技术接受模型。

1）期望确认模型

期望确认模型（图5-15），用于理解和预测用户对某个产品或者服务的持续使用意向或重复购买意愿的方法，被广泛应用于研究消费者行为领域，用以研究消费者再购买行为的影响因素，以及各因素之间的相关性。[2]

期望确认模型包括用户继续接受产品意图的5个维度，绩效、期望、感知有用性、期望确认程度和持续购买意愿。期望，是用户鉴于先前的购买经验，或他人提供的有关的服务信息和承诺事项，产生的心理预期，作为使用后是否满意的一个参考标准。绩效，用户以绩效为标准来与期望比较，用来衡量期望

---

[1] 徐瑶怡，王依洁，张梦男，等. 微信小程序用户持续使用意愿的影响因素实证研究：基于用户体验视角[J]. 中国商论，2022（7）：52-56.

[2] 代宝，刘业政. 基于期望确认模型、社会临场感和心流体验的微信用户持续使用意愿研究[J]. 现代情报，2015，35（3）：19-23.

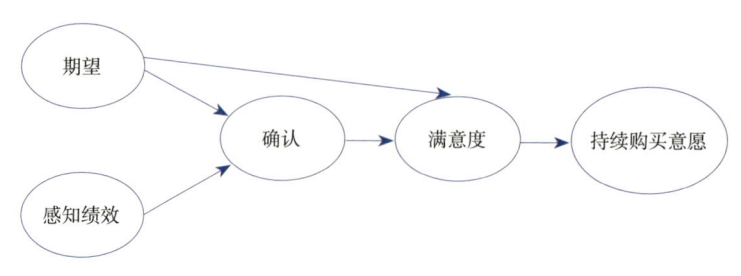

图5-15 期望确认模型

确认程度。期望确认程度，确认是指绩效和期望之间的差距，由绩效和期望两个因素共同决定，是影响用户满意度和购买意愿的重要因素。满意度，是用户心理状态和感觉，与期望和先前的消费经验有关，满意度能够直接正向影响持续购买意愿，当将模型应用于数字交互产品时，则购买意愿对应为信息系统用户的持续使用意愿。

2）技术接受模型

技术接受模型（图5-16），广泛应用在研究用户持续使用意愿和使用行为中。当某种新技术出现时，许多因素都会影响用户对于目标系统的使用，因此，模型提出了两个重要因素，感知有用性和感知易用性。[1]技术接受模型认为用户个体的行为意向直接作用于其采纳信息技术和信息系统的行为，且用户个体的使用态度和有用性直接影响其行为意向，用户的感知易用性会直接影响用户的感知有用性，因而用户会更关注使用系统或技术过程中带来的绩效并采纳。即使用户个体对一个新系统或一项新技术存在消极看法，但也会鉴于它的有用性而产生接受或使用的意愿。

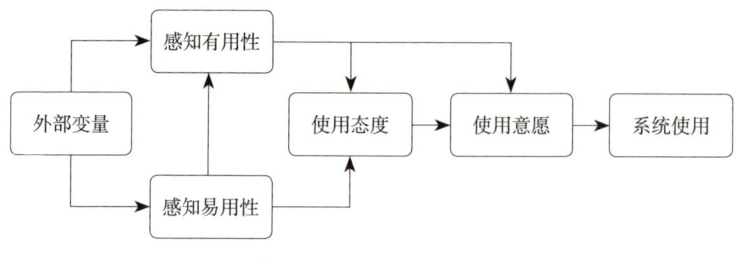

图5-16 技术接受模型[2]

---

[1] 崔洪成，陈庆果. 移动健身App用户持续使用意愿研究[J]. 首都体育学院学报，2020，32（1）：75-81, 96.

[2] 叶晶，郭香梅. 基于技术接受模型的虚拟试衣使用意愿研究[J]. 丝绸，2021，58（3）：58-64.

5.3.5 显性要素、隐性要素

（1）认识显性要素与隐性要素

1）显性要素

显性要素和隐性要素主要体现在设计当中。显性要素是设计的视觉化形式，是服务提供与接收、交互的一种载体，比较明确和规范。显性要素包括图形要素、色彩要素和文字要素。

图形是设计视觉层的主要构成要素，目前分为静态图形与动态图形两种。图形丰富的表意性赋予其信息传达的独特能力，其既是传递信息和功能的界面符号，也是指导用户操作的控件，是输出产品特质的载体。

色彩是设计的基础符号之一。合理的色彩搭配能使信息的传达更加准确，更具表现力与吸引力。需要把控色彩的基本属性，即协调色相、明度和纯度三者的组合关系；考虑色彩的感觉特性，不同的色彩会带给用户不同的生理刺激与心理作用；以及色彩与设计文化的相互关联性，色彩系统构建也是品牌视觉形象构建的一部分。

文字要素是设计另一种常见的表现形式，是承载语言、记录和交流思想的书写符号。由功能形式的不同可以将界面文字要素分为三种：第一种，传统意义上理解的文字，传递内容、咨询的信息载体；第二种，文字广告，凭借强有力的宣传手段，实现品牌营销的文字形式；第三种，文字控件，如文字与图形结合控件和纯文字控件。

2）隐性要素

隐性要素是用户对设计的期望与感受，以及设计背后的交互方式、信息架构和技术支持等，隐性要素无法轻易地被描述，带有用户的主观性和随意性。[1] 对于设计而言，隐性要素只有以显性化的形式表现出来，以隐喻的方式进行用户的认知和情感表达，才能被感知出来并作出评价。

在用户界面中，显性的视觉化要素构建起强有力、多维度和独特的品牌形象，而用户的体验、认知则占据了无形的角色。

---

[1] 吴烨. 面向用户体验的手持移动设备软件界面设计的探究[J]. 工业设计, 2015（11）: 95-96.

（2）显性要素、隐性要素的应用

在界面中，设计包含显性设计元素和隐形设计元素，显性设计是界面的视觉化形式，是表现在界面表面的一种客观事实，是用户与软件界面之间相互交流的载体，显性设计元素是容易被用户直接感受的软件特征。而隐性设计元素是软件特征的隐性体现，是用户对软件的期望与感受，以及界面之后的技术构架和信息支持等，带有主观性、随意性和模糊性。[1]

界面隐性要素的显性化设计一般是研究用户和用户需求，将设计内容以一定的视觉形式，如文字、图形、色彩、布局、图像和动画等，或者其他方式提供给用户，并且通过用户评价，不断地改进界面内容与形式。

对于界面设计而言，用户和设计者之间总是存在着知识和认知等方面的差异，设计者要以隐喻的方式确保用户能够明白操作的方法，还可以看出系统的工作状态。因此，要从用户体验的角度出发，深入研究用户的背景信息、价值、动机、理解认知、习惯、需求、体验和系统模型，开发符合用户使用的界面系统，见图5-17。

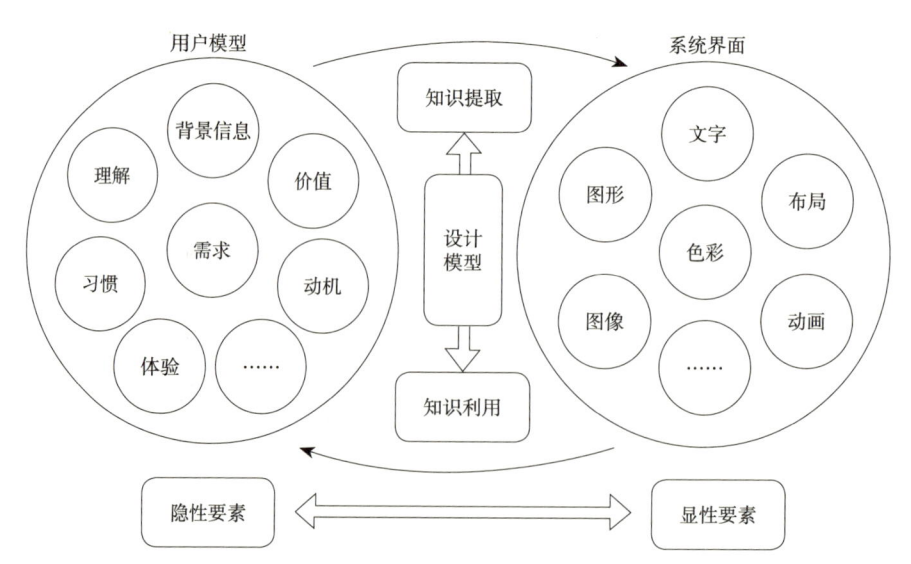

图5-17 界面隐性要素的显性化设计模型[1]

---

[1] 罗仕鉴，龚蓉蓉，朱上上. 面向用户体验的手持移动设备软件界面设计[J]. 计算机辅助设计与图形学学报，2010，22（6）：1033-1041.

5.3.6 SD逻辑

（1）什么是SD逻辑

价值到底是由谁创造的，一直是营销学研究争论的焦点之一。商品主导逻辑（Good Dominant Logic，G-D逻辑）认为，价值由企业创造、由顾客消耗使用；服务主导逻辑（Service Dominant Logic，S-D逻辑）认为，价值由企业与顾客共同创造。

服务主导逻辑是当今服务管理学界高度关注的新思维。虽然"服务主导逻辑"这个名词在2004年才正式进入学者们的视线，[1]但是其真正含义始终在经济社会中发挥着"无形"作用。从2004年至今，服务主导逻辑经过演化和发展，已经初步形成一套基础重建式的理论体系。形成该理论体系所经历的阶段包括：提出服务主导逻辑概念；讨论和阐释关于服务主导逻辑的突出问题，并进一步扩展理论；关于服务主导逻辑的讨论进入深水区，研究越来越重视概念本身及其之间的哲学关系[2]；增加制度概念，进而完善基本前提，开始提炼出公理[3]。随着服务主导逻辑的不断演化和发展，瓦格（Vargo）和鲁斯（Lusch）以及其他很多学者在认识和理解核心概念及其适用范围和语言表述等方面并不完全一致。

虽然瓦格和鲁斯做了阶段性梳理工作，但是其主要目的是使理论体系化，重心并未放在统一认识和理解方面。于是，有学者主动讨论对价值概念的理解以及价值共同创造的适用范围。[4]与之相比，一些研究更注重基于服务主导逻辑思维研究具体问题，相对不重视理论本身表述中的"瑕疵"。例如：基于服务主导逻辑研究企业与企业（B2B）[5]市场中的品牌化，管理教育领域中的问题，或者对销售功能的影响。另外，在知识传播过程中，可能因为学者间文化背景的差异，对服务主导逻辑核心概念和基本前提的理解以及表述略有不同。

---

[1] Vargo S L, Lusch R F.Evolving to a new dominant logic for marketing[J].Journal of Marketing, 2004, 68(1):1-17.

[2] Vargo S L, Lusch R F. Inversions of service-dominant logic[J].Marketing Theory, 2014, 14(3): 239-248.

[3] Grönroos C, Voima P. Critical service logic: making sense of value creation and co-creation[J]. Journal of the Academy of Marketing Science, 2013, 41(2): 133-150.

[4] Vargo S L, Lusch R F. Institutions and axioms: an extension and update of service-dominant logic[J]. Journal of the Academy of Marketing Science, 2016, 44(1): 5-23.

[5] Ballantyne D, Aitken R.Branding in B2B markets: insights from the service-dominant logic of marketing[J]. Journal of Business & Industrial Marketing, 2007, 22(6): 363-371.

当然，在新理论体系的构建过程中，出现"瑕疵""异见"是常态。不断证伪的过程，正是一种科学思想积极、开放发展的过程。

（2）分类

在服务主导逻辑视角下，不存在"如何区分商品（或产品）与服务"这个问题。此服务与彼服务含义不同，是超越商品与服务的概念。服务主导逻辑中的服务指某参与者通过行为、流程和履行，运用专业能力或操作性资源，实现其他参与者或其本身利益的过程。瓦格曾在讲课时提及一个很通俗的理解思路——服务就是"做一些有益事情的想法（the notion of doing something beneficial）"。为了让读者更容易理解服务主导逻辑及其与商品主导逻辑的关系，基于瓦格和鲁斯的研究内容，提供一个更全面的服务观，见图5-18。该服务观包含基于商品主导逻辑与基于服务主导逻辑的所属分类。在商品主导逻辑下，企业的产出可以分为商品（主要部分）和服务（其他部分）。而在服务主导逻辑下，根据服务的提供形式，可分为直接服务和间接服务[1]。

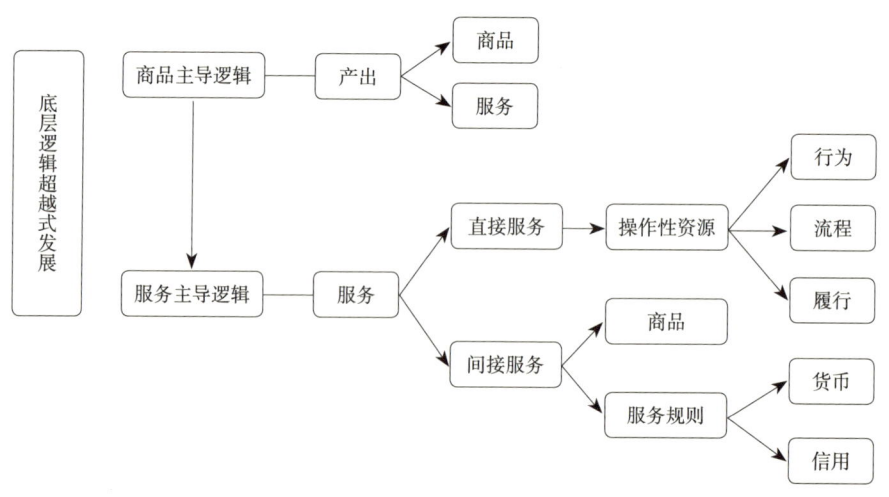

图5-18 一个更全面的服务观[1]

（3）优劣势

目前，服务主导逻辑已经成为观察和思考世界的新方式。它有助于重新认识和理解服务经济，有助于突破商品主导逻辑的思维局限，提升服务生态系统

---

[1] 简兆权，秦睿. 服务主导逻辑：核心概念与基本原理[J]. 研究与发展管理，2021，33（2）：166-181.

的福祉或个体参与者的幸福感。不过，关于服务主导逻辑的研究仍处于定性分析阶段，尚未构建定量分析模型。

5.3.7 认知风格

在用户研究中，认知风格的研究占有重要地位，它能够反映用户在行为方式和解决问题时的差异性特征，并且这种差异性特征有一定的稳定性和持续性，为区分不同认知风格类型的用户提供了一定的方便。

（1）认识认知风格

认知风格（Cognitive Style）也称认知方式，指用户在信息加工过程中对认知组织和认知功能方面表现出来的习惯化的行为模式，包括知觉、态度、记忆、思维、动机、认知过程和认知能力方面的个体差异。[1]认知风格具有跨时间的稳定性和跨情境的一致性，并且具有两极性和价值中性等特点。

认知风格种类繁多，如场独立型—场依存型、思索型—冲动型、同时型—继时型、聚合型—发散型、整体型—序列型和言语型—表象型等。

1）场独立型—场依存型

场独立型—场依存型，研究认知风格和人格特征关系，以个体与环境的影响程度作为划分依据。这两种认知方式反映的是信息加工方式的两种对立面。

场独立型很少受外部因素的影响，可以凭借已有的知识框架，从外界环境的整体中分离出自己，能够独立分析、解决问题。场依存型倾向于在整体上认知事物，在认识事物的过程中，由于和外界环境相互依存，故认知过程易受到外部因素的干扰。

2）思索型—冲动型

思索型—冲动型，这一组认知方式又被称为概念化速度，个体在不确定条件下作出决定时，存在速度上的差异。思索型的特点是反应慢，但精确性高；冲动型的特点是反应快，但精确性差。

二者继续划分又可以分为4种不同的类型：认知冲动型，对各种可能的选择做出简短的回顾后迅速作出决定，往往出现较多的错误；认知思索型，在作出反

---

[1] 高鹭. 认知风格的新进展：元认知风格[J]. 内蒙古师范大学学报（教育科学版），2013，26（8）：65-67.

应前深思熟虑，认真思考所有可能的选择，犯的错误相对较少；迅捷型，能够迅速作出反应，而且犯的错误较少；缓慢型，反应较为缓慢，而且犯的错误较多。

3）同时型—继时型

同时型认知风格的特点是，在解决问题时，采取宽视野的方式，同时考虑多种假设，并兼顾到解决问题的各种可能；继时型认知风格的特点是，在解决问题时，能一步一步地分析问题，每一个步骤只考虑一种假设或一种属性，提出的假设在时间上有明显的前后顺序。同时型—继时型不是加工水平的差异，而是认知方式的差异。

4）聚合型—发散型

聚合型思考问题时，往往只注意某一个方面，追求单一的肯定的答案，在整个思考过程中利用逻辑搜集、整理信息，能抓住事物的本质特征。发散型具有跳跃性，处理问题时，能从某一点开始，由点及面扩散思考，能够给出多种解答。

5）整体型—序列型

在任何情况下人们大都倾向于采取整体型策略，少部分则倾向于采取序列型策略，但在任务结束时，能达到同样的理解水平，尽管达到这种理解水平时所采取的方式不同。

6）言语型—表象型

在信息的存储、加工与提取中，存在着视觉言语型和表象型两种表征方式，并且这两种表征方式同等重要。

（2）认知风格的应用

认知风格是用户在组织和表现信息方面，持续一贯性的风格，表现出用户的知觉、思考、记忆和问题解决方面的典型模式。由于用户个体情感、行为和认知风格的差异性，构成用户独特的认知风格，用户心理的构成成分与认知风格的交互作用，影响了用户在体验中的态度、技能和理解的水平。

1）用户行为

不同的认知风格维度呈现了不同认知风格的用户在行为上的差异。例如，用户的学习风格对行为特征有着调节作用，创新型认知风格用户较之于适应型认知风格用户更能接受新技术。[1]认知风格差异也会影响用户的行为，较之于低

---

[1] 张群，张慧，张路路. 认知视角下用户信息行为研究述评[J]. 高校图书馆工作，2021，41（2）：22-27，60.

认知需求用户，高认知需求用户会对设计活动具有持续的使用意愿，在设计活动中停留时间会更长，更关注设计活动的信息质量，对于网站的美观性并不过于在意。

2）界面设计

在界面设计中，认知风格是其中一个重要影响因素，具有不同认知风格的用户在完成任务时会采取不同的策略，完成任务的绩效也会不同。这是因为不同认知风格的用户对同一种界面设计的偏好不同，用户对相同风格的界面的理解能力和接受能力是不同的。良好的界面设计需要符合用户的认知，如用户的记忆认知和视觉认知等。

（3）认知风格的测量与评估方法

认知风格的研究工具大多是基于视觉任务的测验，如镶嵌图形测验（GEFT）和棒框测验（RFT）等。

1）镶嵌图形测验

在该测验中，给出一些简单图形和复杂图形，在复杂图形中包含简单图形。被试根据复杂图形下面的提示完成任务，找出其中隐含的简单图形，并用笔将其描画出来。

2）棒框测验

测量用具为棒框仪。在施测时所需的环境较暗，要求被试在方框的干扰下将发光细棒调整到与水平线垂直。在测试当中，方框与水平线之间始终会有一定的角度，发光细棒与水平面之间也有一定的倾斜角度。目的是研究当被试的视觉线索，在发光细棒、方框与水平面发生矛盾时，被试究竟依照哪个进行判断。

5.3.8 认知风险

认知风险（Perception of Risk）是指用户对存在于外界环境中的各种客观风险的感受和认识，强调用户由直观判断和主观感受获得的经验对个体认知的影响。认知风险大多数时候是在风险事件之后形成的，并以此产生事件后的行为反应。[1]

---

[1] 尤丹蓉，陈毅文，王二平. 消费者认知风险概念模型的研究综述[J]. 人类工效学，2004，10（2）：44-46，52.

(1) 认知风险对用户的影响

认知风险是用户认识风险和了解风险的首要心理过程，对风险事件的判断会直接影响用户个体对于风险事件的反应。充分了解用户的认知风险及其形成机制，有助于风险的沟通和管理。

对风险的认知并非越高越好，要根据事件发展的不同阶段进行分段的评估。如果在事件之前风险认知水平过低，则会导致事件一旦发生时低估事件的严重性产生不良的后果；而如果在事件发生之后风险认知水平变高，则代表事件对个体的影响过大或过于担忧事件带来的不良后果，容易产生不良后果，如应激障碍。因此，风险认知水平的测量是一个随着风险事件演化而变化的、系统的过程，需要不断地调整、评估，并依据结果改变风险管理和沟通的方式。

(2) 认知风险的影响因素

认知风险的影响因素分为内部因素和外部因素。内部因素代表用户个体自身所具有的一定特征，包括性别、年龄、教育水平和人格因素等；外部因素代表事件信息、表现形式和文化影响等。

1）内部因素

内部因素包含用户个体特征，如性别、知识、经验、价值观、态度、认知偏差和情绪等。其一，用户个体情绪，如悲伤、恐惧和厌恶等负性情绪可以有效预测环境风险感知、事件关注程度风险感知等。而积极情绪则与之无关。其二，用户的控制感，控制风险的后果降低了风险认知，而控制风险的发生增强了风险认知。其三，风险敏感性和不确定性，用户对于风险的敏感会导致风险认知水平的快速提升和应对行为的产生，而对于不确定性的态度则是导致风险认知中的焦虑情绪产生的重要因素之一。

2）外部因素

不同的风险事件类型也会导致不同的风险认知。其一，框架效应对于风险决策问题的不同表述常常会产生不同的偏好。其二，除了信息本身的表述外，风险信息的重复暴露也会改变风险认知，如用户对于信息的接受存在疲劳效应，在风险管理中可以恰当地提高暴露程度以增强用户的风险认知。其三，风险事件的经历同样会对风险认知产生影响，受到极端事件的冲击会极大地改变用户对未来冲击频率和强度的看法和信念。其四，信任也是风险认知和风险沟通的一个重要影响因素，当用户对于风险事件没有直接经历时，信任显得尤为重要。

（3）认知风险的应用

1）产品设计

在产品设计中，提升用户对产品的熟悉感，借此降低认知风险并改善用户的产品体验，追求用户评价的提升。改变用户的认知风险，可以从用户的属性特征、视感体验和情感认知等方面入手，如用户的年龄、受教育程度和心理水平等相关因素，通过产品的信息特征与用户记忆中存储的整体特征之间的匹配中产生积极的认知体验。

通过用户对产品使用行为作为关键性干预因素，提升用户对高度创新产品的特征匹配度，建立两者之间的关系，通过定量研究筛选出用户熟悉的使用方式，并将产品使用方式移植于创新产品上，诱发用户对高度创新产品的熟悉感，达到降低用户对产品的认知风险的目的。

2）用户决策行为

在决策行为中，用户信任与认知风险都会对用户的决策行为产生影响，用户的每一次决策行为都会有其行为目标，而当用户认识到他的行为可能无法满足其行为目标时，就会产生认知风险。

例如，在消费者行为决策中，认知风险概念体现在消费者的购买决策和购买行为上，消费者进行消费的过程中存在着风险，消费者所采取的每次消费行动，都可能产生无法预测的结果，这些结果至少有一部分可能是令人不愉快的，这种无法预测的结果，也是一种不可预知的风险。

（4）认知风险的测量范式

1）心理测量范式

已有的心理测量范式对于认知风险的测量采用统一的方法。首先，从风险事件中选取一系列代表性条目来代表该风险；其次，选取一些风险特征来代表用户对风险事件的认知状况，要求用户完成对各项风险条目的风险认知特征，多以李克特量表五点或七点计分进行；最后，运用因子分析等统计方法进行维度分析和影响因素分析。

这是目前运用最广泛的定性研究方法。该方法的优点在于，可以将一个模糊抽象的风险通过具体化的风险特征进行代替,但是该方法主要针对特定的某一具体风险事件。如果将事件的类型放大,风险特征增多的情况下,就会显得烦琐和复杂。

2)文化理论范式

文化理论研究范式主要从文化、社会的角度对认知风险的形成和差异进行研究,研究不同文化背景和世界观对个体风险认知的影响。用户对于风险的判断是基于其文化背景、价值判断和社会地位的,强调社会关系和文化偏差会影响风险认知,其中用户主要分为4种类型,即平等主义者、个人主义者、宿命论者和等级主义者,这4种类型用户对于风险事件有着不同的关注倾向,但其缺点在于大部分是质性研究,缺乏实证的数据,解释力不够。

5.3.9 认知利益

(1)认识认知利益

认知利益(Perceived Benefit)用户与行为相关的积极结果的信念,是用户对特定行为造成的积极后果的感知,当用户对一种行为所带来的结果是积极的信念时,会得到一种真实的或感知到的反馈。认知利益经常用于解释用户执行行为、行为动机和用户健康行为等,并且特定于用户对参与特定健康行动将产生的益处的认知。

认知利益包括外在利益和内在利益、认知效益和情感效益。外在利益指良好的可用性,内在利益指积极的用户体验;认知效益和情感效益是影响用户在设计过程的可用性和用户体验,即外在因素和内在因素。

(2)认知利益的应用

在用户体验中,认知利益常应用于用户的体验行为,用户在特定的任务操作中通过参与活动而产生满足感。在体验活动中包括两个方面,即用户行为和活动任务。在体验活动中,用户的认知利益受到用户行为、功能动机与实用功能的影响,推动情感需求产生享受、愉快或有趣的体验。

认知利益是用户的主观信念,即特定的积极结果将来自特定的行为,这种结构在预测行为方面得到了应用,但是在采用认知利益量表时,一些测量问题仍然值得关注。对认知利益是特定于用户行为的,并且定义的行为越具体,量表的预测有效性就越高。随着量表的开发，评估用户认知利益的尺度、研究的有效性和可靠性将是一个重要问题。

认知利益相关模型可以通过心理学领域上的理论和模型，探究用户认知利益，检验用户个人认知在可接受性、动机和态度上的积极的行为，解释用户行为的表现与认知利益之间的关系。认知利益相关模型包括健康信念模型、保护动机理论、计划行为理论和利益量表。

1）健康信念模型

当用户行为干预活动措施解决了用户个体对活动的易感性、利益和障碍或自我效能感的特定看法时，用户获取利益的措施会更加有效，或当用户认为某项活动存在风险时，个人容易受到伤害，并且从事的成本低于自身利益，用户可能会采取行为预防措施。健康信念模型的干预措施可以应用到用户认知利益或风险的计算和预测中，以及用户个性化的需求，见图5-19。

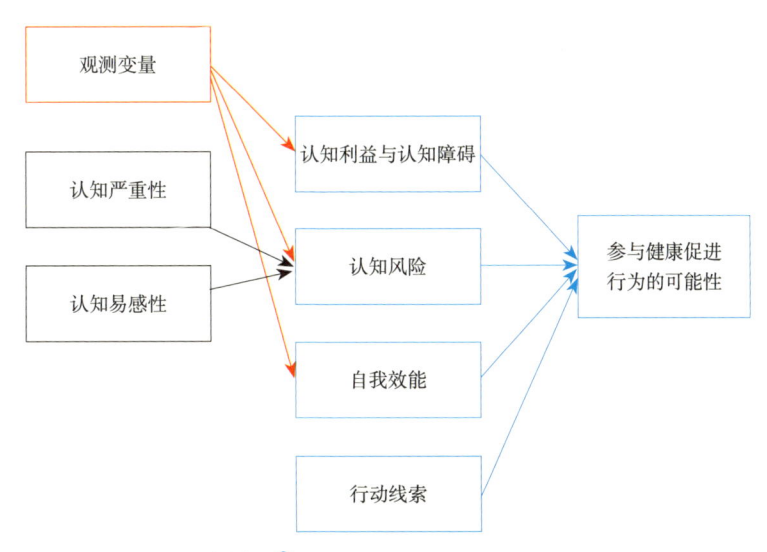

图5-19　健康信念模型[1]

2）保护动机理论

用户在生活中获取利益或遇到压力事件时应对和作出的决策，这些决策是保护用户免受感知威胁获得利益的一种方式，该理论可以用来解释和预测用户改变自己的行为动机。

---

[1] Glanz K, Rimer BK, Viswanath K. Health behavior and health educa- tion: theory, research, and practice[M]. Hoboken: John Wiley & Sons, 2008.

3）计划行为理论

能够帮助用户理解如何改变自己的行为模式，每个子行为是由用户的行为和态度驱动的，这包括对执行行为的后果的信念和对行为后果的估值，见图5-20。

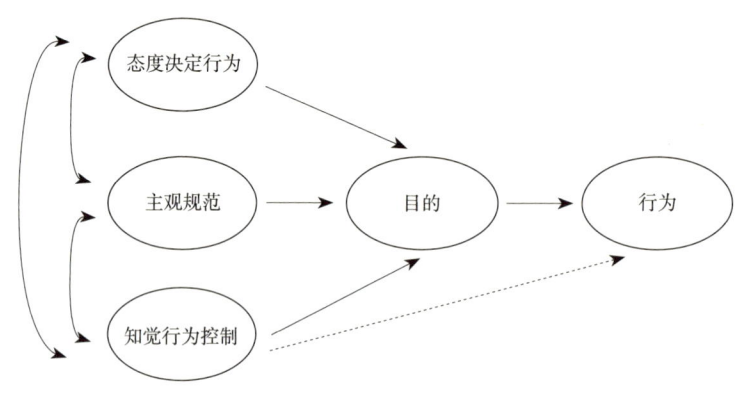

图5-20　计划行为理论

4）利益量表

可以用来评估认知利益下的用户认知，利益量表有8个分量表，分别为增强自我效能感、增强对人的信心、增强同情心、增强灵性、增强社区亲密度、增强亲密度、改变生活方式和获得物质。利益量表是一种认知应对策略，通常与改善用户需求结果联系在一起。

第6章

用户研究中的方法工具

用户研究领域有非常多的方法或工具可供选择，有定性研究方法，也有定量研究方法；有重点研究用户态度的方法，也有重点研究用户行为的方法；有用于设计前期探索问题的方法，也有用于设计后期检验方案的方法；有的方法研究者需要融入被试，有的方法研究者需要隐藏；有的方法需要到真实的场景中，有的方法需要搭建实验场景，等等。每种研究方法都有其优势和适合应用的场景、适合解决的问题，需要研究者在熟知研究方法的基础上选择最适合的一种或几种。

本章将从全局视角来分析这些方法的类型与差异，并根据这些方法在设计流程中的应用阶段，选择常用的方法工具进行详细介绍，包括方法是什么、适合用在什么地方、如何应用等几个方面。

6.1 用户研究方法工具概述

用户研究方法与工具很庞杂，常常在设计的各个阶段都能用到，为了对其有更全局性的认识，将用户研究方法与工具从不同维度进行分类，分类的维度也在一定程度上可以传达该类方法的特征与应用优势。

6.1.1 定性或定量

从属性上来看，研究方法有偏定性研究和偏定量研究的差异。定性方法主要是研究对象行为背后的动机、需求、思维等，获取的数据包括丰富的口头描述；而定量方法是对事物进行测量分析的方法，获取的数据是数字化的，并且可以按照标准的度量单位进行测量，主要用于检验研究者的某些假设。混合方法则是两种研究路径的结合应用。定性数据也可以被定量化，如开放性的访谈回答，可以通过文本分析的方法来获取用户在表达的时候某一个词、短语或主题出现的频次。

当在考虑使用哪种类型的方法时，应仔细想清楚在研究结论部分想要产出些什么。想呈现某件事情发生了多少次或是用户怎么回应，那需要定量研究方法；想提供关于用户体验的丰富描述，那需要定性研究方法。若想彻底回答许多研究问题，就需要结合多种研究方法。

6.1.2 按应用阶段

基于双钻模型的4个阶段，可将用户研究方法按照在不同阶段的应用进行分类。探索：确定用户并对现状进行深入研究，包括了解用户特征、用户如何使用产品等；定义：确定关键问题，找到用户当前最关注的需求，聚焦核心问题；开发：寻找潜在的解决方案，将问题具体化，以构思和初步评估解决方案；交付：对上一阶段的解决方案进行逐一分析验证，选择最合适的一个或多个。

6.1.3 态度或行为

克里斯蒂安·罗勒（Christian Rohrer）提出了用户研究方法的分类维度，即态度（Attitudinal）与行为（Behavioral）维度。态度研究的目的通常是理解或衡量人们陈述的信念，这就是态度研究在营销部门被大量使用的原因。如卡片分类可以洞察用户对信息空间的心理模型，有助于确定产品、应用程序或网站的最佳信息架构。行为的研究方法旨在了解人们对所涉及的产品或服务的"行为"，并尽量降低研究方法本身对研究结果的干扰。例如，A/B测试将网站设计的更改呈现在给网站访问者的随机样本上，但尝试使其他所有内容保持不变，以查看不同的网站设计选择对用户行为的影响，而眼动追踪旨在了解用户如何在视觉上与界面设计进行交互。态度与行为方法是两种研究路径的结合应用。

虽然态度与行为是相关联的，但由于多种因素它们并不总是一致的，因此在选择研究方法之前，需要在研究中判断态度和行为哪一个更受关注，如果想知道用户对一个图标或产品整体的感受或想法，则应更关注其态度；如果想知道用户如何操作或会点哪个按钮，则应更关注其行为。一些研究方法如问卷，可以用于度量用户的态度，而实地调研等方法可以允许研究者观察用户，更适合用于发现用户的行为。由于态度与行为是相互关联的，长远来看，态度可以驱动行为，因此针对态度的研究方法和针对行为的研究方法可以配合使用。

6.1.4　研究者和被试角色

与态度和行为问题相关的是研究中的研究者和被试角色。一些方法完全依赖于自我报告，这意味着一个被试需要基于他的记忆或经验来提供信息，如用户访谈法、焦点小组等。另外，一些方法基于观察，如影子计划，观察性的研究依赖于研究者的看、听和其他感知，而不是让被试来报告他做了什么或在思考什么。最后，还有一些方法不会引入被试，而是完全依赖于专家的经验，这类研究叫作专家审查。

6.1.5　实验室研究或实地研究

在实验室环境下进行研究可以允许你控制住一些潜在的干扰因素，同时有助于分离变量，厘清一个变量是如何影响其他变量的。然而，实验室环境缺少一些真实使用场景中的干扰因素，真实场景中参与者在使用产品时往往会伴随一些场景、信息、人员等干扰因素。当考虑研究方法时需要意识到，一些方法如实地调研，可以让你了解用户的实际使用情景，其他的研究方法如在实验室进行的可用性测试，可以控制住情景因素的影响，从而使你可以专于产品本身。

6.1.6　程式化或总结性

程式化评估被用于产品开发阶段或当产品仍处于规划期时，程式化评估的目的是在设计的过程中影响设计决策。在程式化的研究中，可以指出参与者如何评价一个功能，一个功能什么时候以及为什么没有发挥预期的效用，并基于这些发现提出产品改进建议。总结性评估被用于一个产品或服务开发完成后，研究的目的是评估产品或服务是否达到了某个标准或要求。在总结性评估中，可以通过一些标准化的测量指标，如用户使用过程中出现的错误频次，以及完成任务的时间等，判断一款产品是否具备可用性。

6.1.7 被试数量

一些类型的用户研究要求大量的被试样本以提供最有效的信息（如问卷调研），而另一些只需要较小的样本量就可以提供有价值的信息（如用户访谈）。决定一个研究需要多少名研究对象是一个艰巨的任务，任何一个用户研究，在确定被试规模时，都有很多因素需要考虑，如可用的资源（完成研究的时间限制、参与者的报酬预算、产品原型的数量等）、寻求的效应值、对研究结果可靠度要求、研究结果的类型以及研究者的经验和偏好。有一些简单直接的方法可以帮助决定需要招募多少个被试，如统计检验力分析、饱和度、成本或可行性分析，以及启发法。

以上介绍了用户研究方法的差异及分类纬度，其中最常用的3种分类纬度为：

①按方法属性分类：定性研究与定量研究。

②按应用阶段分类：探索/定义/开发/交付。

③按研究对象分类：态度研究与行为研究。

接下来将根据应用阶段分类这一纬度，按照探索阶段、定义阶段、开发阶段、交付阶段常用的方法与工具进行分别介绍。

6.2 探索阶段的方法工具

6.2.1 桌面研究

桌面研究（Desk Research）不同于访谈或实地调研等方法可以直接获取

一手资料，而是通过互联网、书籍、期刊论文、报告等二手资料的搜索来获取信息、进行分析和研究的方法，也叫作案头研究。桌面研究利用世界上现有的知识来支持对问题的定义，引导找到实现该目标的初步路径，并为后续的一手资料调研提供更多的论据支持。

（1）什么时候进行桌面研究

什么场景适合进行桌面调研在很大程度上取决于桌面调研的优劣性与特点。桌面研究鲜明的优点就是低成本、获取相对简单。低成本主要体现在金钱和时间上，既不需要花费数据收集的费用，也不需要花费数据收集和分析的时间；在获取性上，通过桌面研究可以从不同渠道获取相应信息，甚至是自身难以直接调研的数据。随着互联网的发展，信息获取的渠道更多，也更加便捷，可以获取到如行业、人群等更加宏观或更权威的数据。

不可否认，桌面研究也有它的缺点，如时效性、可比性、相关性、精确度。因为不是直接通过自主调研获取的信息，所以在时效上可能有一定的滞后性；不同的机构在信息采集或者归类上，都有可能存在差别，这会导致信息因为数据口径、群体归类等差异问题而难以对比；因为不是为研究者目的定制的调研，收集到的信息可能未必能直接服务于研究者原本的研究目标，导致二手数据和原本的研究目的可能未必有非常强的关联性；在信息的精确度上，有些信息可能只是估计结果，经不起科学的考验，二手数据的提供方参差不齐，甚至有些还存在较大的误差。

基于桌面研究的优劣势及其研究特点，桌面研究在项目中可以随时进行，可以对各个阶段的研究进行补充，尤其是在项目开始前期。研究者通过桌面研究了解行业现状、文化环境、技术变革、法律政策以及进行竞品分析等，可以更加清楚地理解项目，为后期的深入研究和设计打下基础[1]；也可以通过桌面研究识别到趋势与机会；或通过桌面研究验证项目的方向是否有价值、是否有竞争力。

（2）如何进行桌面研究

1）研究问题/目标

进行桌面研究之前，需要明确这次桌面研究要解决什么问题、获取哪些信

---

[1] 刘伟，辛欣. 用户研究：以人为中心的研究方法工具书[M]. 北京：北京师范大学出版社，2019.

息，把握住问题六要素，明确桌面研究的目标，是开始调研前的重点。

① 明确问题

在决策问题时遇到什么疑惑，有哪些表现？

② 研究目的

希望通过调研达成什么目的？

③ 决策处境

现阶段能支配怎么样的资源？何时能采取措施？

④ 问题假设

预计会是什么原因引起问题？结果可能会有哪些？

⑤ 行动方案

可能采取的行动方案有哪些？

⑥ 效果预期

希望产生或者可能达到怎样的效果？

2）研究框架

有了明确的信息获取目标，接下来要搭建研究框架。网络上的信息量非常大，不可能把所有的信息阅读完毕后，再整理成研究框架。因此，当明确了研究主题和目标后，要基于研究目标搭建一个大致框架，明确收集资料的范围，对目标进行多维度的细分，细分为子研究题目，为后续收集资料提供更直接、详细的指向。根据框架有章法地查找对应的信息，确保不跑偏。

根据桌面研究的场景不同，相应的研究框架也有所不同。在项目最初阶段的业务预研究中，需要对所在领域的大环境进行分析以判断发展潜力，可采用PEST分析方法从政治、经济、文化、技术几个方面开展研究；接下来，根据宏观环境反观当前的市场发展规模、趋势、项目的内外部竞争力，以对项目进行定位，可采用竞品分析法深入了解市场竞品情况与优劣势，通过波特五力模型分析外部竞争力，通过SWOT基于内外竞争进行态势分析；除此之外，对预设目标人群的二手资料调研也是该阶段的重点，包括用户规模、人口统计学特征等，可以为后一阶段的用户调研提供重要参考（图6-1）。这些模型工具可以用来帮助研究者厘清信息收集的维度，也便于后期整理分析。

桌面调研 项目背景研究

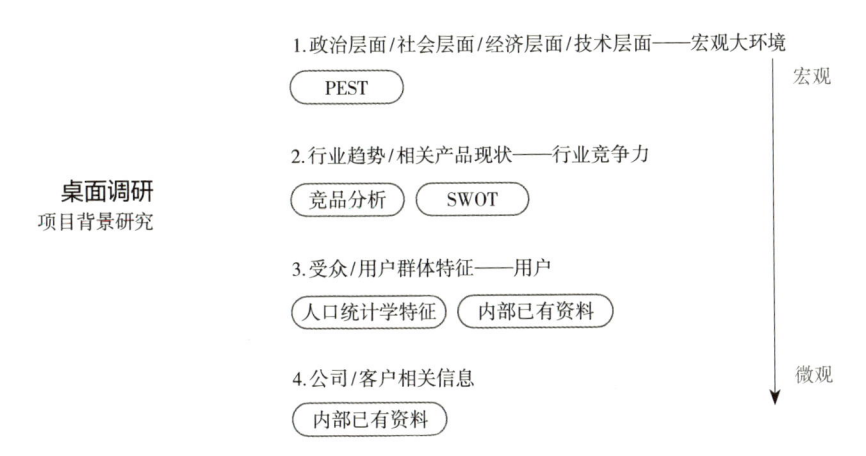

1. 政治层面/社会层面/经济层面/技术层面——宏观大环境
   - PEST

2. 行业趋势/相关产品现状——行业竞争力
   - 竞品分析 SWOT

3. 受众/用户群体特征——用户
   - 人口统计学特征 内部已有资料

4. 公司/客户相关信息
   - 内部已有资料

（宏观 → 微观）

图6-1　桌面研究大框架

3）收集执行

在收集资料的阶段，需要选择检索工具，不断寻找信息源头以及收集二手资料。二手资料可分为内部二手数据与外部二手数据，内部二手数据如客户资料、后台数据、相关报告等，外部二手数据如政府部门数据、相关组织、行业协会、第三方调研机构等。

4）筛选整理

不是所有找到的资料都可以指导决策，因此需要做好资料信息记录、分类整理、比较筛选以及整理。总的来说，这个阶段需要做二手数据的检验和评价。对于二手数据检验和价值的评价，可以参考5W1H法：

What：收集的是什么信息？样本量如何？是否和所需的信息相匹配？

Where：信息是否有地域偏向性？是否吻合所需要的地域（如国内市场、海外市场）？

When：信息是什么时候发布的？时效性如何？

Who：信息的出具方是谁（如第三方、官方、政府）？是否是数据的原始发布方？

Why：为什么会查找这些信息？原始研究目的是什么（如了解行业发展、验证项目可行性）？

How：信息收集的研究方法是什么？这些机构通过什么方式收集到这些信息？

通过5W1H法可以判断这些二手资料到底适不适合这次桌面研究。

5）报告输出

在得到信息数据资料，做完筛选整理后，需要做结论探讨以及形成文档，文档的总结维度可参考第二步中选择的研究模型，进行可视化的资料总结。在报告输出的内容中，需要阐明此次研究的背景目的，以及从宏观层面、微观层面、行业以及产品的发展趋势、市面上竞品的研究4个方面完善报告的内容，以及最终要基于研究目标总结桌面研究的结论，提出后续方向或方案。再根据研究目标决定下一步的研究方向，决定是否需要定性研究或者定量研究。

6.2.2 用户访谈

常见的问卷调查和数据分析虽然可以覆盖大面积的用户群体，获取更大量的用户行为和数据情况（定量研究），但无法深入了解用户做出某种行为的具体原因和场景，这时用户访谈就可以起到重要的作用。

用户访谈是指直接接触参与者的基本研究方法。广义来讲，用户访谈是指通过访谈的方式从其他人那里获取信息的一种引导性谈话。[1]用户访谈可以直接收集第一手资料，包括参与者叙述的经历以及他们的观点、态度和看法，这种调研方法获取的内容具有灵活性的特点[2]，可根据研究目标和需求进行约束。

（1）用户访谈的使用场景

用户访谈是常用的定性研究方法，其灵活性与典型性使其应用范围很广，可以应用在项目的各个阶段。通常更加适用于比较复杂的话题性场景中，例如：对经历和过程仔细研究，需要采集用户的观点以及态度等；对于复杂行为的剖析，如用户是如何理解App详情页各个模块之间的关系的。

用户访谈也适用于对敏感或者私密性话题的调研，使用一对一的访谈法可以鼓励被访参与讨论；用户访谈适用于探索开放性的话题研究，在聊天中以更灵活开放的形式深入挖掘，往往会获得意想不到的信息与灵感。

从设计流程角度来看，用户访谈可用于前期探索阶段，了解用户特征及现

---

[1] 凯茜·巴克斯特，凯瑟琳·卡里奇，凯莉·凯恩.用户至上：用户研究方法与实践（原书第2版）[M].王兰，等译.北京：机械工业出版社，2017.

[2] 贝拉·马丁，布鲁斯·汉宁顿.通用设计方法[M].初晓华，译.北京：中央编译出版社，2013.

状、行为经历及痛点，发现用户问题，洞察设计的机会点，为后续设计提供以人为中心的调研基础。用户访谈的另一个核心应用场景是对设计方案的验证，作为定量测试的补充来深入了解用户对方案的看法及原因。

（2）用户访谈的基本类型

1）结构式与开放式

根据不同的研究目标，访谈可以分为结构式、半结构式和开放式。

①结构式

在访谈中每位访谈对象回答的问题都是一样的，是由研究者提前准备好固定的问题；访谈的问题大多数是封闭性问题，可以包含有固定选项的选择题或有一定范围限制的简答题。为达到好的效果，研究者需要提前明确调研目标，在调研中引导访谈对象不偏离主线任务；在准备访谈的问题时要仔细斟酌，确保问题的质量以及没有误解，可以在问题准备好后通过专家评估或小范围测试提前发现访谈大纲中出现的问题。[1]

结构式访谈的优势在于其执行层面的效率较高和成本较低，由于用户访谈获取到的数据大多数是定性的，在访谈规模较大的情况下，结构式可以更高效地获取有用信息。但相应的劣势就是无法根据用户的回答进行灵活和深入的交流，获得的信息没有解释也没有可行的见解。

②开放式

研究人员和访谈对象就某个预备的主题开展深入而自由的讨论。由于访谈获取的内容和形式是不固定的，所以被访者是根据自己的想法大致描述或简短描述，应鼓励其回忆并讲述过往经历。需要注意的是，开放式访谈时一些健谈的被访者会有很多想法，容易偏离主题，因此访谈人员要铭记访谈计划和访谈目标，在访谈时控制好节奏，尽量让话题围绕主题进行。

非结构式访谈获得的定性数据可以用于丰富用户画像的信息，并且非结构式访谈的形式可以与被访者进行深入沟通，被访者可以详细叙述在使用产品或服务时相关的痛点和问题。但是自由的访谈形式容易让访谈过于发散偏离主题或过于关注某一个点，很难集中注意力，保持主题的相关性，因此访谈人员必须目标明确，关注提出的问题和预期获取的信息，不被带跑。

---

[1] 程远. 超强干货！这里有7个腾讯最常用的用户研究方法[EB/OL].（2016-07-07）[2022-02-02].

③半结构式

半结构式访谈是结构式访谈和非结构式访谈的结合，包括结构式和非结构式的问题。为了保持研究的一致性，访谈人员需要有一个基本的提纲作为指导（访谈大纲），以便让每一场访谈都可以围绕主线任务，但是也允许有讨论的空间。适当的引导，可以使谈话的方向能产生一些有价值的见解（例如：访谈人员可以使用场景、任务或日记引导谈话）。❶

半结构式访谈允许被访者有一些自由的表述和对答案的解释，获取到的数据大多是定性的；在访谈过程中会与被访者有更多的讨论和沟通，但是直接获得关键信息比较困难，因此可以提出一个开放式的问题作为结尾："还有什么想要补充的吗？"或者"还有没有想问但是没有问的问题？"

2）情境访谈法

情境访谈（Contextual Inquiry）是一种半结构化的访谈方法，为获得有关使用场景的信息，首先向用户提出一组标准问题，然后在他们自己的环境中工作时对他们进行观察和询问。因为用户是在自己熟悉的环境中接受采访的，所以分析数据比实验室数据更真实。❷

情境访谈和其他方法的关键区别在于，情境访谈发生在真实场景中。它不是简单的采访，也不是简单的观察。在情境访谈中，研究者可以观察到访谈对象执行任务的过程，并请他们在执行任务的同时谈论他们在做什么、有什么想法。情境访谈可以让研究结果更真实、更全面，避免遗漏用户细节。

（3）用户访谈具体步骤

一个完整的访谈研究方案应该包含：确定研究目的和主题、制订访谈计划、用户招募（受访者配比、招募途径、酬劳）、邀约用户、执行访谈脚本、整理分析等（图6-2）。

1）明确研究目的和主题

在开展用户访谈之前，需要明确本次研究的目的是什么，希望通过访谈获取哪些信息、指导哪些后续设计。访谈目的应避免出现假大空的情况，尽量把目的和背景范围缩小，再做进一步的访谈规划。例如，是因为新功能刚上线，所以想了解用户在使用过程中有没有遇到什么问题，是否符合他们的使用

---

❶ 程远. 超强干货！这里有7个腾讯最常用的用户研究方法[EB/OL].（2016-07-07）[2022-02-02].
❷ Jim Ross. Why Are Contextual Inquiries So Difficult?[EB/OL].（2012-06-04）[2022-02-02].

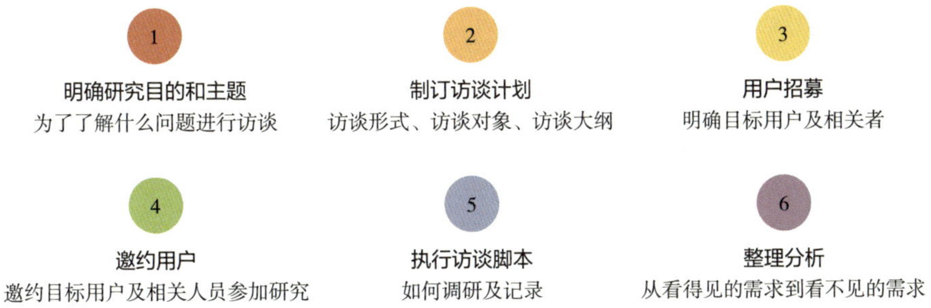

1	2	3
明确研究目的和主题	**制订访谈计划**	**用户招募**
为了了解什么问题进行访谈	访谈形式、访谈对象、访谈大纲	明确目标用户及相关者

4	5	6
邀约用户	**执行访谈脚本**	**整理分析**
邀约目标用户及相关人员参加研究	如何调研及记录	从看得见的需求到看不见的需求

图6-2 深度访谈的研究步骤

习惯。那么在对用户的访谈过程中，就需要询问他们的使用流程：怎么发现入口、如何使用、还有没有更好的展示方式等。

2）制订访谈计划

明确访谈目的与被访者后，就要基于目的与访谈对象类型拟定访谈大纲。在设计访谈大纲前，先问自己：

"问这个问题的目的是什么？""能去掉这个问题吗？""用户能不能舒服地回答这个问题？""用户有可能如何回答这个问题？如何追问？"

需要注意的是，所有问题必须要指向研究目标与设计。

大部分情况下，访谈大纲一开始都很难做到100%全面覆盖，需要在实践中通过与用户交流，把新发现的问题补充进去，逐步完善访谈大纲。

3）用户招募

用户招募一般分为三个渠道：人脉推荐、问卷筛选、外包招募。

人脉推荐。明确招募条件之后，可以拜托朋友或同事帮助推荐符合条件的用户。与大范围的问卷筛选相比，通过人脉推荐进行用户招募的方式更加灵活，并且一旦找到了一位被访者，就可以让他再介绍给同行，这样滚雪球的方式招募工作就更容易推进了。同时，通过人脉推荐的被访者更容易对访谈及研究人员产生信任，使访谈进展更顺利。

问卷筛选。可以先发放问卷进行调研，在问卷中征询用户的意见，如增加一个问题：是否愿意接受后续的有偿调研？如果愿意的话请留下您的手机号码。这样就可以在后续直接联系到被访者。不需要每次都重复发布调研问卷，如果之前进行过问卷调研，并且问题有覆盖到现有的招募条件，那么就可以根据问卷调研的结果在之前的样本库内进行条件筛选，筛选出符合条件的用户。

外包招募。如果产品属性非常特殊，用上述两种方法都无法匹配到符合要求的用户，那么还可以通过专业的外包公司进行招募。但缺点就是需要支付另外的费用。

4）邀约用户

要提前和访谈对象约定合适的时间和地点，为了保证访谈效果，尽量约在访谈对象比较空闲或轻松的时间段。有时考虑到产品保密的情况，可以邀请公司内部成员体验，这也是比较快捷的方法，可以快速得到产品设计中的一些问题和用户建议。

5）执行访谈脚本

访谈前先进行友好的自我介绍，简单介绍课题或项目，让被访者知道本次访谈的参与者是谁，以及访谈大概内容、目的，这能让被访者轻松下来。访谈开始可以提出一些简单、易打开话题的问题进行暖场，一般会从职业、兴趣等用户的基础特征开始切入，这样做的好处是一方面能够帮访谈人员建立起显性用户画像，另一方面也能让被访者消除紧张感。然后逐渐引出访谈主题，并将焦点转移至产品，收集有价值的信息。一般来说，核心的访谈问题常由5个部分构成，分别是基本信息、过往经历、产品感受、目前行为流程、竞品体验，最后根据用户的访谈内容深究细节。在回顾与总结的阶段，可以提出一些较为发散的问题，如"您对我们的产品还有哪些建议"等，开放性的问题可以给被访者补充描述的机会，也有可能获取更多访谈大纲之外的意外收获（表6-1）。

表6-1 访谈节奏

开场介绍	通过轻松的沟通让被访者放松不紧张，并介绍自己 你好，我是XXX，我们在做一个XXXXXX相关的项目，所以想和您了解一下XXXXXX的情况，大概需要XXX左右时间。在这个过程中所有聊到的问题都没有对错之分，您只需要分享真实的想法和经历就可以，不需要有任何的顾虑
暖场问题	访谈开始时通过简单基础的问题，一般会从职业、兴趣等用户的基础特征开始切入，这样做的好处是一方面能够帮访谈人员建立起显性用户画像，另一方面也能让被访者消除紧张感
核心问题	一般有5个部分的问题构成，分别是基本信息、过往经历、产品感受、目前行为流程、竞品体验 最后根据用户的访谈内容再深究细节
回顾展望	以开放性问题为主，询问建议或期待

6）整理分析

访谈结束后，需要及时对访谈内容进行整理，将零碎的口头语言转化为书面语言，避免遗忘，也方便后期回顾分析、生成报告。同时，将访谈中每个人获取到的信息与想法快速碰撞，以发现其中一些细节以及灵感。

在访谈结果的整理阶段，可运用亲和图等方法进行信息的整理与分类，可以将整理好的访谈内容进行用户分析报告，提取出用户独特的信息进行分析，把分析结果拆解，哪些是需求层面的、哪些是设计层面的、哪些是技术层面的，只有把维度细分化，才能有效地规划后续计划。

6.2.3 观察法

很多时候，用户访谈无法获取用户使用产品的真实反馈，不是因为用户刻意隐瞒，而是因为在采用访谈、焦点小组讨论等方式开展用户研究时，用户是在"回忆"，但是在回忆过程中，其很容易忽略掉使用产品的情境和情感。

用户观察法源于民族志研究，是指研究人员根据一定的研究目的、研究纲要，根据自己的感官和辅助工具去观察被研究对象，从而获得资料的一种方法，包括观察人物、组件、环境、事件、行为和互动过程。根据对观察的提前构建水平、记录方法和预期用途，观察法具有不同的形式，并体现出不同的设计目的。[1]

观察法有其独特的优势。观察法搜集到的资料和数据丰富、完整，常常突破研究者原有的知识积累，为后期设计创意提供肥沃的土壤。同时，由于观察法中研究者与被研究者的交流比较少，对被研究者的影响较小，可以得到他们最真实自然的数据。由于大部分的信息是现场直接观察到的，不依赖于被观察者的回忆，比较客观、真实。作为旁观的研究者，往往能观察到被研究者不能观察到的内容，能更全面地展现实际情况。并且，观察法能针对那些不能回答问题的研究对象进行观察，如儿童、动物、残疾人和生病的老年人。观察法也有其劣势，如观察法几乎是所有方法中耗时最长、人力和物力成本最高的。同时，由于观察记录是人做的，经过研究者的筛选和评价后，整个过程就受到研究者的主观影响，容易遗漏重要、有价值的信息。如果研究者在观察的过程中

---

[1] 贝拉·马丁，布鲁斯·汉宁顿. 通用设计方法[M]. 初晓华，译. 北京：中央编译出版社，2013.

暴露身份，被观察者可能会有表演的成分，无法展示日常真实的状态，使得研究结果真实性受影响。虽然观察法中的结构性观察可以做定量分析，但是由于它搜集的样本有限，评价比较依赖研究者的主观，所以其产生的定量分析结论只能作为参考，不具有普遍代表意义。[1]

（1）观察法分类

观察可以从两个维度进行分类：观察方式是直接或间接，观察环境是可控环境或实地环境。

1）直接观察法，按环境分类

① 人为布景—可控环境

在实验室里进行，或与真实环境相似的地方，是由研究者精心布置改造而成的。这种布景便于控制实验条件（变量条件），节省大量成本，避免偶然因素的影响。可控环境中的直接观察是一种研究者观察用户在可控环境中执行特定任务的调查方法。一般是在实验室中进行，重点放在用户动作细节上，捕捉活动细节。

应注意的是，观察问题之一就是研究者不知道用户在想什么，在可控环境中，用户可以承受更多的干扰，出声思考法是理解人想法的有用方法。观察重点在于观察用户是否独立完成了任务（有效性问题）、是否做了无效操作（效率问题）、是否有不满的情绪（满意度问题）。

② 自然布景—实地环境

自然布景是指用户使用产品的真实环境，容易激发用户的自然行为。实地直接观察是一种研究者观察用户在自然环境中进行日常任务的调查方法。可以观察到用户真实情境下行动和使用情况，关注于用户与周边因素的交互。需要注意的是，实地直接观察没有绝对意义上的结束标准，目前的评定标准为类似的行为模式反复出现。

实地观察和实验室观察各有优缺点：实地观察的优点是观察者看到了如何在真实情况下使用技术解决实际问题，能观察用户使用的真实过程；缺点是研究者记录可能带有主观色彩。实验室观察的优点是更容易复制，因此几个用户可以执行相同的任务，识别具体的可用性问题，可以比较用户的表现，可以计

---

[1] 戴力农. 设计调研[M]. 北京：电子工业出版社，2016.

算完成一个特定任务的平均时长和错误数量；缺点是研究环境是人为的，无法说明实际环境下的使用情况。两种观察的使用场景取决于研究目标。实验室观察有助于检查设计细节，发现可用性问题；实地观察则揭示技术在现实环境中的使用，以及如何影响用户行为（图6-3）。

图6-3 环境行为观察

2）直接观察法，按结构分类

①开放式观察—定性研究的观察结构（非结构化观察）

在定性研究中，逐步筛选记录数据后进行第二次观察，深入细致地观察有价值的数据。这类方法可以得到大量资料，让研究者获得全面的复杂数据，可以发现以前未知的数据，引发创新设计。明确研究方向，这一点对于非结构化观察法尤其重要。如果研究者对此没有充分了解、没有一致清晰的方向的话，一旦投入观察，会很容易被所见所闻的庞杂信息所迷惑，无法敏锐地发现素材和数据中有价值的闪光点。非结构化观察是开放式的，它允许研究者发现本来自己没有想过的东西，通常用于创新为主的项目。但整理成本巨大，需要有目的筛选，归纳总结价值数据。

②结构化观察—定量研究的观察结构

在定量研究中，先进行预观察，将所观察到的行为进行编码加以分类。在正式观察中，根据明确的观察因素，对观察的现象进行等级预设，可以采集到清晰明确的数据，非常有利于进行定量分析，减少研究者主观差异上的偏差。这通常用于改良性设计。结构化方法的要点是预先设计好框架，然后培训研究者可以有一个一致的观察评价，在观察中记录评价用户。这种研究需要有尽可能高的研究者信度，不太适合没有经验的研究者。

如果结构性观察用在用户调研的早期，可能研究者不知道哪些行为和现象是有价值的，如果项目的时间充裕，最好的方法就是预实验，也就是预观察。研究者可以根据自己的经验设计观察提纲，也可以不做提纲，完全在预观察中收集数据。在预观察中，将观察所得的使用者的行为进行记录和整理。

3）直接观察法，按研究者参与度分类

①隐藏观察——研究者不直接参与

隐藏观察被称为外部观察，也叫非参与式观察。是指研究者不直接参与行为过程或者发生交互关系，在不打扰参与者的情况下，通过观看和收听等方式收集信息。与参与式观察等方法不同，隐藏观察会刻意避免研究者直接参与活动或与参与者交流。隐藏观察旨在尽量减少因为与用户接触而产生的偏见或者行为影响。然而，这也可能会影响研究者的亲身感受，影响他们探索参与者行为背后的动机。其他形式的观察通常需要不同程度的设计结构，但是隐藏观察的操作方式比较灵活，并不需要预先确定标准进行专门分类或者记录。[1]

②参与式观察——研究者参与

参与式观察是一种身临其境的实地观察研究方法，通过参与活动、情境、文化和次文化来了解各种情况和人们的行为。参与式观察原是人类学的一种基本研究方法，经改编之后用于设计研究。人类学家作为参与者，可能长时间生活在观察的情境或文化当中，但研究者的参与时间通常比较有限。不过两者的目的是一样的——积极参与到当地社会中，形成紧密联系，身临其境观察重要的人物和事情，与研究对象一起经历各种事件。例如，研究者可以乘坐公共汽车观察过往的乘客，或者在观看足球比赛时，观察观众们的行为（图6-4、图6-5）。

系统地观察和记录至关重要，不仅要记录环境中显而易见的事情，还要记录参与者的行为、互动、语言、动机和概念。为此，参与式观察通常要结合访谈等其他几种实地观察方法。

---

[1] 王雅方，用户研究中的观察法与访谈法[D]. 武汉理工大学，2009.

图6-4 研究人员作为边缘参与者观察乘客　　图6-5 工业设计师帕特里夏·摩尔（Patricia Moore）体验老年人行为[1]

4）间接观察

间接观察通常是通过被观察者自己进行记录，研究者通过被观察者的记录进行观察，研究者可以通过间接观察推测出被观察者的喜好、关注的事物、生活方式等，从而挖掘被观察者的基本及心理需求。间接观察中可以使用的方法工具有：

①日记

要求被观察者定期写关于他们活动的日记，不会占用研究者大量时间，也不需要特殊设备，适合长期研究，但依赖于被观察者的可靠度，被观察者可能会夸大记忆或忘记细节。

②经验采样

依赖于被观察者记录关于他们日常生活的信息，被观察者随机时间回答具体问题，有助于立即采集信息。

③交互日志

在记录被观察者活动的设备上安装软件，获取动作，帮助分析和了解被观察者如何完成任务，不受外界干扰，但保证研究中设计伦理的隐私。

④Web分析

密切跟踪用户行为，收集行为数据，评估用户目标是否被满足，通常用于商业和市场研究。

---

[1] Roman Krznaric. How an industrial designer discovered the elderly[EB/OL].（2009-11-01）[2022-03-01].

（2）观察法具体步骤

1）明确研究方向

明确研究的目的和研究的主题（对象、问题、特定情境条件）。在观察法的使用中要注意比较容易被忽视的一个大前提，即所观察的场景和用户具有代表性。研究者所选取的场景和用户要能反映出研究者所需要研究的主题。

2）制订观察计划

将观察具体化和指标化；明确观察对象描述、观察地点、采用的方式和可能需要的设备器材、观察的次数、需要搜集的内容；确定其他观察取样的因素，如天气、时间、场地、与事件密切程度、阶段；具体化观察内容，确定观察框架。

观察框架指导观察者在设计观察的时候，该观察什么、怎么记录并考虑后期的整理分析。常用的观察框架有POEMS框架、AEIOU观察框架（图6-6）等。

POEMS框架提出观察的5个重要因素，People，即观察对象；Object，指观察的时候看到的物体，产品本身或相关物体；Nvironment，指观察内容所处的环境；Message，指观察对象事件过程中可能相关的信息；Service，指观察对象在事件中可能涉及的服务。

AEIOU观察框架提出的5个因素分别为：Activity，即活动是什么；Environment，指活动发生的环境情况；Interaction，指人与机器、物体之间的互动；Objective，即环境中与之发生交互的物体。

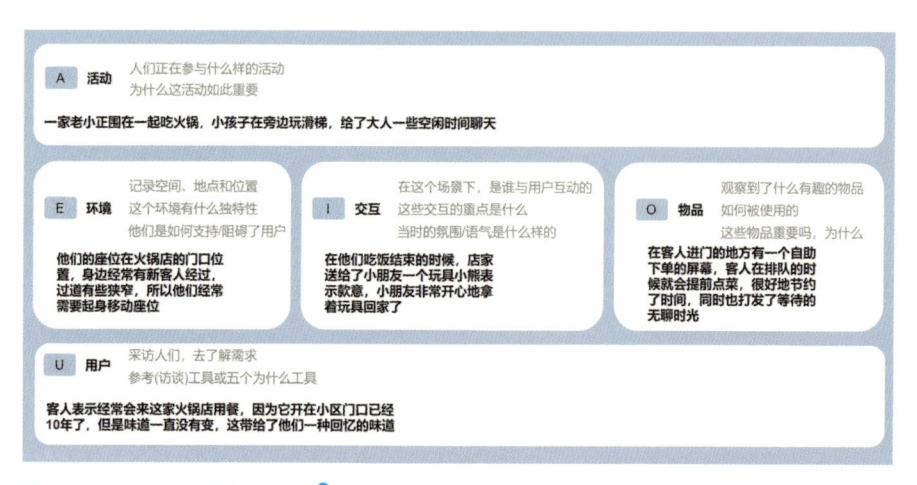

图6-6 AEIOU观察法案例[1]

---

[1] 黄蔚.服务设计：用极致体验赢得用户追随[M].北京：机械工业出版社，2020.

3）进行观察

在观察之前最好提前进行预观察，排除流程线问题。正式观察的实施过程要全面、准确、有序记录，尊重客观事实。借助 POEMS 框架或 AEIOU 框架进行结构化记录。

4）观察整理与分析

现场记录下来的信息往往分为两大类：一类是记录客观发生的现象，另一类是记录观察者自己的想法。亲眼目睹的事实和猜测行为背后的意义、动机并作出的推理属于另一种类型的观察，可以在观察期间或观察结束之后与被观察者进行访谈，并验证这些推理（图6-7）。

好的设计应该超越用户期望，激发其潜在需求。如今同类产品同质化严重，设计师、产品经理和用户研究员需要仔细观察目标用户，发现其中情绪波动点以及操作问题，将其作为拉开差距的设计点。

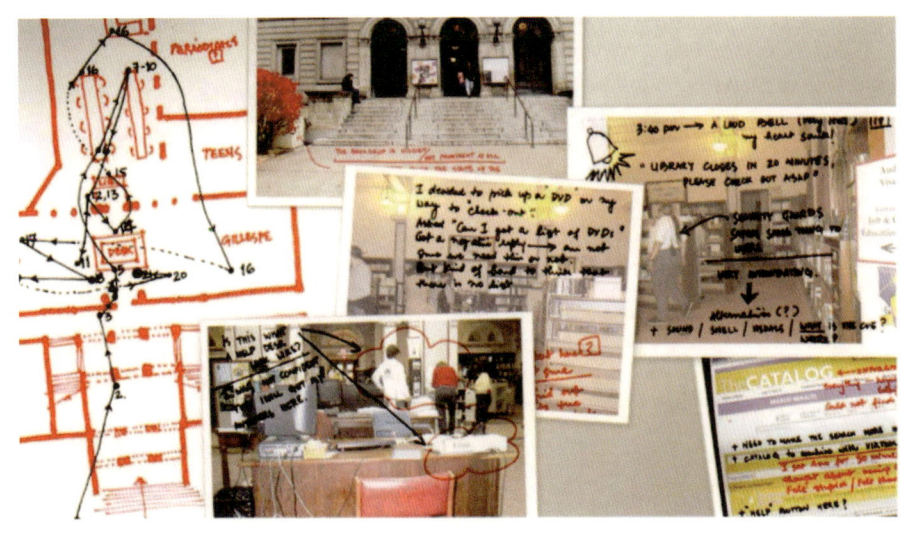

图6-7 根据以客户为中心的图书馆体验研究[1]

6.2.4 焦点小组

社会学家罗伯特·默顿（Robert Merton）和其他社会科学家在20世纪30—40年代通过"专题采访"评估士兵对第二次世界大战广播节目和训练影

---

[1] 贝拉·马丁，布鲁斯·汉宁顿. 通用设计方法[M]. 初晓华，译. 北京：中央编译出版社，2013.

片的反应。1956年，出现了"焦点小组"这个概念。也是这个时期，市场营销和广告机构开始采用这种方法。因此，它也许是用户体验研究技术中出现最早且应用最广泛的研究方法。❶

焦点小组是对精挑细选出的、具有很强代表性的5~10人（最好是6~8人）进行的集体访谈活动，由经验丰富的主持人主持，创造开放、客观的讨论氛围，围绕话题，大家说出自己的经验和意见。调研通常持续1~2个小时，这有利于快速获得用户对特定主题或概念的看法（图6-8）。

图6-8 焦点小组鸟瞰图 ❷

（1）焦点小组的特征

焦点小组法除具有一般质性研究的特点外，还具有其独特性。焦点小组法的实施不需要标准化的研究测量工具，如调查问卷或量表，只需要准备议题；焦点小组法研究者主持并促进讨论，并做好记录；对某个问题可能需要由多个焦点小组进行讨论，以达到资料饱和；焦点小组法参与者的选择应当与研究目的相关，并具备一定的代表性；由于不同组间较难得到相同结果，因此焦点小组的信度较低，但其表面效度较高。❸

---

❶ 贝拉·马丁，布鲁斯·汉宁顿. 通用设计方法[M]. 初晓华，译. 北京：中央编译出版社，2013.
❷ 贝拉·马丁，布鲁斯·汉宁顿. 通用设计方法[M]. 初晓华，译. 北京：中央编译出版社，2013.
❸ 郭瑜洁，姜安丽. 焦点小组法的特点及其在护理科研中的应用[J]. 解放军护理杂志，2009，26（23）：70-71.

焦点小组作为一种在短时间内收集很多个人故事的方法，可以为后续开展研究提供分析产品及其用户需求的基础。焦点小组可以有围观者，简单高效，能够吸引没有时间或不具备专业知识的公司成员参与用户体验研究，擅长发现人们的期望、动机、价值观和回忆。研究者常常可以从自由讨论中得到意想不到的发现。

（2）焦点小组的优劣势

焦点小组有其独特的优势。首先，焦点小组的优势在于宽松效应，即在一个轻松的群体中，参与者会感觉他们的观点和经验受到重视，从而更愿意表达观点和看法。其次，依靠研究人员的重点是其能够产生大量的数据，并精确感知话题。焦点小组不仅获得了可能无法被观察到的广泛主题，同时也确保了数据和研究主题紧密相关，这种方式既快又简单。此外，焦点小组访谈有一个快速的周转时间来进行数据收集。因此，在相对短的时间内，研究人员可以收集特定的信息。当信息收集缺乏可靠性和有效性时，采用焦点小组法是可行的。焦点小组还有一些其他优势，如它让研究者能够理解人们为什么会这样感受，并让研究者有机会去研究集体意识对某种现象及其周围意义的构造。但是，焦点小组也有其劣势。首先，焦点小组讨论的引导者往往预设了一些问题，这就更像一个小组内的调查而不是互动的讨论。其次，群体压力会导致明显的趋同行为，有些人会追随群体意见，参与者可能更容易受到同伴的影响，并默许特别有影响力成员的意见，可能会影响数据真实性。[1]

那么如何在焦点小组中尽量避免其劣势，有以下几点建议：挑选被访者时在背景/学历等方面没有太大差距；现场注意座位安排、提问顺序等问题；避免谈论偏个人观点类的问题。

（3）什么时候使用焦点小组

焦点小组可以在开发团队尝试回答以下问题时使用：产品要解决什么问题？如何解决这些问题？为什么用户看重本产品提供的解决方案胜过其他方案？同样，让用户在开发早期讨论竞争产品也能使设计研究者了解为什么用户看重竞争产品：他们认为哪些是具有决定性的功能特征？哪些经常使他们觉得烦？他

---

[1] 王玲. 定性研究方法之焦点小组简析[J]. 戏剧家，2016（13）：258-259.

们认为竞争产品哪些地方做得失败？焦点小组也可以为竞争性研究作贡献，让研究者可以迅速审查用户对一系列产品的偏好和态度。除了从明确的市场营销角度外，这些信息可以立即影响功能和交互的开发，在投入资源之前其定义更接近于目标用户期望的体验。在开发中后期，焦点小组能够帮助确定功能并排定其优先级。将工作原型、视觉模型或者概念视频带入焦点小组进行讨论，可以在投入过多时间和金钱之前迅速获得设计方向上的反馈。此外，因为焦点小组可以作为头脑风暴，所以让参与者相互协作成为可能，从而获得比独立思考更多的概念。❶

（4）如何进行焦点小组调研

1）准备工作

进行焦点小组前，需要做好充足的准备工作，主要内容有以下几点。

①确定会议主持人

适合的主持人对于成功、有效地完成焦点小组非常重要。

②选择参与者

一般来说，焦点小组需要8～12个参与者，也有4～6人的情况，可以根据实际访谈内容选择。

③准备环境

准备一个焦点小组测试室，主要设备应包括话筒、单向镜、室温控制、摄像机。准备圆桌或沙发，能让参与者围坐在一起，提供轻松自由的环境。

④列出访谈大纲

访谈大纲即在本子上列出自己所要提的问题，小组座谈的问题一般都是结构化的。拟定一个好的访谈提纲，关键是看所列出的问题是否到位、方向是否正确。

2）组织和控制好座谈会的全过程

焦点小组很容易过于发散，所以一旦偏离主题太远，主持人应该及时把话题引回到主题上。在问问题的时候，主持人的技巧很重要。问题的顺序应该是先易后难、先问行为后问态度。在访谈的过程中要做好访谈记录，并对访谈全程进行录音录像，以便后续回放分析撰写访谈报告使用。及时整理、分析座谈会记录，回顾和研究座谈会情况，作必要的补充调查。

---

❶ 迈克·库涅夫斯基，安德莉亚·莫德，伊丽莎白·古德曼. 洞察用户体验：方法与实践（第2版）[M]. 刘吉昆，等译. 北京：清华大学出版社，2015.

3)整理分析

调研结束后立即进行数据分析,参加调研的团队成员共同回顾问过的问题,指出调研的关键点,并分析调研过程中有无意想不到的结果,每一个观察员在调研中记录的侧重点是什么。趁着记忆清晰,补充那些记录不明确的地方。还应该决定是否需要使用相同类型的用户进行另一场用户调研,如果需要的话,则判断是否要更换问题,这些问题要参考上次调研的结果。在撰写访谈报告前,不仅要认真分析访谈记录内容,还要重新观看录像观察发言者的面部表情和肢体语言,总结的部分涉及目标用户信息、心理及行为、问题发现、需求及期望等。❶

6.2.5 问卷调研

(1)什么是问卷调研

问卷调研是一种以书面形式收集自我描述信息的调查工具,可以了解被访者的特征、态度、行为、心理、想法等。❷问卷调研具有取样大、效率高、简单易操作、经济成本低等特点;问卷调研具有较高的灵活性与自由度,不受人数和地理范围的影响;问卷调研属于定量研究,相较于用户访谈、观察法等定性研究更具客观性,封闭型的调研问题也使得数据结果更易于整理和统计分析,可以确保结果的信度和效度。问卷研究也存在相应的劣势,如问卷质量难以保证、问卷回收率难以保证、挖掘的信息量有限等。

问卷的设计看上去很简单,但其实设计高信度、高效度的问卷很难,选择什么问题更合适、如何提问更有效都是在问卷调研中要重点考虑的问题。随意堆叠问题的问卷可能导致获取的数据无效或误差大;同时,调研对象的选择也会显著影响最终结果的信度和效度,使用问卷调研可以获取大量用户数据,但需要对其中的数据收集和分析的方法有充分认识。❸

何时使用问卷调研?问卷调研可以作为独立的调研活动,但更常见的是结合观察法、焦点小组等其他方法使用,以用来补充其中不够清楚的个人数据,

---

❶ 张乐飞. 独具匠心:做最小可行性产品(MVP)方法与实践[M]. 北京:人民邮电出版社,2021.
❷ 贝拉·马丁,布鲁斯·汉宁顿. 通用设计方法[M]. 初晓华,译. 北京:中央编译出版社,2013.
❸ 凯茜·巴克斯特,凯瑟琳·卡里奇,凯莉·凯恩. 用户至上:用户研究方法与实践(原书第2版)[M]. 王兰,等译. 北京:机械工业出版社,2017.

也可以验证或者质疑自我描述的行为。[1] 问卷调研在设计流程中，主要用于探索阶段了解目标用户特征、态度、行为现状、问题等，洞察设计机会点；在交付阶段可通过问卷调研进行方案验证，如用户满意度测试。

（2）如何做问卷调研

1）明确问卷调研的目标

与团队沟通明确此次问卷调研的目标，想要收集哪些信息。如果在不清楚调研目标的情况下就进行问卷调研，将会获得很多无效数据，无法准确指导后续设计。

2）明确研究对象

根据业务目标和研究目标，明确此次调研的对象。调研对象的选择可依据项目目标用户的特征进行设置，如身份角色、业务经验和人口学特征（年龄、性别、收入、学历、职业等）。

在问卷调研过程中，很多时候会有非本次调研的目标对象填答问卷，影响数据结果的准确性，因此在问卷设计时，需要设置相应的身份验证问题，对所有填答问卷的人进行过滤，筛选符合条件的目标对象。

3）前期探索性工作

设计问卷前，可通过桌面研究、用户访谈、利益相关者访谈等探索性工作了解相关业务、目标用户的情况，以对各类问题和可能的回答有一个初步的认识，解决问卷编制不知从何下手的问题，同时也能避免问卷中出现含糊不清的问题和不符合客观实际的选项，保证问卷的效度。

4）问卷的编制

一份完整的问卷，一般会包括以下部分的内容：

① 问卷说明

问卷说明一般放在问卷开头，简洁明了（100字以内为宜）地说明调研目的、调研内容和范围等信息，以让被调研者对本次调研有大致的了解；同时，强调本次调研为匿名调研，且严格保密调研结果，以消除被调研者的心理压力和顾虑，从而建立起信任。

---

[1] Robson C. Real world research: A resource for social scientists and practitioner-researchers[M]. Wiley-Blackwell, 2002.

② 目标用户筛选题项

填答问卷的人群中可能有非本次调研的目标用户，需通过相应的问题过滤掉，可基于目标用户的显著特征进行筛选，如身份角色、行业、产品使用情况、业务经验／工作经验、人口学特征等。

③ 问卷题目

问卷的题目在编写前可以进行头脑风暴（可以自己进行或者小组进行），连续不断地写出能想到的每一个需要调研来回答的问题。进行头脑风暴的时候，要记住有两种调研目标：描述性目标和解释性目标。描述性目标旨在建立受众的背景资料，通过了解受众的个人特征、他们有什么、想要什么和他们说如何做来总结受众的构成。解释性目标通过人们对问题的回答之间的关系来解释人们的信念和行为。例如，描述性调研的目标是设法了解人们使用了哪些功能，他们的使用频率是多少；而解释性调研则是试图解释使用频率如何影响人们喜欢的特性。这类目标的目的是找到特征之间的内在关系，独立出来的关系越多，解释就越准确。[1]

一般性问题可分为3类：特征类别、行为类别和态度类别。特征类别问题用来描述这个人是谁，他的硬件和软件环境如何，如人口统计学特征、技术能力等；行为类别问题则刻画这个人的行为表现，如使用频率、竞品使用情况等；态度类别问题探究的是人们的想法和信念，如有什么需求、有哪些问题、满意度等。

需要注意的是，问题的提问方式非常重要，要保证问题尽量简短、明确，避免含糊不清，避免产生误解，不使用调研者不知道的专业词汇，不直接询问敏感性问题。同时，要注意问题的数量不要过多，问卷最好能让被调研者在20分钟内完成。

5）问卷测试

问卷在大批量发放前需要进行测试，以保障问卷的准确性与有效性，常用的问卷测试的方法有客观检测法和专家评估法。客观检验法主要是通过非随机抽样的方法选取小样本，然后用想要评估的问卷进行调研，从中发现问题，如邀请符合特征的同学、家人、朋友进行试调研。专家评估法即邀请研究领域的专家或者典型的被调研者对问卷进行主观评估，指出问卷的不合理之处，如邀请导师、资深研究人员进行评估。

---

[1] Elizabeth Goodman, Mike Kuniavsky, Andrea Moed. 洞察用户体验：方法与实践（第2版）[M]. 刘吉昆，等译. 北京：清华大学出版社，2015.

6）问卷投放

问卷调研的劣势之一就是调研对象的可控性较弱，而投放渠道在很大程度上决定了投放对象，因此在投放问卷时要注意选择问卷投放场景。常用的投放渠道有产品内布点（如已有产品）、相关聊天群或贴吧、线下目标人群聚集地、第三方调研机构等。

如果产品已经进入市场，有用户积累，则可以根据积累的用户特征（一般为人口学特征），采取分层抽样方法对用户进行分层，设定样本配额，再对每类用户进行简单随机抽样，最后通过产品内嵌问卷、短信、邮件、粉丝群等方式向选中的用户定向推送线上问卷。如0到1的产品，则需要通过各种渠道搜寻目标用户，如贴吧、豆瓣小组、微信群等，有时可能需要隐匿身份，也可以在线下目标用户常聚集的地方进行问卷的发放与回收。

7）整理分析

在整理问卷结果数据时，首先要明确研究目标，其次对每一项问题的回答情况进行统计，将得到的答案使用条形图、折线图或者饼状图等进行可视化总结，这样就能够直观地看出调查问卷所展现的问题和趋势。最后整理分析数据，分析数据及其关系，采用专业的分析软件进行结果分析，如目前适用最广泛的一种调研问卷分析工具——SPSS软件，可以大大提高数据分析的效率和效果。

调研问卷的分析和解释既是一门科学，更是一门艺术。尽管它要处理数量、比例和关系，但同样也要检测陈述以及众所周知的陈述与行为之间的关系。从模糊的招募偏差，到对回应的误解，再到人们的夸大倾向，整个过程都涉及近似和估算。归根结底，每个人都是不同的，最终的分析会丢失个人的观点、行为或者经验。但是，在大部分情况下，批量的结果都是有价值的、有用的，并且要想作出合理的决定，重要的一点是了解可能性。因此，调研数据的分析要力求准确性和即时效用。尽管可以运用复杂的技巧从数据中准确提取出重要的信息，但是在大多数情况下简单的分析更受欢迎。简单的手段减少了错误和劳动并足以用来回答大部分典型产品开发情况的问题。

6.2.6 日记法

（1）什么是日记法

日记法也称日志法，是在研究人员指导下，由参试本人自行进行，按活动发生的先后顺序，随时填写调研问卷的研究方法。日记法研究是用于采集参与者在一段时间内的行为、活动以及体验的定性研究方法。在日记研究中，参与者需要长期地自我报告数据，包括坚持写日志，录入与研究相关互动的具体信息，整个过程会历经数天甚至一个月或更长的时间。整个过程包括准备规划、脚本预热、录入、后续研究访谈、分析数据5个阶段。因此，为了使参与者能及时填写日记内容，研究者还需要定期提醒他们。由于采集数据的场景和时间段的不同，日记法有别于其他一般的研究方法。它们是"低配版"田野调查：无法像真正的田野调查一样提供丰富、具有细节的观察信息，但能够作为一个比较像样的近似研究，用来捕捉自然环境中的变化和经验模式，并帮助研究者确定影响这种变化的因素。尤其是在情感设计领域，研究者试图在日常和持续的环境中研究人们的情感体验，其中重点包括交互设计中探索移动技术在日常生活中的行为模式。

比如，加弗尔（Gaver）和邓恩（Dunne）在一次设计研究中对典型的日记法进行了更多的创新文化的探讨。[1]通过向参与者提供明信片、地图、相机、相册和媒体日记组成的"文化探测器"，将收集的数据概念化。这样的研究不强调精确的分析或控制参与者记录的方法，而是更专注于美学的控制和设计文化内涵的探索。同时，这种方法可以和其他情感化设计定性研究法相兼容，因为它侧重于人在自然环境中的审美灵感的呈现。

1）错误的日志法使用范例

①不要把日志法做成流水账。被研究者往往无法事无巨细地回复，这种行为性的研究更加适合采用陪同和观察，或者安装定位装置，形成每天的动线后再辅以面访或电话的方式去了解。

②不要把日志法做成问卷调研。比如记录买了什么、购买频率、购买地点等基础性的问题，这些完全可以通过大样本问卷调研来解决。

③不要把日志法做成街拍。比如让被访者走到哪里都拍照，记录其看到的、感兴趣的等，这样的研究往往带有强烈目的性，已经失真。

2）日记法的优势

最大的好处是它提供了非常丰富和全面的信息，关于人们在日常生活中与产品互动时的情感体验，马泰马克（Mattelmaki）和巴塔比（Battarbee）提

---

[1] Gaver B, Dunne T, Pacenti E. Design: Cultural probes[J]. Interactions, 1999,6 (1)：21-29.

出"有些个人问题写起来比大声说出来更容易"[1]，因此日记法比其他几种定性研究法更具有这种特殊的优势。日记法研究的设计非常灵活，可以成功地将参与者的注意力集中在互动情感方面。

3）日记法的弊端

其弊端主要在于参与者需要承担巨大的责任，研究者为了获得可靠、有效的数据，需要参与者在很长一段时间内持续、可靠地填写日记。因此，研究人员在设计脚本时可尽量将问题具体化，这样参与者就不必花费太多的时间思考要写什么。此外，在研究期间，研究人员有必要为参与者开通一个沟通的渠道，保持参与者前进的动力。

（2）如何应用日记法

1）计划阶段

开展日记法，首先需要制订研究计划。研究计划应包含日记法的目的、参试用户筛选条件、日记法研究的时间节点、记录内容的设计、问卷设计等。

2）实施阶段

移动互联时代，对日记法实施阶段的影响较大。最初人们只能使用笔、纸来记录文本信息，对参试者的文字记录能力要求较高。现在随着智能机的普及，进行日记法研究时，可以使用手机记录各种信息，不仅有文本信息，还有图片、音频和视频信息，日记法记录的信息更加多样，使用的范围也更大。

3）分析阶段

除了传统日记法的注意事项外，在分析新媒体信息时，使用智能机记录信息，因为种类丰富，分析的难度大，需要用标准形式对它们进行描述。一般将音频信息转化为文字，将视频信息转化为图片，依据时间，分任务归类，并用于最终分析。

6.2.7 实验法

（1）什么是实验法

实验法（Experiment Survey）作为科学研究的一种普遍方法，产生于对

---

[1] Mattelmaki T, Battarbee K. Empathy probes[J]. Proceedings of the Participation Design Conference, Malmo, 2002: 266-271.

自然科学的研究，后在社会科学很多领域得到广泛应用[1]，是研究者通过一定手段来改变观察环境中的某个或某几个变量，以观察这个或这些变量对其他变量的影响的研究方法，目的是确认独立变量与从属变量间的因果关系，从而解释客观事物间的关系，解释客观现象。[2]由于科学研究的主要目标就是寻求事物之间的因果关系，因此实验法成为最重要的研究方法之一。[3]在众多量化研究方法中，实验法对研究者来说是相对可控的，但同时它也对研究者提出了较高的研究程序设计和操作环节的严谨性的要求。

实验法的优点在于，一方面，实验法可以有控制地分析、观察某些市场现象之间是否存在因果关系，以及相互影响程度。另一方面，通过实验取得的数据比较客观，具有一定的可信度。当然，优点是相对的，实践中影响经济现象的因素有很多，可能由于非实验因素不可控制，而在一定程度上影响着实验效果。

当然，实验法也有缺点，首先，运用范围有一定的局限性并且费用较高。实验法只适用于对当前市场现象的影响分析，对历史情况和未来变化则影响较小，所需的时间较长，又因为实验中要实际销售、使用商品，因而费用也较高。其次，采用这一方法，必须讲究科学性，遵循客观规律。第一，寻找科学的实验场所。市场调查不能像自然科学一样在实验室中处理各种现象，而要在社会中寻找实验市场。但这个市场的实验条件与实验结果应尽可能符合市场总体的特征。第二，实验中要正确控制无关因素的影响，减少干扰，使实验接近真实状态，否则将失去结果的可信度。

（2）实验法分类

1）实验室实验法

在实验室内，借助各种实验仪器设备，严格控制或主动创造实验条件下对特定的现象进行观察和记录的方法。因而可以获得精确的数据，分析出确切的结果，具有很好的内部效度。[4]如用户信息行为研究中，在实验室利用眼动仪

---

[1] 李强.实验社会科学：以实验政治学的应用为例[J].清华大学学报（哲学社会科学版），2016，31（4）：41-42.
[2] 张晓林.信息管理学研究方法[M].成都：四川大学出版社，1995：60.
[3] 彭玉生.社会科学中的因果分析[J].社会学研究，2011，26（3）：1-32，243.
[4] John F. Rauthmann, et al. Eyes as windows to the soul: Gazing behavior is related to personality[J]. Journal of Research in Personality, 2012, 46(2): 147-156.

等实验设备进行实验，来探寻不同任务类型下影响信息搜寻行为的因素。[1]但该方法也因实验室条件与现实条件不尽相同而导致研究结论受到质疑，以及存在外部效度较差等缺点。

2）自然实验法

是指在真实的现实情境中，通过适当控制和改变某些条件来进行研究的一种实验方法。对于无法在实验室内研究的社会现象，自然实验法更能显示其明显的优越性，因而兼有实验法和观察法的优点，有良好的内在效度和较高的外在效度。[2]

3）对照实验法

对照实验法用以在探寻一定因素对一个对象的影响和处理效应时，除了对实验所要求研究因素或操作处理外，其他因素都保持一致，对实验结果进行比较，从而揭示研究对象的某种性质或某种原因。通常一个对照实验分为实验组和对照组，并根据实验的精确性要求设置不同的对照测量结构。

4）析因实验法

析因实验法是一种依据已知结果去分析、寻找未知原因的实验方法。该方法针对结果是已知的，即所表现出的现象是客观的，而影响或造成这种现象或结果的各种因素特别是主要因素是未知的，通过析因实验对未知原因进行探索。在实验中，将各因素全部水平相互组合进行实验，以考察各因素的主效应与因素之间的交互效应，其特点是能全面地显示和反映各因素对试验指标的影响。析因实验法常常能产生科学重大发现或科学理论建立。

5）模拟实验法

当某些研究对象难以甚至无法进行直接的观察和实验时，常常借助于间接的手段进行实验研究，以获得关于对象的信息，这种方法在实验中被称为模拟实验法。虽然模拟出来的运行情况很多时候并不完全等同于研究原型，但它扩大了研究的实验观察领域，能够提高科研工作效率，以及减少人力、物力的消耗等，在科学研究中发挥着重要作用。

6）计算实验法

计算实验法是以综合集成方法论为指导，融合计算机技术、复杂系统理论和演化理论等，通过计算机再现管理活动的基本情境、微观主体之行为特征及

---

[1] Al-samarraie H, et al. The impact of personality traits on users information-seeking behavior[J]. Information Processing and Management: an International Journal, 2017, 53(1):237-247.

[2] 赵洪，王芳，柯平.图书情报学实验研究方法与应用方向探析[J].情报科学，2018, 36（11）: 23-28.

相互关联，并在此基础上分析揭示管理复杂性与演化规律的一种研究方法。[1] 它通过在计算机上构建现实社会系统的模拟系统，以此研究社会系统的演化规律、系统与环境的交互机制及系统动力学原理，它是一种区别于传统建模方式的情境建模方式。计算实验法在网络舆情分析、互联网群体协作演化和竞争情报分析等情报研究中都具有应用可行性。[2]

（3）如何应用实验法

设计艺术学科是实践性很强的学科，因此设计艺术的研究目标也十分明确，一是解决设计的实际问题，不断创新；二是探索各种设计现象产生、发展及变化的原因，掌握其规律。实验性研究的程序有几个主要阶段：需求目的的分析——设计方案——制作实施——使用评估。

1）确定选题和变量

在设计实验的选题阶段，要明确其使用价值和理论意义，寻找一些自变量和因变量明确的选题，如厨房用具的拉手对残疾人使用的影响、室内环境色对工作效率的影响、天花板颜色对空间高度感知的影响等，类似的自变量方便控制，也方便效果观察的选题能方便进行下一步的研究。

2）实验组与对照组

做一项实验一般先要安排两组相同或相似的实验对象，一组为实验组，另一组为对照组，以便对照的实验结果。分组时可以采用匹配和随机指派的方法。

3）前测与后测

前测指在实施实验前的一次测量，是为了验证实验组与对照组的相似程度，只有两组在所选择问题的原有程度上表现一致或相似时才能进行下一步实验，否则就要考虑重新分组。在对实验组施加影响进行实验之后，还需要再一次对实验组和对照组同时进行测量，这次测量称为后测，是用来测量实施实验之后发生的变化或影响。

---

[1] 盛昭瀚，张维.管理科学研究中的计算实验方法[J].管理科学学报，2011，14（5）：1-10.
[2] 朱庆华，刘璇，沈超，等.计算实验方法及其在情报学中的应用[J].情报理论与实践，2012，35（12）：1-6.

6.2.8 心理描述法

（1）什么是心理描述法

心理描述法（Psychography）是一种扩展了消费者个性变量测量（包括测量有关的行为概念）以鉴别消费者在心理和社会文化特点这个广泛范围内差异的有效技术。

心理描述法是对动机研究和纸笔法个性测验两种特点的综合。心理描述的变量常常指的是AIO变量，因为大多数研究者着重于对活动（Activity）、兴趣（Interest）和观点（Opinion）的测量。

（2）心理描述法分类

1）内在测量

内在测量所测量的相对而言是模糊的和难以捉摸的变量，如兴趣、态度、生活方式和特点等。

2）定量测量

定量测量虽然和动机研究在为市场经营者提供全面而丰富的概貌方面有着相同之处，但它所要研究的消费者特点是定量而不是定性的测量，它需要自我操作的问卷或"调查表"。其涉及回答者的需要、知觉、态度、信念、价值、兴趣、活动、鉴赏等方面。

（3）如何应用心理描述法

1）AIO测度法[1]

AIO测度法是研究消费者生活方式的方法，从3个维度来测量消费者的生活方式：

①活动

如消费者的工作、休闲、购物、运动和社交等。

②兴趣

指消费者对家庭、时尚服饰、食品和娱乐等的兴趣。

---

[1] 陆雄文. 管理学大辞典[M]. 上海：上海辞书出版社，2013.

③ 看法

指消费者关于社会、政治、经济、产品、文化、教育和环境保护等的意见。要求通过数据收集、整理和分析，发现具有不同生活方式的消费者群体，从而为制定相应的营销策略提供依据。

2）VALS 模型[1]

斯坦福国际研究院（SRI）于1978年开发的VALS（Values and Lifestyles）模型，其中文意思是"价值观和生活方式系统"。VALS模型对市场的分类是基于对每个人的信仰、欲望、需求、态度及人口统计学特征的综合观察和描述而进行的。

3）VALS2 理论[2]

VALS2要测量的有两个层面，一是自我取向。斯坦福国际研究院（SRI）识别了3种主要的自我取向，分别是原则取向、地位取向和行动取向。这3种取向决定了个人所追求的目标和行为的种类。二是资源。反映了个人追求在自我取向能力中所占支配地位的比例。

6.2.9　案例研究法

（1）什么是案例研究法

案例研究方法（Case Study Method）是一种常用的定性研究方法，迄今为止，这种研究方法已经得到社会学、人类学（包括民族学）、教育学、政治学以及公共管理学等学科研究者的认可，并且被运用到特定问题的研究之中。这种方法适合对现实中某一复杂和具体的问题进行深入和全面的考察。通过案例研究，人们可以对某些现象、事物进行描述和探索。案例研究还使人们建立新的理论，或者对现存的理论进行检验、发展或修改。案例研究还是找到对现存问题的解决方法的一个重要途径。

有研究者指出，案例研究法在社会科学研究领域的应用，其源头大约可以追溯到20世纪初期人类学和社会学的研究，英国人类学家马林诺斯基（Bronislaw Malinowski）对太平洋上特洛布里安岛（Trobriand Island）原住民

---

[1] 李桂华，卢宏亮，李肖欢. 基于CHINA-VALS模型的中国寿险市场细分研究[J]. 山西财经大学学报，2011，33（5）：32-42.

[2] 罗梦，陈涵，李早. VALS：细分广告市场的有效模型[J]. 青年记者，2009（15）：93-94.

文化的研究，就是案例研究的先驱。美国社会学家威廉·富特·怀特（William F. Whyte）的《街角社会》，美国芝加哥大学社会学家W. I. 托马斯（William I. Thomas）和波兰社会学家F. 兹纳涅茨基（Florian Znaniecki）的《身处欧美的波兰农民：一部移民史经典》，以及我国著名社会学家费孝通的《江村经济——中国农民的生活》等，被认为是案例研究的典范。

案例研究法的优势主要有四点：一是案例研究的结果能够被更多的读者所接受，而不局限于学术圈，给读者以身临其境的现实感；二是案例研究为其他类似案例研究提供了易于理解的解释；三是案例研究有可能发现被传统的统计方法所忽视的特殊现象；四是案例研究适合于个体研究，而无须研究小组。

案例研究法也有其劣势，如案例研究的结果不易被归纳为普遍结论，案例研究的严格性容易受到质疑，案例研究耗费时间长，案例报告也可能太长，反映的问题不够明了。

（2）案例研究法分类

1）根据使用案例数量分类

根据研究中使用案例的数量，可以分为单一案例研究和多案例研究。单一案例研究和多案例研究最主要的区别在于研究中使用案例的数量差别，而不存在本质上的差别（表6-2）。

表6-2　单一案例研究和多案例研究对比

案例研究类型	探索性	描述性	解释性
单一案例研究	探索性单一案例研究	描述性单一案例研究	解释性单一案例研究
多案例研究	探索性多案例研究	描述性多案例研究	解释性多案例研究

2）根据引入功能分类

根据研究中案例引入的不同功能，可以分为探索性案例研究、描述性案例研究和解释性案例研究。

探索性案例研究是在未确定研究问题和研究假设之前，凭借研究者的直觉线索到现场了解情况、收集资料形成案例，然后再根据这样的案例来确定研究问题和理论假设。描述性案例研究是通过对一个人物、团体组织、社区的生命历程、焦点事件以及过程进行深度描述，以坚实的经验事实为支撑，形成主要的理论观点或者检验理论假设。解释性案例研究旨在通过特定的案例，对事物背后的因果关系进行分析和解释。[1]

（3）如何应用案例研究法

案例研究一般包括建立基础理论、选择案例、收集数据、分析数据、撰写报告等步骤。[2]

1）建立基础理论

案例研究的基础理论为案例研究的进行提供了一个指导性的框架。尹（Yin）把案例研究的基础理论（Grounded Theory）表述为4个组成部分。

① 研究要回答的问题

研究要回答的问题反映了案例研究的目的，这些问题一般是"怎么样"或"为什么"。在案例研究中，研究者通过收集整理数据能得到指向这些问题的证据，并最终为案例研究得出结论。

② 研究者的主张

研究者的主张可以来自现存的理论或假设，比如"这次研究将要考察为什么建立信息技术系统要进行组织的重构"。

③ 研究的单位

研究的单位可以是一个计划、一个实体、一个人、一个群体、一个组织或一个社区等。

④ 数据和主张之间的逻辑联系，以及对发现进行解释的标准

数据的分析可以采用量化的解释性分析技术，也可以采用以定性为主的结构性分析和反射性分析技术。

2）选择案例

部分学者认为案例研究包括目的抽样和理论抽样两种方法。在案例研究中，目的抽样和理论抽样通常是结合使用的。目的抽样与案例研究的目的有关，理论抽样则与案例研究的理论倾向有关。

案例研究可以使用一个案例（Single Case），也可以包含多个案例（Multiple Cases）。尹认为单个案例研究可以用作确认或挑战一个理论，也可以用作提出一个独特或极端的案例。多案例研究的特点在于它包括两个分析阶段——案例内

---

[1] 王金红. 案例研究法及其相关学术规范[J]. 同济大学学报（社会科学版），2007（3）：87-95，124.
[2] 孙海法，朱莹楚. 案例研究法的理论与应用[J]. 科学管理研究，2004，22（1）：116-120.

分析（Within-case Analysis）和交叉案例分析（Cross-case Analysis）。

3）收集数据

常用的数据收集方法包括文件、档案记录、访谈、直接观察、参与观察和人工制品法。

4）分析数据

盖尔等从总体上指出了3种数据分析方法。

①解释性分析（Interpretational Analysis）：解释性分析是通过对数据的深入考察，找出其中的构造、主题和模式。

②结构性分析（Structural Analysis）：结构性分析是通过对数据的考察，确认隐含在文件、事件或其他现象背后的模式。

③反射性分析（Reflective Analysis）：反射性分析是一种主观的分析方法，它依赖于研究者的直觉和判断对数据进行描述。

5）撰写报告

盖尔等提出了两种主要的写作风格：分析性和反射性。分析性是一种客观的写作风格，在分析性报告中研究者的声音受到禁止或被降至最低，其格式包括研究介绍、文献综述、研究方法、研究结果和讨论。反射性报告中研究者的声音能被清楚地听到，研究者常常把案例编成故事，然后展开论述。

6.2.10 信息标签建模

（1）什么是信息标签建模

信息标签，是某一种用户特征的符号表示，是对用户信息进行高度精练分析而来的特征标识。[1] 通过信息标签可以高度概括并容易理解用户的特征，便于设计师的处理，为设计师提供了目标用户的基础信息，帮助其快速找到精准用户群体以及用户需求等，更为广泛地反馈用户相关信息。在用户研究的实际应用中，信息标签可以解决的是用户描述类问题和数据之间的关联问题。

信息标签建模，通过收集与分析用户社会属性、生活习惯和消费行为等主要信息数据，抽象出一个用户信息标签，是勾画目标用户、联系用户诉求与设计方向的有效工具。

---

[1] 胡石，黄东霞. 高校图书馆用户信息标签的分析与标注[J]. 图书馆学研究，2014（24）：26-28.

（2）信息标签分类

1）按照标签的变化频率

①静态标签

静态标签，是指用户自身特征属性信息，如用户的姓名、性别、出生日期、学历或职业等，特征的变动频率相对较低或者很少发生变化。

②动态标签

动态标签，是指用户经常发生变动的、不稳定的特征和行为，如用户购买意愿和用户体验需求等，这种类型的标签可能会随着时间、用户的认知和用户的需求发生变化。

2）按照标签的指代和评估指标

①定性标签

定性标签，指不能直接量化而需通过其他途径实现量化的标签，其标签的值是用文字来描述的，如记录用户的爱好和用户的在职状态等。

②定量标签

定量标签，指可以准确地数量定义或精确衡量并能设定量化指标的标签，其标签的值是用常用数值或数值范围来描述的。定量标签不能直观地说明用户的某种特性，但是可以通过对大量用户的数值进行统计比较后得到某些信息。

3）按照标签的来源渠道和生成方式

①基础标签

基础标签，主要是指对用户基础特征的描述，如姓名、性别、年龄、身高和体重等。

②业务标签

业务标签，是在基础标签之上依据相关业务的经验并结合统计方法生成的标签，如用户忠诚度或用户购买力等，主要根据用户的登录次数、在线时间、单位时间活跃次数和购买次数等指标来计算。业务标签可以将经营固化为知识，为更多的人使用。

③智能标签

智能标签，基于机器学习算法，利用人工智能技术通过大量的数据计算而实现的自动化、推荐式地打标签，如浏览信息的推荐引擎，通过智能标签体系给用户推送其感兴趣的内容。

4）按照标签体系分级分层

可以分为一级标签、二级标签和三级标签等，每一个层级的标签都相当于一个业务维度的区域，在信息标签应用中按照不同的场景进行标签组合。

5）按照数据提取和处理的维度

①事实标签

事实标签，直接从用户原始数据中提取，描述用户的自然属性、产品属性和消费属性等，其本身不需要模型与算法，实现简单，但规模需要不断基于业务补充与丰富，如用户姓名或购买的产品品类等。

②模型标签

模型标签，对用户及行为等属性的抽象和聚类，通过剖析用户的基础数据为用户贴上相应的总结概括性标签及指数，标签代表用户的兴趣、偏好和需求等，指数代表用户的兴趣程度、需求程度或购买概率等。

③预测标签

预测标签，参考已有事实数据，基于用户的属性、行为、位置和特征，通过机器学习、深度学习和神经网络等算法进行用户行为预测，针对这些行为预测配合营销策略和规则打标签，实现营销适时、适机和适量推送给用户。

（3）如何应用信息标签建模

在探索阶段，信息标签对用户的应用可以体现为层次化的，首先标签分为几个大类，每个大类下逐层细分。[1]在构建标签时，只需要构建最基层的标签，便可映射到上面两级标签中。对用户使用的信息标签是网络标签的一种深化应用方式，是某一种用户特征的符号表示，是观察、认识和描述用户的一个角度。

用户信息标签是基于用户的特征数据、行为数据和消费数据进行统计计算得到的，包含用户的各个维度。可以通过建立用户兴趣标签体系，用分层级的形式表示用户兴趣的结构，从不同的角度定位用户的兴趣。

用户信息标签建模包括4个步骤，首先，获得用户原始数据，主要包括用户的基本信息数据和互联网数据，这部分数据主要通过网络爬虫等技术，对用户行为数据进行爬取。其次，对原始数据进行统计分析得到事实标签，如用户的年龄分布、性别比例和购买频率等。再次，对事实标签进行建模分析，得到模型标

---

[1] 王非. 组织内信息行为协调研究[J]. 图书情报工作, 2008, 52（4）: 50-53.

签，如人口属性、产品购买偏好和用户关联关系等。最后，进行模型预测，得到预测标签，主要是对未来数据的一种用户行为预测，见图6-9。

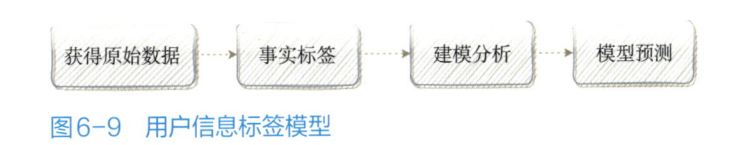

获得原始数据 → 事实标签 → 建模分析 → 模型预测

图6-9 用户信息标签模型

6.2.11 网络爬虫

（1）什么是网络爬虫

网络爬虫是一个自动提取网页的程序，是搜索引擎的重要组成部分。传统爬虫从一个或若干初始网页的统一资源定位符（URL）开始，获得初始网页上的URL，在抓取网页的过程中，不断从当前页面抽取新的URL放入队列，直到满足系统的一定停止条件。聚焦爬虫的工作流程较为复杂，需要根据一定的网页分析算法过滤与主题无关的链接，保留有用的链接并将其放入等待抓取的URL队列。[1]然后，它将根据一定的搜索策略从队列中选择下一步要抓取的网页URL，并重复上述过程，直到达到系统的某一条件时停止。另外，所有被爬虫抓取的网页都将会被系统存贮，进行一定的分析、过滤，并建立索引，以便之后查询和检索；对于聚焦爬虫来说，这一过程得到的分析结果还可能为以后的抓取过程提供反馈和指导。

（2）网络爬虫方法分类

网络爬虫按照系统结构和实现技术，大致可以分为以下几种类型：通用网络爬虫（General Purpose Web Crawler）、聚焦网络爬虫（Focused Web Crawler）、增量式网络爬虫（Incremental Web Crawler）、深层网络爬虫（Deep Web Crawler）。实际的网络爬虫系统通常是几种爬虫技术相结合实现的。

1）通用网络爬虫

通用网络爬虫的结构大致可以分为页面爬行模块、页面分析模块、链接过滤模块、页面数据库、URL队列、初始URL集合等部分。为提高工作效率，通用网络爬虫会采取一定的爬行策略。常用的爬行策略有深度优先策略、广度优

---

[1] 刘金红，陆余良. 主题网络爬虫研究综述[J]. 计算机应用研究，2007（10）：26-29，47.

先策略。❶

①深度优先策略

其基本方法是按照深度由低到高的顺序，依次访问下一级网页链接，直到不能再深入为止。爬虫在完成一个爬行分支后返回到上一链接节点进一步搜索其他链接。当所有链接遍历完后，爬行任务结束。这种策略比较适合垂直搜索或站内搜索，但爬行页面内容层次较深的站点时会造成资源的巨大浪费。

②广度优先策略

此策略按照网页内容目录层次深浅来爬行页面，处于较浅目录层次的页面首先被爬行。当同一层次中的页面爬行完毕后，爬虫再深入下一层继续爬行。这种策略能够有效控制页面的爬行深度，避免遇到一个无穷深层分支时无法结束爬行的问题，实现方便，无须存储大量中间节点，不足之处在于需较长时间才能爬行到目录层次较深的页面。

2）聚焦网络爬虫

聚焦网络爬虫，又称主题网络爬虫（Topical Crawler），是指选择性地爬行那些与预先定义好的主题相关页面的网络爬虫。相比于通用网络爬虫，聚焦网络爬虫的工作流程比较复杂，由于Web网站群结构层次多，目录深度广，数据量很大，单进程的爬虫很难满足快速抓取大量数据的要求，因此它需要实现通过一些网页分析算法过滤掉与搜索主题无关的链接，确保留下来的链接和内容与所要搜索的主题相关度更高，然后按照搜索策略，从相关队列中选择下一个要爬取的内容，并重复以上操作，直到满足用户的检索条件时程序停止。❷

3）增量式网络爬虫

增量式网络爬虫是指对已下载网页采取增量式更新和只爬行新产生的或者已经发生变化网页的爬虫，它能够在一定程度上保证所爬行的页面是尽可能新的页面。❸其基本思想是增量式爬虫不抓取没有变化的网页，只抓取新产生的网页或者已经发生变化的网页。增量式抓取的理想状况是抓取到的信息与网络中的信息完全一致，但这仅仅是理想状态，由于Web的异构性、动态性和复杂性使得抓取到的网页有可能在相当短的时间内就发生了变化，所以在现实中是不可能实现的，

---

❶ 王娟，吴金鹏. 网络爬虫的设计与实现[J]. 软件导刊，2012，11（4）：136-137.

❷ 杨国志，江业峰. 基于python的聚焦网络爬虫数据采集系统设计与实现[J]. 科学技术创新，2018（27）：73-74.

❸ 张皓，周学广. 基于网页去噪Hash的增量式网络爬虫研究[J]. 舰船电子工程，2014，34（2）：86-90.

能做的就是抓取一切办法尽量逼近这种理想状态。增量式抓取能提高网页采集的效率，由于不抓取没有变化的网页，极大地减少了数据抓取量，从而减少了抓取的时间和存储资源的浪费。其缺点是增量式抓取带来了算法复杂性和难度的增加。

4）深层网络爬虫

Web页面按存在方式可以分为表层网页（Surface Web）和深层网页（Deep Web，也称Invisible Web Pages或Hidden Web）。表层网页是指传统搜索引擎可以索引的页面，以超链接可以到达的静态网页为主构成的Web页面。深层网页是那些大部分内容不能通过静态链接获取的、隐藏在搜索表单后的，只有用户提交一些关键词才能获得的Web页面，例如，那些用户注册后内容才可见的网页就属于深层网页。2000年Bright Planet公司指出：深层网页中可访问信息容量是表层网页的几百倍，是互联网上最大、发展最快的新型信息资源[1]。

深层网页爬虫体系结构包含6个基本功能模块（爬行控制器、解析器、表单分析器、表单处理器、响应分析器、LVS控制器）和2个爬虫内部数据结构（URL列表、LVS表）。其中LVS（Label Value Set）表示标签/数值集合，用来表示填充表单的数据源。爬行管理器负责管理整个爬行过程，分析下载的页面，将包含表单的页面提交表单处理器处理，表单处理器先从页面中提取表单，从预先准备好的数据集中选择数据自动填充并提交表单，由爬行控制器下载相应的结果页面，见图6-10。

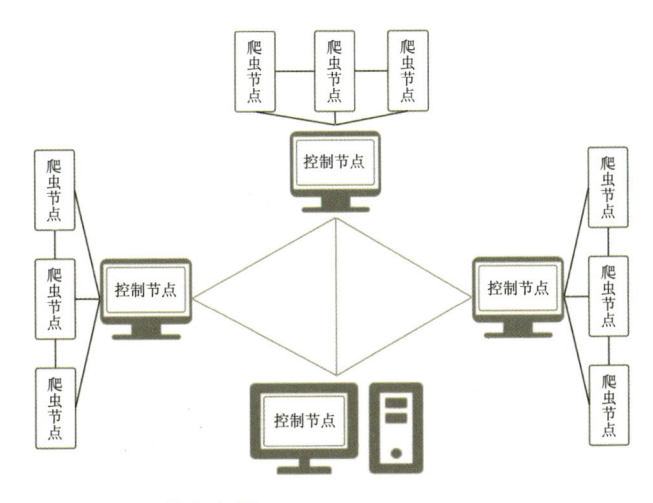

图6-10　网络爬虫图

[1] 郑冬冬，赵朋朋，崔志明. Deep Web爬虫研究与设计[J]. 清华大学学报（自然科学版），2005（S1）：1896-1902.

(3) 网络爬虫的局限性

其一，不同领域、不同背景的用户往往具有不同的检索目的和需求，通过搜索引擎所返回的结果包含大量用户不关心的网页。

其二，通用搜索引擎的目标是尽可能大的网络覆盖率，有限的搜索引擎服务器资源与无限的网络数据资源之间的矛盾将进一步加深。

其三，万维网数据形式的丰富和网络技术的不断发展，图片、数据库、音频、视频多媒体等不同数据大量出现，通用搜索引擎往往对这些信息含量密集且具有一定结构的数据无能为力，不能很好地发现和获取。

其四，通用搜索引擎大多提供基于关键字的检索，难以支持根据语义信息提出的查询。

为了解决上述问题，定向抓取相关网页资源的聚焦爬虫应运而生。聚焦爬虫是一个自动下载网页的程序，它根据既定的抓取目标，有选择地访问网页与相关的链接，获取所需要的信息。与通用爬虫不同，聚焦爬虫并不追求大的覆盖，而将目标定为抓取与某一特定主题内容相关的网页，为面向主题的用户查询准备数据资源。

6.3 定义阶段的方法工具

6.3.1 亲和图

（1）什么是亲和图

亲和图法（Affinity Diagram），又称KJ法，是一种可以有效收集观察结果和观点并将其形象地体现出来，为设计小组提供参考数据的设计过程。亲和图将处于混乱状态中的语言文字资料，利用其内在相互关系（亲和性）加以归纳整理，然后找出解决问题的新途径❶（图6-11）。

图6-11 亲和图示例❷

---

❶ 何盛明. 财经大辞典[M]. 北京：中国财政经济出版社，1990.
❷ 贝拉·马丁，布鲁斯·汉宁顿. 通用设计方法[M]. 初晓华，译. 北京：中央编译出版社，2013.

(2)如何运用亲和图

亲和图在设计领域通常是在定性调研后对其结果和观点进行归类总结，挖掘设计机会点，也可用于可用性测试阶段，与团队成员共同记录归纳测试中发现的可用性问题，以便找到核心问题进行优化。根据亲和图的应用场景，可将常见的亲和图分为两种，即脉络访查亲和图与可用性测试亲和图。❶

1）脉络访查亲和图

在组合亲和图之前，需要有足够的代表性数据，对每个采访对象平均记录50~100条的观察结果，每一个观察结果都用一张便笺纸记录下来，并确保便笺纸上标明采访记录的出处。然后，在墙上贴几张大尺寸的纸，便于有必要时移动亲和图，把便笺纸贴在上面。然后设计小组仔细解读便笺纸上的内容，考虑每一张信息的深刻含义。把反映出相似意图、难题、问题，或者反映出亲密关系的记录聚集在一起，这样就可以了解其中的人物以及他们的任务和问题的本质。

2）可用性测试亲和图

在可用性测试环节开始前，研究小组先确定代表各个参与者的便笺纸的颜色。在可用性测试进行的过程当中，小组成员在观察室内观察测试过程，参与者讨论任务的时候，小组成员可以在便笺纸上记录具体的观察内容和谈话内容，然后把它们张贴在墙上或白板上（图6-12）。通过多次可用性测试，关于界面的常见问题和难题就会浮出水面。可用性存在问题的类别会出现许多不同颜色的便笺纸，这说明好几个人都遇到了同样的问题。然后就能确定界面的哪些方面需要修复以及修复的优先顺序。无论涉及设计的哪个方面都应该首先修复出现问题最多的地方。

亲和图属于对已有零散信息"由下至上"的归纳行为，而不是根据给定分类"由上至下"的分组记录。亲和图首先将细节信息进行分类，然后进行总结归纳为通用的、重要的结论。❷

---

❶ 贝拉·马丁，布鲁斯·汉宁顿. 通用设计方法[M]. 初晓华, 译. 北京：中央编译出版社，2013.
❷ Holtzblatt, Karen, Hugh Beyer. Contextual Design: A Customer-centered Approach to Systems Design[J]. San Francisco, CA: Morgan Kaufmann, 1997: 496.

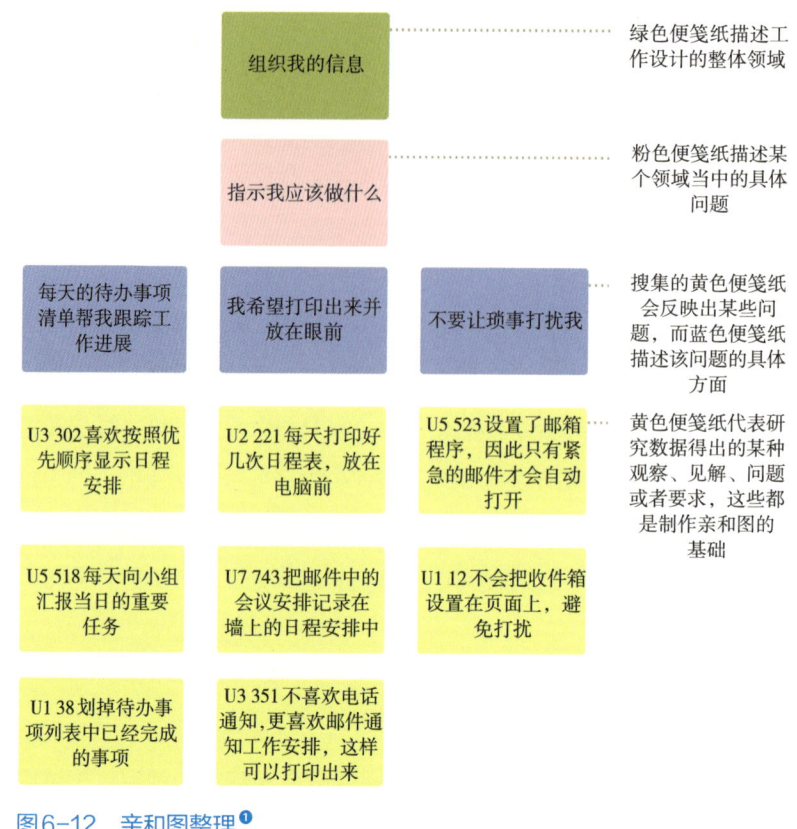

			绿色便笺纸描述工作设计的整体领域

组织我的信息

指示我应该做什么 …… 粉色便笺纸描述某个领域当中的具体问题

每天的待办事项清单帮我跟踪工作进展	我希望打印出来并放在眼前	不要让琐事打扰我	搜集的黄色便笺纸会反映出某些问题，而蓝色便笺纸描述该问题的具体方面
U3 302喜欢按照优先顺序显示日程安排	U2 221每天打印好几次日程表，放在电脑前	U5 523设置了邮箱程序，因此只有紧急的邮件才会自动打开	黄色便笺纸代表研究数据得出的某种观察、见解、问题或者要求，这些都是制作亲和图的基础
U5 518每天向小组汇报当日的重要任务	U7 743把邮件中的会议安排记录在墙上的日程安排中	U1 12不会把收件箱设置在页面上，避免打扰	
U1 38划掉待办事项列表中已经完成的事项	U3 351不喜欢电话通知，更喜欢邮件通知工作安排，这样可以打印出来		

图6-12 亲和图整理[1]

6.3.2 人物模型

（1）什么是人物模型

通过用户调研，获得了大量较为零散的信息，每个人对其理解也不尽相同，用户的特征有哪些、用户的行为模式是什么、用户的目标痛点是什么、如何从数百页信息中明确有用信息并对其有共同的认知，人物模型提供一种精确思考和交流的方法。交互设计之父艾伦·库伯（Alan Cooper）最早提出了Persona（人物角色）的概念——"Persona是真实用户的虚拟代表"，人物模型并非真正的人，但它们源于研究中众多真实用户的行为和动机，是指通过一系列的真实数据分析，得出的目标用户模型[2]（图6-13）。

---

[1] 贝拉·马丁, 布鲁斯·汉宁顿. 通用设计方法[M]. 初晓华, 译. 北京: 中央编译出版社, 2013.
[2] 艾伦·库伯, 罗伯特·莱曼, 戴维·克罗宁, 等. About Face 4: 交互设计精髓[M]. 倪卫国, 刘松涛, 薛菲, 等译. 北京: 电子工业出版社, 2015.

人物角色可以作为有效的工具用于交流思考、角色扮演、初步衡量设计方案的效果，帮设计师更具象清晰地理解特定情境中的目标用户，避免弹性用户、参考设计、边缘情况设计，是构思并确定设计概念的重要工具。

人物角色有以下几个特征：一是人物角色不是真实的人，但他体现了用户调研中观察到的真实的人的行为和动机，并在整个设计过程中代表真实的人。二是人物角色产生于真正的用户研究，基于对实际用户的调研数据基础上形成的综合模型，包含绝大多数用户研究的结果。三是人物角色需要具有代表性，能代表绝大部分的目标用户，不能只代表一个人。人物模型示例如图6-13所示。

图6-13 人物模型示例

（2）如何构建人物模型

人物角色源于定性研究，尤其从访谈和观察产品用户、潜在用户（有时是顾客）中观察到的行为模式。其他的补充数据可以通过主题专家、利益相关者、定量研究，以及其他可用文献提供的补充研究和数据获得。构造一组人物角色的目的，是用其代表各种各样观察到的动机、行为、态度、能力、约束、心理模型、工作或者活动流程、环境，以及对现有产品和系统的不满之处。

艾伦·库伯提出了围绕用户的行为模式来构建人物角色，并提出构建人物角色的主要步骤：找出行为变量、将访谈对象与行为变量对应起来、识别显著行为模式、综合特征和目标、检查完整性和冗余、展开属性和行为的描述、制定人物角色类型。[1]

1）找出行为变量

完成研究工作并将数据大致分类组织后，把从每种角色观察到的一些显著的行为列成不同的几组行为变量。可以通过关注如用户行为（怎么做、频率、工作量等）、用户目标（为什么会做）、用户态度（如何看待产品、所在领域、技术等）、用户能力（受教育程度、学习能力等）、用户动机（为什么使用该产品或执行该任务）、用户技能（在产品领域和技术相关的技能）发现不同行为模式之间的重要区别。通常从每个角色上可以发现15～30个变量（图6-14）。

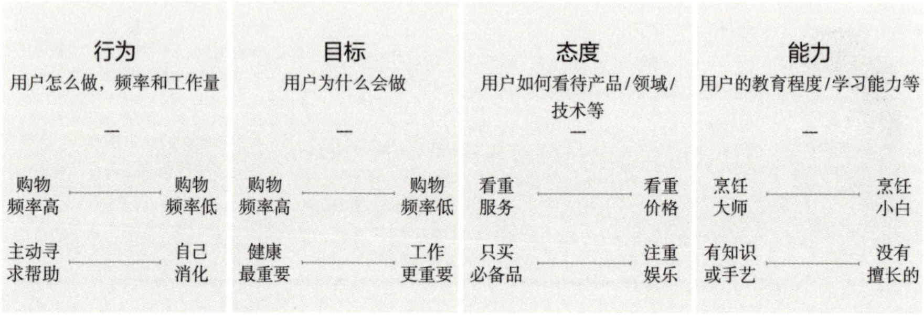

行为 用户怎么做，频率和工作量	目标 用户为什么会做	态度 用户如何看待产品/领域/技术等	能力 用户的教育程度/学习能力等
购物频率高 ——— 购物频率低	购物频率高 ——— 购物频率低	看重服务 ——— 看重价格	烹饪大师 ——— 烹饪小白
主动寻求帮助 ——— 自己消化	健康最重要 ——— 工作更重要	只买必备品 ——— 注重娱乐	有知识或手艺 ——— 没有擅长的

图6-14 行为变量示例

2）将访谈对象与行为变量对应起来

将每个访谈对象和行为变量对应起来。有些变量可能会代表一个连续的行为区间（图6-15），如从烹饪新手到烹饪老手。有些变量可能会代表多个不连续的选择，如有就医经历和无就医经历。在对应时无须过分强调被访者区间的精准对应位置，而是关注被访者之间的相对位置关系，通常没有精确的方式来度量，这一步骤应关注多个被访者如何聚集在变量周围。

3）识别显著行为模式

把访谈对象映射完以后，寻找落在多个区间或者变量上的主体群。如果一组被访者共同聚集在6～8个不同的变量上，很可能代表一种显著的行为模式，而这个模式构成了人物模型的基础，通常会发现2～3个此类模式。若模式有效，那么在聚集的行为间就必然会有逻辑或者因果联系，而不仅仅是假想的关联。

---

[1] 艾伦·库伯，罗伯特·莱曼，戴维·克罗宁，等. About Face 4：交互设计精髓[M]. 倪卫国，刘松涛，薛菲，等译. 北京：电子工业出版社，2015.

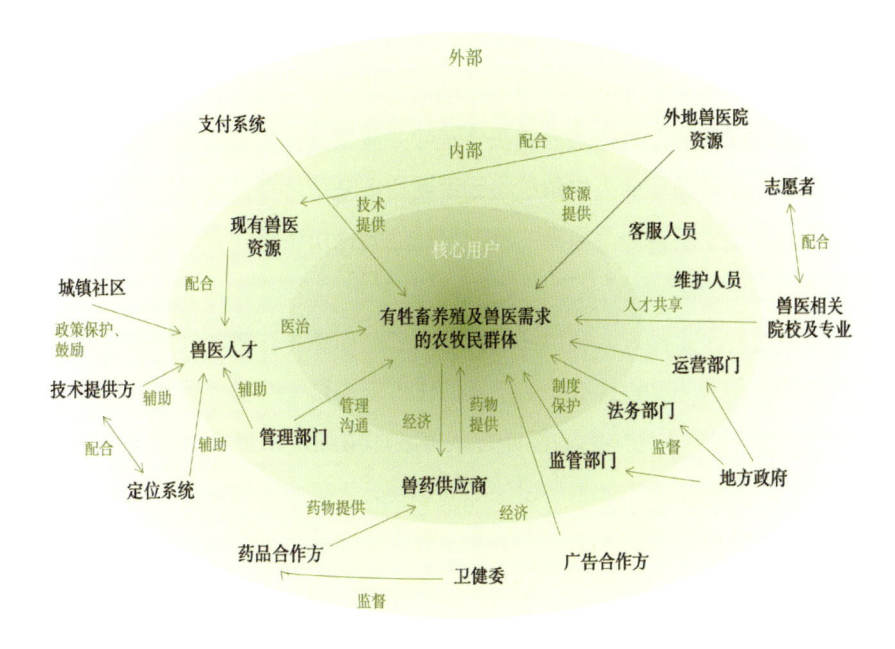

图6-15 访问对象与行为变量的对应示例

4）综合特征和相关目标

对于发现并确认的每个显著的行为模式，必须从数据中综合细节，描述人物模型的基础信息、典型工作日、当前的解决方案、使用现有产品的痛点、与其他模式的相关关系等。

人物角色的基础信息部分包括人物的照片、姓名、年龄、收入、职业等。这些信息需要能够更真实直观地体现人物角色特性，帮助设计工作者更好地可视化人物角色，以后可以用他的名字来称呼人物角色。

典型工作日是指通过叙述快速从职业或生活方式方面介绍人物角色，并简略给出他一整天的生活梗概，包括痛点、关注、兴趣等与产品有直接关系的各个方面。例如，他典型的一天是如何度过的，他目前是如何解决问题的，他在哪些地方感到沮丧、失望和困惑，在哪些地方觉得开心和愉悦等。

目标是从访谈和行为观察中综合信息的最关键细节。通过确定每个受访者集合行为之间的逻辑关系，可以推断出这些行为背后的目标，推断方式包括对受访者动作的观察（访谈主体试图完成的任务及其原因），以及对访谈主体对目标导向型访谈问题回答的分析。目标在某种程度上必须与正在设计的产品始终直接相关。

5)检查完整性和冗余

检查建立起来的映射、人物角色的特征和目标,以确定是否存在重要的信息遗漏。如果发现两个人物角色仅在一些社会背景统计数据方面有区别,这就需要去掉其中一个重复的人物角色,或者调整人物角色特征让差异更明显。每个人物角色都至少要有一个显著的行为与其他人物角色不同。

6)制定人物角色类型

通过以上几个步骤,人物角色已经非常生动自然了。构建人物角色的关键一步是将定性研究辅助设计决策。所有的设计都需要一个重点目标,创建出能够同时满足3~4个人物角色的设计方案将会非常艰难和复杂。因此必须对人物角色进行优先级排序,如围绕设计目标主要分为核心人物角色、次要人物角色、补充人物角色。

6.3.3 利益相关者地图

(1)什么是利益相关者地图

设计过程中,在探索阶段和定义阶段,通常明确项目中的关键人物非常重要,尤其是服务设计,利益相关者地图(Stakeholder Maps)则是非常有用的工具之一。利益相关者地图将所有与设计项目存在相关利益(从中获益者、拥有权利的人、可能受到不利影响的人、阻挠设计成果或服务的人)的人物信息汇集起来,做成视觉化的关系图(图6-16),旨在阐明利益相关者的角色和关系。[1]利益相关者地图有助于直观地了解设计项目中的主要人物,并为与之交流、为以用户为中心的研究和设计开发做好准备。[2]

利益相关者地图没有固定的模板,

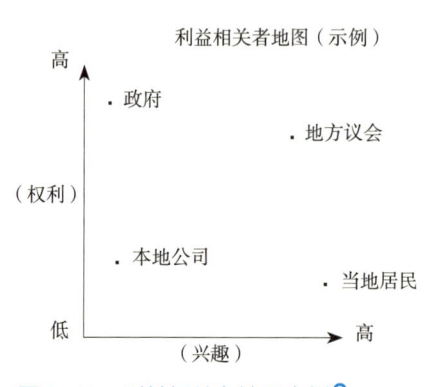

图6-16 利益相关者地图案例[3]

---

[1] Giordano F B, Morelli N, De Götzen A, et al. The stakeholder map: A conversation tool for designing people-led public services[C]// Service Design and Innovation Conference: Proof of Concept. Linköping University Electronic Press, 2018.

[2] 贝拉·马丁,布鲁斯·汉宁顿. 通用设计方法[M]. 初晓华,译. 北京:中央编译出版社,2013.

[3] Service Design Blog. Stakeholder map for Udemy[EB/OL]. [2022-03-01].

在应用时只要可以清晰判断主要角色并分析利益相关者之间的关系就是有效的分析图。

（2）什么时候使用利益相关者地图

利益相关者地图的分析可以更好地了解利益相关者之间以及他们与产品之间的关系；有利于让设计师分辨出系统中的共同价值，为创新的生成提供思路。可视化厘清内容，找到潜在改进机会，有效配置服务资源。利益相关者地图的应用场景可以是对现有关系的梳理，也可以是对未来利益相关者之间新关系的规划。

1）对现状的梳理

通过利益相关者访谈、用户访谈、问卷等形式对现有利益相关者之间的关系进行可视化梳理，厘清现状，发现其中的潜在问题与机会。

2）对未来的规划

针对新的设计方案以及新的利益相关者合作关系进行可视化绘制，让读者直观了解新的系统中各方关系与价值。

（3）如何进行利益相关者地图分析

1）列出利益相关者名单

明确项目目标后，通过充足的桌面调研与用户调研，思考产品的目标用户是谁？系统中还存在哪些人群？哪些人群的存在会影响项目实施与目标用户的体验？然后把相关对象列在纸上。

2）排列利益相关者的优先级

衡量利益相关者的重要性。可以通过利益相关者与项目的相关程度来进行优先级排列，可以按照利益相关者所拥有的权力或影响力进行排列，也可以按照利益相关者与目标用户的直接或间接关系来排列。相关度高、影响力大的群体是重点关注的对象，相关度高、影响力小的群体应保持联系和倾听，相关度低、影响力大的群体应保持其满意度，相关度低、影响力小的群体应减少打扰。

3）在地图上安置这些利益相关者

按照在第三步的排序把利益相关者进行排列。可以按价值同心圆的形式，将越重要的人放得越贴近圆心（图6-17）；也可以按照四象限图的形式，按照利益相关者的影响力和相关度进行排列（图6-18）。除了关注利益相关者的相对位置外，可通过视觉的方式突出更重要的利益相关者。

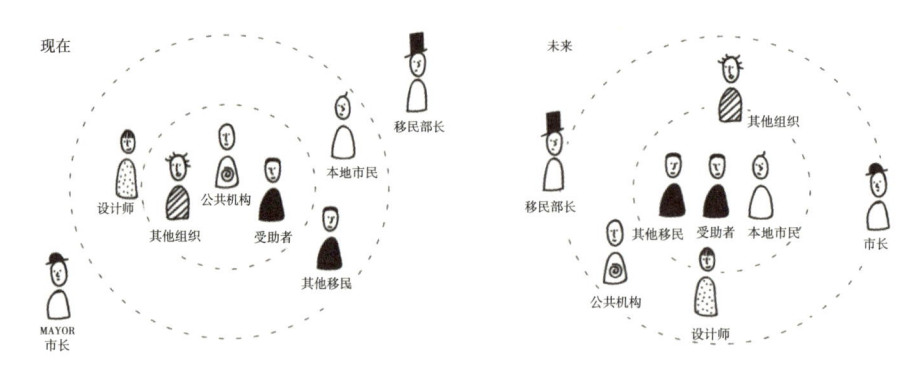

图6-17　利益相关者地图案例❶

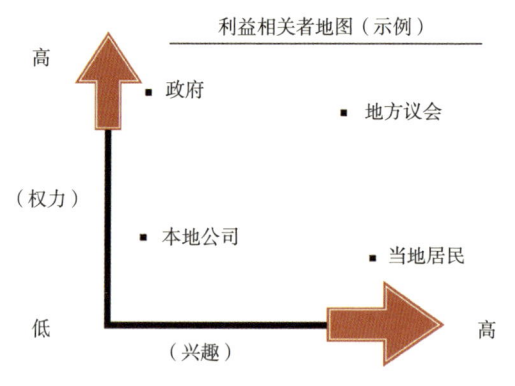

图6-18　如何划分利益相关者❷

4）标记相互关系

可以用箭头来标记不同利益相关者之间的价值交换或关系。交换的价值可以是物质（如产品），也可以是资金、信息，或是服务、信任、爱等。通常情况下，交换都是双方的，可能会用到双向箭头（图6-19）。

最后，通过利益相关者地图与项目成员进行讨论与分析，反思利益相关者的不同立场并思考如何处理每个立场。以用户为中心讨论解决方案，洞察设计机会点。

---

❶ Giordano F B, Morelli N, De Götzen A, et al. The stakeholder map: A conversation tool for designing people-led public services[C]// Service Design and Innovation Conference: Proof of Concept. Linköping University Electronic Press, 2018.

❷ LearnLoads. Introduction to stakeholder maps [EB/OL]. (2015-02-13)[2022-03-01]

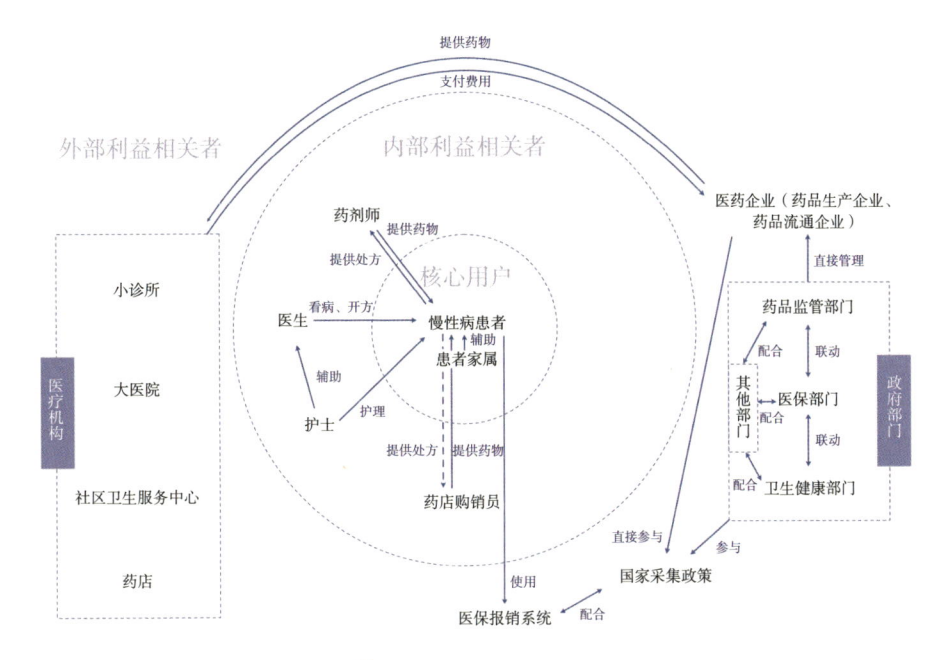

图6-19 利益相关者地图案例[1]

6.3.4 任务分析法

（1）什么是任务分析法

任务分析法是一种适合用于解决多目的、多领域的方法，用来分析用户的外显行为，分析用户认知活动、学习内在过程，在不同阶段任务和相关行为的基础上，对关键任务和行为提取后再进行相应的分析，关注用户的具体任务表现。在设计的流程中，任务分析法主要是描绘用户为完成目标所采取的行为。通过任务分析法有助于用户达成目标以及每个行为的目的，以及用户达成目标前所采取的行为和方式。[2]

认知任务分析（Cognitive Task Analysis，CTA），是传统任务分析法的补充，用来确定用户在完成任务时的思维活动历程，以提取任务胜任所需要的知识，或者用以发现任务执行过程中的认知缺陷，为提高任务绩效提供干预准备。[3]

---

[1] 贝拉·马丁，布鲁斯·汉宁顿.通用设计方法[M].初晓华，译.北京：中央编译出版社，2013.
[2] 王江涛，何人可.基于用户行为的智能家居产品设计方法研究与应用[J].包装工程，2021，42（12）：142-148.
[3] 李扬帆.认知任务分析在用户体验设计中的应用研究[J].科技风，2020（24）：185，187.

在设计流程中，CTA能够用于探索每个步骤中用户的认知负荷、心智模型发展和迁移、专家用户如何做行为决策以及专家和新手之间的区别，还能够探索用户在任务中所执行的各种操作。

CTA的研究步骤有五步。

第一，基线知识的收集。研究分析者应该尽量熟悉研究知识领域，找到合适的专家，从他们那里获得具体的基层知识。

第二，知识再现的识别。围绕特定任务而展开，充分利用概念图、流程图和语义网等方法。

第三，应用焦点知识提取术。聚焦任务目标，提取复杂任务在解决过程中所必需的条件和认知过程。

第四，印证并分析获得的数据资料。对结果进行编码和格式化，以保证应用中的可印证性、有效性和可用性。

第五，形成结果，指导应用。结果必须转化成模型，揭示出潜在的技巧、思维过程以及问题解决策略。某些高度结构化的结果，很方便用于专家系统或计算机辅助教学。

（2）如何应用任务分析法

任务分析法可以用作结构性地描述用户任务及子任务层次关系的方法，用来研究并说明用户为实现目标所执行的一系列的任务，以及用户所产生的行为方式，帮助设计师构想任务的多种解决方法。

1）应用场景

①用户调研

在用户调研中，任务分析法可以更客观地分析现有所存在的问题并获得用户的真实需求。随着任务分析法的应用，也可以记录用户如何完成任务的一种方式，合理地推断出符合用户认知的任务，或趋向于分析可观察到的肢体动作。

②产品调查

在产品调查中，任务分析法起分析系统功能的作用，分析用户的需求，以及如何实现目标，结合用户调研有效地分析用户操作行为并获得影响用户体验的因素。

③系统优化设计

在系统优化设计中，任务分析法将系统中所包含的任务进行分解，并且让用户参与实际问题，将每种情况和用户都进行细致的对应分析，再将分析得到的结果进行整理归纳得到优化的方向，完善用户使用产品、与系统进行交互的过程，保证设计的逻辑严谨性。

④网页执行任务研究

在使用软件、网页执行任务过程中，任务分析法对用户的数据进行收集、整理和分析，更加深入地了解用户执行任务的过程及环境和需要完成的目标。并针对用户其自身特点、特定场景和流程决定其使用具体的设计方法，更好地满足评估一个产品或者一个系统的需求。

⑤用户体验设计

在用户体验设计中，任务分析可梳理用户完成某一特定目标任务时产生的一系列任务，明确用户、操作环境和系统之间的交互方式，逐级细化指定任务，之后通过重组细化任务明确流程安排。

2）任务分析法在设计中的应用

任务分析法可用于分析分解产品和系统，通过其他研究方法分析用户对象。任务分析法贯穿设计定义阶段，在概念设计阶段用以构思使用流程，进一步引导用户体验构建，可用于痛点发掘，指导后期优化，在定义阶段使用时，可基于用户习惯优化研究对象，用于迭代设计过程，推动设计迭代，也可以在产品的策划、测试和设计等部门同时使用。但是任务分析法的评定过程都是主观进行，难以避免主观性的缺点，所以任务分析法在使用过程中要求设计师有长期的经验。

6.3.5 场景分析法

（1）什么是场景分析法

在决定功能需求的时候，可以再次使用这些人物角色，把虚拟人物放到一个简短的故事中，称为场景（Scenario）。一个场景是一个简短的故事，简单描述了一个人物角色会如何完成用户需求。通过"想象用户将会经历什么样的过程"，就可以找到能帮助他顺利完成这个过程的潜在需求。[1]

用户场景分析的4个维度包括用户、时间、地点、任务。其中用户是场景的主体，任务是用户目标（需求）。所以一般情况下，描述场景就是要讲清楚

---

[1] 杰西·詹姆斯·加勒特. 用户体验要素：以用户为中心的产品设计 [M]. 范晓燕，译. 北京：机械工业出版社，2007.

什么时间和什么地点。但场景不是冷冰冰的物理描述，而是有用户的感情和情绪的。

场景其实包含了两个方面的含义，即场和景。"场"是时间和空间的概念，一个场就是时间加空间。用户可以在这个空间里停留和消费，如果一个人不能在某个空间去停留、消费，这个场景就是不存在的。"景"就是情景和情绪。当用户停留在这个空间的时间里，要有情景和互动让用户的情绪触发，并且裹挟用户的意见，这就是场景。

场景有3个特征：一是真实性，场景是用户使用功能真实存在的，即用户真的如此使用，不是个人凭空制造出来的假的场景；二是代表性，场景要代表大部分的用户场景。如果你定义的场景，实际只有几个用户在使用，那这个场景就没有代表性，围绕此类场景的ROI会很低；三是多样性，用户场景不只一个，要将用户的主场景、重点场景都定义出来。通过这些场景的评测可以代表这个产品的质量。

（2）场景分析法的价值
1）更好地理解用户

场景分析帮助设计研究者更深入地剖析用户，洞察用户底层的心理需求，与用户共情。

①用户分析

从场景的角度分析用户的画像和行为习惯，会更加具体和形象。

②洞悉心理

更好地体察用户深层次的心理诉求，避免心口不一。

③达到共情

设身处地变成用户，站在用户的立场考虑问题。

2）帮助分析需求

场景可以帮助挖掘需求的完整性、判读需求是否准确及梳理需求优先级。

①完整性

深刻理解产品需求，让产品功能更全面，挖掘产品的新机会或者产品的新功能。

②准确性

让需求分析准确，辨别需求真伪。

③优先级

考虑用户如何使用产品，帮助厘清强弱场景，帮助厘清强弱需求。

3）利于团队协作

场景可以帮助团队增强同理心、更好地理解需求及提升产品设计的参与度。

①易理解

让团队对产品的理解更简单、具体。

②同理心

让团队进入用户视角看产品设计，而不是产品单方面的猜测。

③参与度

用户场景是协作设计工具，期望所有项目利益相关者参与产品需求和设计。

4）指导产品设计

场景可以指导优化现有体验、发现新的机会点以及精细设计。

①优化现有

突破用户原有的解决方案，意即在当下的场景，用户可能会产生什么问题，用户原有的解决方案是什么，是否有机会提供更好的解决方案（效率或者更好的体验）。

②机会挖掘

发现场景的连续性，发现行动中的不连续性。通过成组的动作进行预期，比如复制—粘贴、分享转发等。

③精细设计

从面对所有人转向用户分层精细化设计，打造竞争优势。

（3）如何应用场景分析法

1）梳理行为路径，穷尽场景

通过对关键场景的详细描述，有利于设计师发现很多想不到或者通过调研得不到的细节，帮助设计师发现用户真正的痛点与需求，洞察设计机会点。以陌生人视频通话产品为例，路径拆分见图6-20。

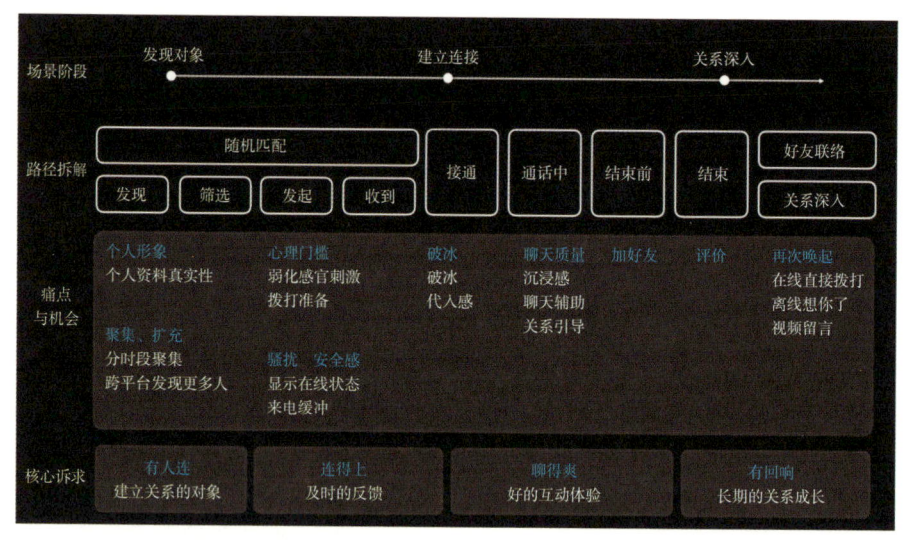

图6-20 陌生人视频通话产品界面[1]

2）根据场景挖掘机会点，归纳核心诉求

完成对关键场景的描述后，下一步就是对场景的判断和分析，挖掘机会点，并归纳核心诉求。首先，通过分析当前场景存在的痛点和需求挖掘机会点。这是最常用的方法。另外，还可以通过对用户下一目标的预判寻找机会点。

3）核心诉求转化为设计目标和设计方案

在将机会点转化为具体的设计时，要根据产品的具体功能和定位进行考虑。方案要考虑到原则和目标一般包括高效率、情感化和可持续等。

6.3.6 用户旅程图

（1）什么是用户旅程图

了解用户需求是伟大设计的基础，设计师利用一系列工具和方法来发现用户的需求并设计满足这些需求的产品。用户旅程图就是这样一种工具，可以在设计流程的前期使用，以帮助设计工作者理解用户洞察设计机会点。

用户旅程图（User Journey Map）是指将用户为实现某个目标而经历的

---

[1] 新媒体之家.社交产品如何满足用户的「社交感」[EB/OL].（2020-08-27）[2020-10-06].

过程可视化的一种工具。[1]用户旅程图从用户视角逐步描述了他们如何与产品或服务交互，描述了交互的每个阶段会发生什么，涉及哪些接触点，他们可能会遇到哪些障碍以及情绪变化等[2]，帮助设计师和其他利益相关者理解用户需求，明确用户体验的痛点，并挖掘改进和创新的机会（图6-21）。旅程图在描述行为阶段时可以专注于单个任务或体验，如绘制用户支付流程，也可以将时间线拉长用于描述整个用户生命周期，从初始参与到持续留存。

用户旅程图结合了两种强大的工具，即讲故事与可视化[3]，以用户视角叙述故事，以可视化图形的方式展示。该方法还可以帮助设计小组确定用户在什么时候会对产品产生强烈的情绪反应，在哪些环节需要重新设计，改进不足之处。客户体验历程图研究哪些互动能达到最佳效果、哪些是无用的、哪些是完全失败的。可以帮助设计小组共同探索，有效地改进实际使用情景中的现有用户行为。绘制用户旅程图还可以让用户体验中有形或无形的交互变得可视化，同时让产品/服务团队了解用户使用过程中的看、想、听、做，促进团队成员达成共识，建立用户同理心。

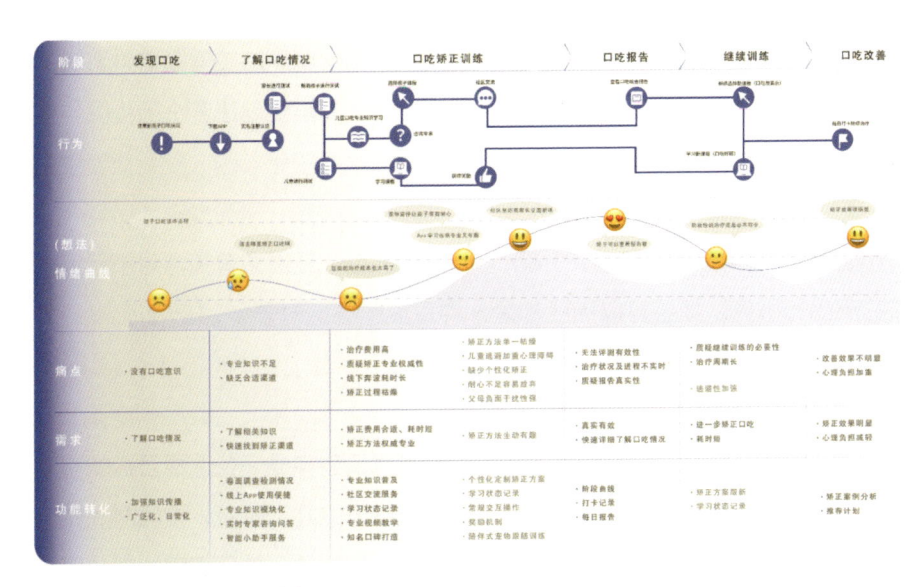

图6-21 用户旅程图示例

---

[1] Sarah Gibbons. Journey Mapping 101[EB/OL]. (2018-11-09)[2022-02-14].

[2] Service Design Tools. Role Playing[DB/OL]. [2022-02-13].

[3] Kate Kaplan. When and How to Create Customer Journey Maps[EB/OL]. (2016-07-31)[2022-02-14].

（2）如何绘制用户旅程图[1]

用户旅程图的创建需要依赖于前期对用户深入调研获得的信息数据，只有参考第一手研究得出的丰富定性数据，才能确保叙述内容的真实深入，并能反映产品互动前、中、后期用户的真实需要、感受和看法。每一张旅程图都应该体现一个特定人物的体验过程，并且包括对这个人物的描述。用户旅程图还应真实地呈现体验中的所有情绪，包括犹豫不决、困惑、挫折、喜悦，以及解脱。用户旅程图有各种形式，大部分用户旅程图包含以下元素（图6-22）。

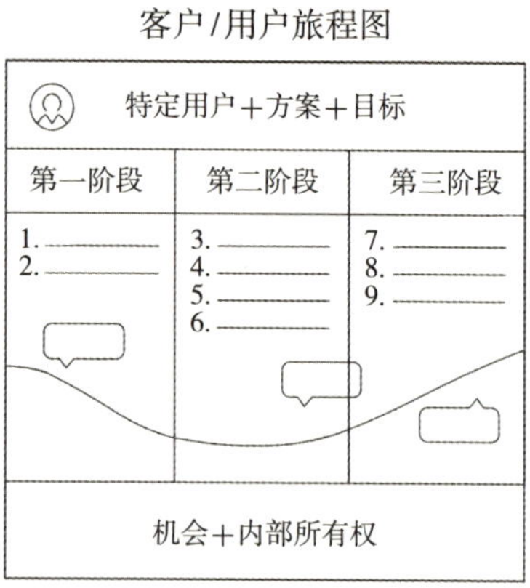

图6-22 用户旅程图绘制[2]

1）明确角色

要描绘的是谁的旅程？在绘制用户旅程图之前需要明确旅程的角色，角色为用户旅程图提供了一种视角，进而有利于构建一种清晰的叙述。在绘制用户旅程图之前需要先通过用户调研构建用户画像，为绘制用户旅程图提供真实的数据，使用户旅程图更准确。如果角色不止一个，就需要创建多个历程图，体现每个角色不同的任务和目标，及体验中的各种情绪变化。

2）场景

场景描述了旅程图所针对的情况，与角色的目标或需求有关。对于已经发布的产品和服务，场景可以描述的是一种真实情况。对于0~1还处于设计阶段的产品，则可以是一种预期场景的描述。

3）旅程分阶段，按时间贯穿

用户旅程中的阶段包括用户从产生动机或意识到完成任务达成目标的整个过程。根据产品类型及用户核心使用场景明确旅程的几个阶段，按照时间顺序贯穿整个旅程。在现实生活中，这有可能不是一条直线，并且不同的部分可能会重叠。但是为了说明起见，可将旅程分为离散的步骤。

4）接触点

即用户与产品或服务系统产生互动的地方。其是服务发生的载体，有数字

---

[1] Sarah Gibbons. Journey Mapping 101[EB/OL]. (2018-11-09)[2022-02-14].
[2] Sarah Gibbons. Journey Mapping 101[EB/OL]. (2018-11-09)[2022-02-14].

接触点、物理接触点和人际接触点三类。设计师在标注时务必在旅程图中指明在"关键时刻"使用的接触点。

5）用户的想法和行动

按照旅程的几个阶段，捕捉对应的用户行为、思考和感受的结合，这就是为什么旅程图如此有用的原因。设计师要逐字记录用户表达的任何有助于团队成员理解的观点，这将为设计师提供指导，使其了解可以从哪里开始改善体验。

6）绘制情感曲线

情感的记录贯穿于用户旅程图的各个阶段，通常用单线表示，代表了用户体验过程中情绪的起伏，这种情感分层可以告诉设计师用户对产品的喜好及不满。这是使客户旅程图特别有用的秘诀。通过了解客户情感旅程中的高峰和低谷，设计师将确定需要改进的地方。

7）机会点

基于痛点、情感历程和用户反馈思考设计的机会与策略。

8）痛点和愉悦点

在旅程中的每个阶段用户遇到的重要问题是什么？让用户感到满意和惊喜的地方在哪里？这也是需要重点关注和设计的。

客户旅程图可能在特定的部分和设计上有所不同，但是它们都有一些共同的指导原则：用户旅程图是从用户视角进行编写，弥补开发人员与用户的移情差；用户旅程图将体验与用户的情感变化结合在一起；用户旅程图记录了完整的旅程；用户旅程图通过可视化让更多人清晰直观地了解用户体验复杂性，也便于团队之间的交流。

6.3.7　HMW分析法

（1）什么是HMW分析法

HMW全称"How Might We"，即"我们如何……"。"How Might We"模板最初由宝洁公司（Procter & Gamble）在20世纪70年代引入，并被IDEO采用。[1] IDEO提出，每个问题都是一个设计的机会。HMW分析法通过将

---

[1] Maria Rosala. Using "How Might We" Questions to Ideate on the Right Problems[DB/OL]. [2021-01-17].

前期发现的挑战重构陈述为"我们如何……"的问题，从中洞察设计机会点，该方法帮助设计工作者带来创新的解决方案。❶

HMW分析法通过提出问题明确设计目标、激发创意思考、促进协同设计的方法。❷ 其中How表示假设问题是可以解决的，有无限可能；Might暗示现在讨论的概念方案不用太完美，提出大概有哪些方向即可，可以有很宽广的创造空间；We强调团队协作的重要性，不是单一成员的努力就可以解决问题，是需要整个团队的力量才可以解决这个问题。HMW分析法可以开拓思维层面，在同一个问题上可以发散性地对多个方向进行拆解和剖析。❸

（2）什么时候使用HMW分析法

运用HMW方法可以最大限度地保证考虑问题的周全性，对问题进行最大程度的精细拆分，可考虑到非常多的细节。

HMW分析法在设计中的核心应用场景为定义阶段，即发现问题之后头脑风暴之前的阶段，通过HMW的问题拆解方法，明确用户当前亟待解决的问题/痛点，透过问题的现象看到用户的本质需求；更精准定义产品要解决的核心问题，并为概念方案发散指引方向，提升头脑风暴效率。

（3）如何使用HMW分析法

1）明确用户和核心问题

明确用户、场景、问题，明确解决问题会带来什么样的价值。用户问题包括明确用户当前亟待解决的问题，要透过现象挖掘问题的本质；产品价值包括了解产品的核心价值定位，可以更好地理解问题等。

2）编写HMW问题

与团队成员一起花时间通过头脑风暴编写HMW问题，每个问题都应该以"我们如何……"开头，然后对写出的问题进行筛选优化。

HMW问题要足够广泛，以便可以发散出很多创新的点子，问题也要足够聚焦，以便让点子更有用，例如"我们如何创造一个吃冰淇淋不滴水的甜筒"问题过于聚焦，"我们如何重新设计甜筒"问题过于宽泛，而"我们如何重新

---

❶ IDEO.ORG. How Might We[EB/OL]. [2022-02-13].
❷ 刘伟，辛欣. 用户研究：以人为中心的研究方法工具书[M]. 北京：北京师范大学出版社，2019.
❸ 哇叽小呱唧. 需求分析 HMW分析法[EB/OL]. (2022-03-25)[2022-04-12].

设计甜筒以使其更便于携带"就刚刚好，当然，HMW问题应该偏泛一些还是更聚焦一些可以根据项目所处阶段进行选择。

好的HMW问题就会带来更好的创新方案。关于如何构建问题，斯坦福d.school提出通过改变问题的目标来充分利用HMW分析法，将最初提出的要解决的核心问题分解为较小的可执行问题。以下为斯坦福d.school提出的HMW问题拆解思路，并辅以机场场景的案例。

核心挑战：重新设计当地国际机场的地面体验。

POV问题：三个孩子的母亲在机场匆匆忙忙，在登机口等了好几个小时，她需要使孩子们快乐，因为"恼人的小毛孩"只会激怒已经沮丧的乘客。

HMW问题：

发挥积极影响：我们如何利用孩子们的能量让其他乘客开心？

移除消极影响：我们如何将孩子们和其他乘客隔离开？

反向思考：我们如何使等待成为旅途中令人开心的一部分？

质疑假设：我们如何完全消除机场等待时间？

利用形容词：我们如何让匆忙的过程变得"有意思"而不是"令人讨厌"？

找预想不到的资源：我们如何利用其他乘客的空闲时间来分担妈妈的负担？

创造类似的需求或场景：我们如何让机场像温泉中心？或者像游乐场？

从问题出发应对挑战：我们如何使机场成为孩子们想去的地方？

改变现状：我们如何让贪玩、吵闹的孩子们不那么令人讨厌？

把问题分成多个小任务：我们如何让孩子们开心？让妈妈慢下来？安抚延误的乘客？[1]

3）解决问题

针对HMW拆解出的小问题列出解决方案，通过头脑风暴，穷举所有解决方案，先不用考虑方案的可行性，把所有想到的方案都列出来，然后基于列出的方案进行讨论及筛选，获得最优的解决方案。

利用HMW方法来构建问题会帮助设计工作者洞察到新的方案，也让团队在进行设计时关注到正确的问题。想要提出好的HWM问题，要明确核心挑战是什么，要避免在HMW问题中提出解决方案，要保持问题的广泛性以使后期

---

[1] Stanford HCI Group Crowd Research. "How Might We" Questions[EB/OL]. [2022-02-13].

发散解决方案时有更多空间，将HMW重点始终放在期望的结果上不要偏离目标，要提出积极正向的HMW问题以便产生更多想法并鼓励创新。❶

6.4 发展阶段的方法工具

6.4.1 卡片分类

（1）什么是卡片分类

信息架构是软件产品易于使用的重要内容，可以使人们找到他们正在寻找的东西。然而很多时候，信息架构是基于公司的需求与目标，并没有站在用户视角。构建最符合用户心理模型的信息架构的主要方法之一就是卡片分类法。❷

卡片分类（Card Sorting）是一种参与性的设计方法，无论是设计数字界面还是信息架构，都可以运用这种方法研究参与者如何分类，如何理解不同概念之间的联系。因为该方法快速、简单易操作、成本低，所以非常受欢迎。卡片分类法将上面印有项目的概念、术语或功能的卡片分发给参与者，并让他们要按照不同的方式把卡片分类。❸

卡片分类在交互设计中主要应用于信息架构设计阶段，通过卡片分类了解用户对信息的认知，以此来对网站进行信息分组和梳理导航结构，设计符合用户心智的信息架构，使用户在网站中能够快速找到目标信息；也可以用于对现有架构的测试，测试用户心理模型和设计之间的差异，用于优化网站导航设计；以及验证信息名称是否符合用户的心理预期和认知习惯，找出容易被误解的术语；此外，卡片分类的方法还可用于需求探索，将需求素材进行比较和分类，有利于从整体上理解用户需求。

卡片分类法根据研究方式可分为开放式卡片分类、封闭式卡片分类以及混合式卡片分类三种。

---

❶ Maria Rosala. Using "How Might We" Questions to Ideate on the Right Problems[EB/OL]. (2021-01-17)[2022-02-13].

❷ Katie Sherwin. Card Sorting: Uncover Users' Mental Models for Better Information Architecture[EB/OL]. (2018-03-18)[2022-02-13].

❸ 贝拉·马丁，布鲁斯·汉宁顿. 通用设计方法[M]. 初晓华，译. 北京：中央编译出版社，2013.

1）开放式卡片分类

即测试用户提供带有网站内容但未经过分类的卡片，让他们自由组合并且描述出摆放的原因以及类别名称。开放式卡片分类能为新的或已经存有的网站和产品提供合适的基本信息架构。

2）封闭式卡片分类

即为测试用户提供网站建立时已经存有的分组，然后要求将卡片放入这些已经设定好的分组中。封闭式卡片分类主要用于在现有的结构中添加新的内容或在开放式卡片分类完成后获得额外的反馈。

3）混合式卡片分类

有时候可以混合这两种分类技术。在一组用户当中执行开放式的卡片分类法以决定高层级的分类类别。然后在另一组用户当中执行封闭式的卡片分类，运用上一组用户中得到的新分类类别，看看这组用户是否很容易就能把存在的内容归入这些类别当中。

（2）如何进行卡片分类

1）确定主题，准备卡片

首先确定需要分类的信息是什么，准备40~80个项目，太多或太少的卡片将影响测试效果。研究人员将确认的信息做成卡片的形式，写下待分类的信息，并用一句概括性的语言对内容进行简单的描述，避免用户不理解该类别所代表的含义或范围，背面标记序列号，以便于后期的统计分析。

2）执行卡片分类

打乱卡片并交给参与者。要求参与者一次看一张卡片，然后将属于一起的卡片对叠起来。如果参与者不确定某张卡片应该如何分类，或者不知道它的含义，可以将它放在一边。最好有一组"未知"或"不确定"的卡片，而不是随机分组。

3）用户命名组

参与者将所有卡片分组到满意的状态后，将空白卡片交给参与者并让他为创建的每个组命名。这一步可以挖掘用户对主题类别的心理模型。

4）讲述沟通

请用户解释他们创建组的基本原理。并进行提问，如是否有卡片分类特别容易或特别难？是否有卡片似乎属于两个或更多组？对未分类的卡片（如果有的话）有什么想法？

5）重复

重复测试15～20个用户，用户心智模型的检测需要足够多的用户，推荐15名参与者进行卡片分类。

6）整理分析

对卡片分类结果进行数据分析的方法较多，进行分析时，需要回答以下问题：哪些卡片最常被放在一起？哪些卡片条目用户分类的时候显示出犹豫疑惑（分类困难）？用户提出了哪些新的建议或者标签？是否哪些卡片被归到不只一个组别中？测试过程中是否有其他相关的卡片被提出来？最后将分析结果形成报告并与团队成员进行讨论。

6.4.2 故事板

（1）什么是故事板

故事板是一种以视觉的方式讲述故事的方法，也用于陈述设计在应用情境中的使用过程。它是一种强大的信息传递工具，以图文结合呈现为主，帮助设计人员从用户的角度考虑产品使用情境、产品使用方式和时间等。

故事板最初源于电影动画行业，沃尔特·迪士尼（Walt Disney）工作室从20世纪20年代开始使用框架式草图来快速绘制分镜草图，普及了故事板的应用。故事板使得电影动画工作者在实际构建电影之前在纸面上构建电影的世界（图6-23）。

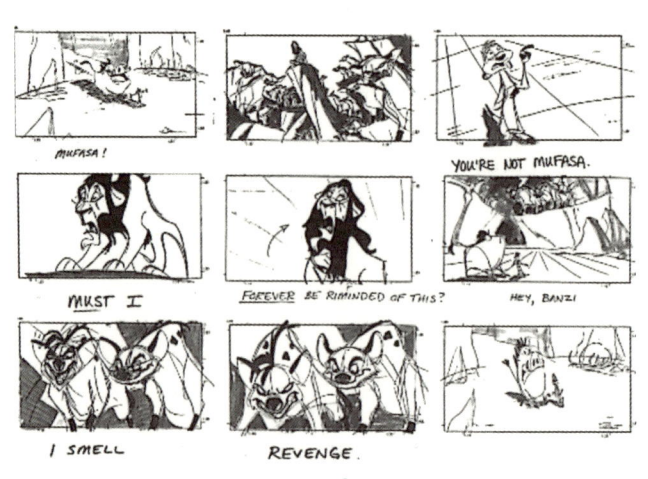

图6-23 迪士尼狮子王故事板[1]

---

[1] Nick Babich. Storyboarding in UX Design[EB/OL]. (2017-05-12)[2022-03-01].

对于用户体验（UX）设计师而言，故事板非常有用，产品的使用场景，用户的交互流程，都借由一系列连续的插画故事化地呈现出来。故事板直观地呈现影响人们使用产品的方式、地点和原因的主要社会、环境和技术因素。故事板叙述的内容十分丰富，且可用于换位思考最终用户的想法，构建多渠道接触点，并在设计过程的早期阶段考虑可以替代的设计方案（图6-24）。

故事板有如下特征：一是可视化。一张图片胜过千言万语，图片对事物的说明比文字说明更容易理解，可以传递更多维度的信息，故事板是一种有效传达概念和想法的可视化形式。二是记忆性。故事板的可记忆性相比于文字描述的方式强22倍，故事板更容易让人记住。三是同理心。故事板可以讲一个人人看到都能产生共鸣的故事，我们常对那些与自己在现实生活中遇到相似挑战的人物产生共情。四是参与性。故事能够引人注意，能够吸引人们的好奇心，能够让人们看清楚其中的意义，并参与其中。❶

图6-24 故事板示例

（2）如何设计故事板

1）故事板的视觉叙述方式❷❸

人们通常认为具有艺术绘画能力的设计人员才可以运用故事板方法，其实

---

❶ Nick Babich. UX设计中的故事板[EB/OL]. (2017-04-30)[2022-2-13].
❷ 贝拉·马丁，布鲁斯·汉宁顿. 通用设计方法[M]. 初晓华，译. 北京：中央编译出版社，2013.
❸ Truong K N, Hayes G R, Abowd G D. Storyboarding: an empirical determination of best practices and effective guidelines[C]//Proceedings of the 6th conference on Designing Interactive systems. 2006: 12-21.

简单抽象的简笔画通常效果会更好（图6-25），因为故事板的观众可以集中注意力观察特定的细节或信息。需要完善简笔画，以表达丰富的信息，但不能过于精细，以避免人们的注意力过于分散，而达不到预期的效果。

图6-25 故事板示例

如果很难通过绘画描述一个概念或想法，可以用文字说明作为故事板的视觉补充。文字通常以单词、对话泡泡框、标题或背景标志的形式添加在故事板中。

为了激发故事板中所关注的情感反应，应该设计情绪激昂的故事情节用以描述人物角色。但是如果设计的目的是获得关于概念的技术或评价反馈，就尽量不要出现人物角色，这样观众可以集中注意力观察设计细节。

故事板设计专家通常会使用3~6个情节表达一个观点。每一个故事板应该集中表达一个突出的概念或想法。如果需要表达多个信息，就需要考虑设计多个故事板，用一个故事板描述其中一个信息。

如果故事情节的描述与流程或前后关系有关，则应该把时间作为一种设计元素，来表示某个情境中时间的变化。可以在背景中添加时钟、日历、放大的手表图片或者移动的太阳，以明确表示时间的变化。

2）故事板基础要素

为了让故事板的呈现更加符合逻辑、易于理解、论证有说服力，需要提前做一些准备工作。通过了解故事的基本要素，并将其解构为构件，就可以将故事用一种更有说服力的方式呈现出来。每个故事都应具备以下基本要素。

① 人物

故事中涉及的特定角色是谁，他们的行为、外表和期望，以及他们在此过程中做出的任何决定，都非常重要。可以通过详细的用户调研了解用户特点，把用户所看、所听、所想、所说、所做的一些重要内容以视觉叙述性故事的形式展示出来。另外，表达角色心中的想法对于成功展示他们在故事板中的经历至关重要。

②场景

用户不是单独存在的，需要给用户也就是故事中的人物，创造一定的环境，通过某一个地方或者某一类人从侧面烘托主要人物。在故事板中需要展示故事发生前、发生时和发生后的场景。

③情节

故事板要设置一定的情节，应该有一个明显的开头、中间和结尾。在故事板中展开的叙述应该集中在角色的目标上，情节应该以特定的触发器开始，并以解决方案的好处或角色留下的问题结束，可以尝试使用Freytag的金字塔（图6-26）来构建情节。比如，用户在执行某项任务时遇到了什么困难，有了设计方案的出现后，困难是如何化解的，最终达成目标。

在情节设定中需要关注其中一些关键的瞬间。如背景信息、事件触发、角色作出的决定，以及最终的结果或遗留的问题。在描述用户的变化时，也要注意用户情感和表情上的变化。

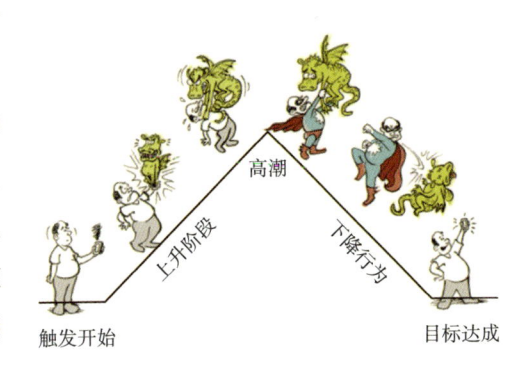

图6-26　Freytag的金字塔❶

3）如何绘制故事板

①故事板规划

绘制故事板之前需要明确绘制故事板的目的，希望体现用户遇到的哪几个问题，体现设计方案的哪几个核心功能或设计亮点，然后设计故事情节，常见的故事情节有两类，一类是用户在特定场景中遇到了哪些问题，另一类是产品或服务系统如何解决这些问题达成最终目标。围绕故事板绘制目标设计故事情节，要确保能给出让观众相信故事的结果：如果要描述一个不利的情况，那么以问题的重要性结束，如果是提出一个解决方案，那么以利于角色的解决方案结束。

---

❶ Trulie. Storyboard and Storytelling[EB/OL]. (2019-01-09)[2022-03-01].

②梳理画面的要点（文本+箭头）

将故事情节分解为各个时刻，交代清楚背景、触发因素、角色在此过程中所做的决定，以及最终的好处或问题，写下情节中的关键节点或步骤，并用箭头连接。

③添加情感元素

为每一步骤添加用户的情感符号或描述，这样有助于其他人了解故事角色的想法与感受，可以阐述人物对情节过程中成功和困难的反馈，如他期待什么，结果对他的影响等，试着把每个情绪状态画成一个简单的表情。

④绘制故事板

将以上每个步骤转换为视觉语言，强化每一瞬间的体验，同时要注意人物的表情变化（图6-27）。

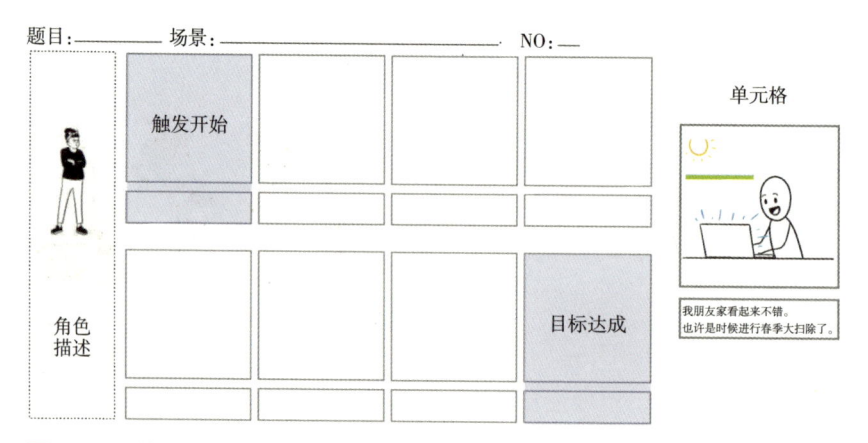

图6-27　故事板框架

6.4.3　游戏化设计

（1）什么是游戏化设计

游戏化（Gamifcation）是指在非游戏环境或领域中将游戏的思维和游戏的机制进行整合运用，以引导用户互动和使用的方法，游戏化可以增加受众参与度、忠诚度和乐趣，它能在互联网[1]、医疗/健康[2]、教育[3]、金融等领域中影响

---

[1] 蔡苏，王沛文，杨阳，等. 增强现实（AR）技术的教育应用综述[J]. 远程教育杂志，2016，34（5）：27-40.

[2] 龙娟娟. 心流体验视角下的运动健身类App交互设计研究[J]. 装饰，2016（8）：138-139.

[3] 尚俊杰，庄绍勇. 游戏的教育应用价值研究[J]. 远程教育杂志，2009，17（1）：63-68.

到用户使用时的心理倾向，进而促进用户的参与及分享。

在游戏化的环境中，用户可以更轻松地完成基于新媒体技术的机器交互，如交互式视频。托姆（Thom）等（2012）发现，在社交网络中消除游戏化会导致用户流失。用户的贡献、互动和参与社交网络都会受到影响。

游戏化设计其实有其固有的利益和目标，过于明确的奖励可能会削弱固有的利益。一般来说，游戏化设计的核心不一定是坚持游戏的外在形式。但更重要的是，这是为了激发内心深处的动力。它可以将游戏化元素或游戏化设计有机地融入教学和管理的各个环节。

游戏化设计是指通过游戏元素模拟游戏情境，是参与者在非游戏环境中在游戏环境中体验到的快乐和幸福。游戏化更注重用户参与，它不是把产品卖给消费者，而是吸引消费者积极参与，让他们享受这个过程。

具体来说，接受奖励的规则让参与者意识到他们正在失去自主或被控制，这通常是一种消极的体验。奖励需要在保持连续性的同时提供积极的反馈。开发者需要灵活运用不同的奖励机制来提升数字产品的价值和用户的参与度。本质上讲，奖励需要与用户保持情感共鸣，才能达到预期效果。

（2）游戏化设计分类

1）玩家旅程（Player Journey）：一系列保证让用户不会中途而废的机制

设计者需要将用户或客户设想为游戏玩家，让玩家在游戏中得到某种游戏体验。这种体验指的并非单点的行为体验，而是一系列的体验集合，称为玩家旅程。

玩家旅程是指一种概念上的路径，即玩家完成游戏的过程。作为游戏设计者，设计者不希望玩家的旅程变成随意游走，这样就很难预测玩家行为，使得关卡和旅程设计变得异常困难。设计者想要的是一个有开端、发展与结局的玩家之旅，玩家可以按部就班地前进，逐渐熟悉整个游戏，享受一场不间断的旅程。

2）关注平衡（Balance）：不能太难也不能太容易[1]

当玩家入门以后，接下来的问题就是如何保持玩家对于游戏产生持续的兴趣。这里的关键原则是"平衡"。

从玩家群体的角度来看，游戏不能对某个玩家来说太容易，而对另一个玩家太难，它需要创造一种任何人都有机会获胜的竞争氛围。游戏的阶段关卡

---

[1] 万力勇，赵鸣，赵呈领. 从体验性游戏学习模型的视角看教育数字游戏设计[J]. 中国电化教育，2006（10）：5-8.

也同样需要保持平衡，一款游戏可能在早期做得不错，但之后很快失去了平衡性，然后失控，游戏的体验注定是失败。

3）创造体验（Create an Experience）：让玩家身临其境

游戏化与游戏，在用户体验方面都是非常重视的。游戏化是通过创造一种整合的体验，将本来与游戏无关的事务变得更像游戏，而游戏则聚焦在玩家的感官体验上。

（3）如何应用游戏化设计[1]

哲学家玛丽·波平斯（Marry Poppins）曾经说过："只要你能从工作中发现乐趣，工作就可以变成游戏。"当提到游戏化时，应该考虑的是如何才能让工作、社会影响或行为变得像游戏一样吸引人，如何让它们变得有趣。

1）胜利（Winning）

这个词最常见，也最容易想到，很多游戏都有输赢的概念。

2）解决问题（Problem-solving）

就像《魔兽世界》中的一些小任务，完成了一系列任务以后，用户克服了障碍，赢得了挑战后的奖励。它无论输赢，有时甚至都没有胜利者的概念。

3）探索（Exploring）

开启一个新的地图、捡到稀有掉落装备，或寻找一些新的事物也可以给用户带来乐趣，不管他们是否伴随某种挑战，或者是否有输赢之分。

4）放松（Chilling）

躺在美丽的沙滩上，享受着日光浴。躺在沙发上，聆听海风的声音，想象身临其境……

5）团队合作（Teamwork）

现代社会，个人单打独斗已经很难完成复杂任务。人是社会性动物，天生就享受与他人合作的乐趣。

6）认同（Recognition）

试想一下，当有人对你说"好样的"这种认同感很强的话是否会产生乐趣。它并不是通过某种客观的标准来告诉你在游戏中取得了胜利，但当你接收到这种指令以后，感觉非常棒。

---

[1] 魏婷. 教育游戏激励学习动机的因素分析与设计策略[J]. 现代教育技术，2009，19（1）：55-58.

7）征服（Triumphing）

它与胜利相似，但它注重过程（击败对手的过程中产生的乐趣），而胜利则是注重结果的乐趣。

8）收集（Collecting）

一些特定种类的物品，如邮票收藏、古董收藏、纪念币收藏……人天生会对一些物品有执着的爱好，并自愿地、持续地做这个行为。

9）惊喜（Surprise）

当遇到意料之外的事情，如奖励超出预期、创意获得了市场认可。

10）想象力（Imagination）

做白日梦、琢磨一些想法或构思一些事情，哪怕这些事情短期内无法实现（也有可能永远实现不了），还是可以让人对未来充满未知的希望。

11）分享（Sharing）

无私奉献也是一种乐趣。自己学习到了一个技能，乐意分享给有需要的朋友，捐款救助有需要帮助的人，这会让人自我感觉良好。所以在互联网传播中，会经常使用利他理论或者赠予技巧来撬动一部分用户进行分享裂变，实践证明了分享的确能产生一种乐趣。

12）角色扮演（Role Playing）

这也是常用到的技巧，比如"站在别人的角度思考问题""如果我是……我会……"。

13）个性化定制（Customization）

能够拥有自己专属的物品，无疑是让人愉悦的。像星巴克的定制星杯活动、耐克鞋的专属定制设计等，给人以"选择"，能够给人一种对于这类事物的掌控权。

6.5 交付阶段的方法工具

6.5.1 角色扮演

（1）什么是角色扮演

有的时候无法应用观察法了解用户，或者直接观察可能涉及道德问题，比如调查人格敏感问题，或者很难找到实际用户，这时候使用角色扮演模拟活动就显得尤其有效。角色扮演是指由设计人员扮演用户的角色，假设用户在现实场景中的日常活动和行为的一种方法，从用户的角度思考问题，以寻找更多设计灵感。这种方法相对来说成本较低且投资较少，但仍然需要投入一些精力，才能让角色扮演与用户的现实生活紧密联系起来。应该尽可能依据现实场景和用户行为，并用收集到的足够信息指导整个过程，或者至少结合访谈、脉络访查或次级研究等方法，在活动结束后与真实用户进行交流，与真实情况进行对比。

角色扮演会让研究者体验到整个目标情境，如遇到问题时候的心理活动及准备工作、遇到问题时的困惑及如何获得解决办法、如何使用产品解决问题，以及解决问题后的结果，由此来体现产品的交互形式，更加直观地了解用户可能面临的问题，判断产品是否有效解决了这个问题。

角色扮演也常常用于协同设计会议中，通过角色扮演中的使用场景来解释服务或产品理念，角色扮演通常需要定义一些角色（如用户、服务人员等）并准备粗略的原型或其他可以促进表演的材料。当一个团队表演他们的故事时，其他观众会了解这个想法。角色扮演在这种场景中可以很好地表达一个想法的价值，逐渐揭示功能和情感层面。❶

（2）如何进行角色扮演

1）前期准备

在进行角色扮演之前，需要进行一些前期准备工作，如对用户进行全面的了解、拟定故事情境，以便在角色扮演时能更加真实可信，首先收集用户数据，确定用户类型，然后提炼用户与产品相关的目标、行为和观点数据等；对用户进行细分，为用户构建用户画像，使用户角色真实可信；撰写故事场景，建立目标或冲突，描述一个真实的故事场景。

2）角色扮演

在角色扮演或者模仿用户使用场景时，需要介绍一下整体情况或者提出建议，用需要采取的行动、完成的任务、达成的目标作为指导。然后，扮演者开始扮演各自的角色，包括用户和利益相关者。角色扮演要尽量接近真实生活，

---

❶ Service Design Tools. Role Playing[DB/OL]. [2022-02-13].

因此期望并鼓励扮演者即兴发挥。❶

3）记录与分析

扮演者很难自己记录所扮演的过程，因此应该让其他小组成员拍摄照片、录下视频或记录这些过程。为了解事情经过，在事情发生之后需要全面分析整个过程，并评估角色扮演带来的真实感受。

6.5.2 可用性测试

（1）什么是可用性测试

ISO 9241-11将可用性定义为"特定的用户在特定的使用情景下，有效、有效率、满意地使用产品达到特定的目标"，将可用性概括为三方面：有效性，用户使用系统完成各种任务所达到的精度和完整性；效率，用户按照精度和完整度完成任务所耗费的资源，资源包括智力、体力、时间、材料或经济资源；满意度，用户使用该系统的主观反应，描述了使用产品的舒适度和认可程度。

可用性测试（Usability Testing），关注产品的"可用性"，是一项通过系统性观察用户在特定场景中使用产品的过程来评估产品是否满足用户需求或操作习惯的方法，用于发现产品中存在的效率、有效性等可用性相关问题。通过可用性测试不断改进和优化产品，以缩小产品与市场、用户的差距，提高产品的可用性。由于它反映了用户的真实使用过程，在用户体验中扮演了极其重要的一环。❷

在可用性测试中，参与者边与产品（如纸质原型、低保真或高保真原型、已上线的产品等）进行互动，边描述使用过程中的思考与疑惑。对用户的行为参照相关指标进行评估，参照指标如是否完成任务、完成任务所需时间等。该方法旨在帮助设计小组发现界面的哪些方面使用户感到疑惑，是站在用户角度进行的一系列使用测试，是一种以用户为中心的设计验证方法。

可用性测试是产品设计开发和改进维护各个阶段必不可少的环节。其价值在于初期及早地发现产品中可能存在的可用性问题，在开发或上线之前提供方案的优化思路，从而节约设计开发成本。而在产品上线或进入市场后，数据出现问题却无法精确定位问题是什么时，可用性测试可以在很大程度上提高解决问题的效率。

---

❶ 贝拉·马丁，布鲁斯·汉宁顿. 通用设计方法[M]. 初晓华，译. 北京：中央编译出版社，2013.
❷ 尼尔森. 可用性工程[M]. 刘正捷，译. 北京：机械工业出版社，1994.

（2）如何进行可用性测试[1]

进行可用性测试的形式有很多，例如较常用的实验室调研、眼动跟踪，以及远程测试、合意性测试等，测试的地点、设备有所不同，但思路方法不尽相同。在设计调研工作中，可以把完整的可用性测试流程分为5个阶段：测试中的观察与记录、测试后的数据整理与分析、撰写调研报告与解读报告、材料归档。

1）确定测试目标与测试任务

确定此次研究的目的是什么，基于目的选择需要对产品哪些功能点或界面进行测试。常用的可用性测试目标围绕可用性的要求，以"有效性""效率""满意度"为纬度进行拆分，制定评估模型（图6-28）。

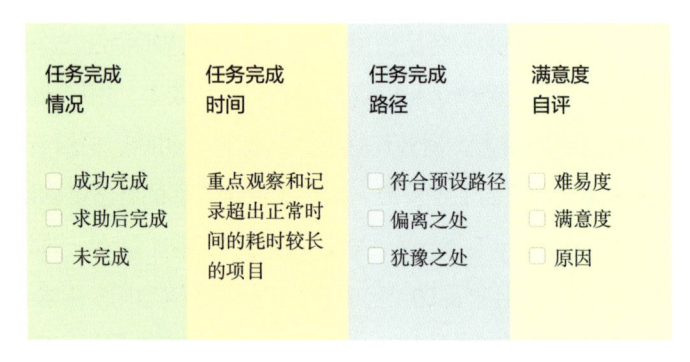

任务完成情况	任务完成时间	任务完成路径	满意度自评
☐ 成功完成 ☐ 求助后完成 ☐ 未完成	重点观察和记录超出正常时间的耗时较长的项目	☐ 符合预设路径 ☐ 偏离之处 ☐ 犹豫之处	☐ 难易度 ☐ 满意度 ☐ 原因

图6-28　可用性测试评估模型

2）招募测试用户

根据用户画像制定用户招募标准，把用户特点类型按照一定比例做成筛选的条件表，也叫样本分层。然后按照标准招募并筛选测试用户。雅各布-尼尔森（Jakob Nielsen）提出过一个法则：有5人参加的用户测试，即可发现大多数（85%）产品可用性问题，而且通常最严重的问题都是前几名用户发现的，随着用户数量的增多，发现的问题逐渐减少。[2]因此测试用户并非越多越好，一般选择5~8名测试用户即可。

3）提纲准备

依据预先制定的测试目的，分解目的，列出操作任务列表，并将任务场景化便于用户理解，编写提纲。每个测试用户分配的任务最好不超过3个。例如：

---

[1] 舒季. 做好可用性测试的全流程[EB/OL]. (2020-04-17)[2022-2-13]
[2] Jakob Nielsen. Why You Only Need to Test with 5 Users[EB/OL]. (2000-03-18)[2022-02-13].

场景：您之前购买的校园网流量快用完了，准备来校趣多小程序购买流量包。

任务1.查看剩余流量并告知；

任务2.找到上次购买的流量包并下单。

提纲的编写应该始终围绕用户使用目标，难点在于：一是顺序的设置，应符合典型用户的操作流程，操作舒适自然，符合常态；二是任务描述方式，避免直接指出指导操作，不能过于详细，但也不能过于宽泛，而产生歧义和茫然，需要掌握描述的平衡点；三是控制任务数量，测试时间过长用户会疲倦，任务的保留和舍弃思量也相当重要。大纲编写示例见图6-29。

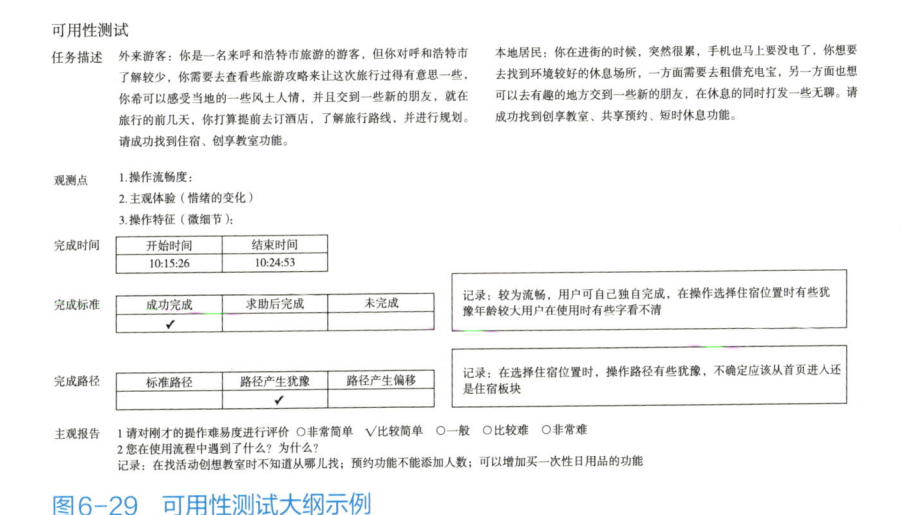

图6-29 可用性测试大纲示例

4）准备测试所需物资

比起深度访谈，可用性测试需要用到的仪器较多，包括记录材料、打分表；预定好会议室，设定好观察区域、测试区域；准备好相应的设备，如安卓手机、iOS手机、眼动仪、录音笔等。

5）预测试

在所有物资准备好后，需要内部进行预测试，去发现可用性测试环节中存在的问题，以及前期的准备环节哪些有遗漏、哪些需要改进，确保所有环节没有差错，所需物资没有遗漏。

6）测试前被试发声思考练习

被试边操作边进行发声思考对于可用性测试非常重要，直接影响可用性测试最后的效果和结论，因此在测试开始前，建议对被试进行发声思考练习。例如，可以使用一个简单的例子引导用户进行练习：

"下面我们进行出声思考练习。请在执行每一步操作时，用语言描述出你当前的感觉和想法。比如，我准备打开菜单，我正在寻找某项功能，我现在觉得很迷惑等，任何想法都可以说出来，不需要刻意去思考，这有助于我去了解你的想法和感受。接下来，先由我示范一下出声描述的做法。我将进行出声思考示范：为了会议不迟到，需要设定第二天7：00起床的闹钟。"

7）测试中的观察与提示

需要主试人员观察用户的操作和表情变化，当用户出现思考、犹豫、惊讶、皱眉等表情时，可简单询问。另外，当发觉用户无法进行的时候，给予适当的提示，并且记录提示后完成的任务，在现场进行询问。也可以提前告知被试测试过程中无法完成任务时可以求助或告知。

有时候用户的困难和反应是研究者设想之外的，所以对其进行追问具体问题的原因才便于后续的设计，在说出具体的问题原因后，也可以询问用户的期望，但是因为用户对于产品的了解一定程度上是片面的，所以建议可以收集作为参考，不一定要完全采纳。

8）数据整理与分析

根据测试过程中的录屏、记录、访谈等结果数据进行整理及分析，对测试的所有任务项目进行完成率/满意度对比；对测试过程发现的所有问题点进行汇总，包括问题出现的位置、问题描述、问题类型、问题严重等级等；再根据各项任务进行分别的阐释和优化方案建议。

6.5.3 心理体验抽样法

（1）什么是心理体验抽样法

心理体验抽样法（Experience Sampling Method，ESM），是从美国芝加哥大学发展起来的一种抽样方法，是心理体验的一种新的研究视角和研究方向[1]，主要捕获真实情境中用户处于某一状态时的心理活动及外在行为表现。通过多次收集用户在较短时间内对生活中经历的事件的瞬时评估，并对其进行

---

[1] 衣新发，敖选鹏，鲍文慧. 奇克岑特米哈伊的创造力系统模型及心流体验研究[J]. 贵州民族大学学报（哲学社会科学版），2021（1）：126-164.

记录的一种方法，主要在于能够多次重复评估与测量用户在日常生活中对其自身以及环境的感受与体验，保证测量结果的相对准确性和客观性。[1]

心理体验抽样法采用密集、重复抽样的数据收集方式，在多时间点收集用户即时的反应信息，包括用户情绪、感知、态度和评价等，捕获用户日常体验的丰富变化，提供有关用户的情感体验的信息，为日常经验研究提供了新的研究视角。并且心理体验抽样法试图通过在关键状态或事件发生时直接进行评定来降低用户回忆的不准确性。

（2）心理体验抽样法的理论基础

1）经验的独特性

在日常生活中，经验亦指用户对感性经验所进行的概括总结，或直接接触客观事物的过程。经验包含用户参与体验活动时的全部意识内容，即思想、情感和知觉，并普遍存在于日常生活中。

经验具有用户独特的生理构造，而特殊结构的神经网络便是经验的载体。生物进化方面的研究表明，用户经验由具有整合和分化特征的神经元功能簇产生。每一种意识体验都是由特定神经元群的神经活动相互作用产生的，这些神经网络不仅会对外界刺激进行直接反应，还会利用记忆信息进行主观经验重构，促进新突触的发展转化，生成新的独特意识结构。经验本身就具有个体差异，它不但与每个个体的特定生物结构有关，并且会随着个体复杂性的增加而不断发生变化。

2）经验的可塑性

在与环境互动过程中，用户主观的心理体验是用户个体不断进行心理选择的一方面结果，用户个体可以通过直接模仿和学习获取外界信息，形成独有的生活体验和价值观；另一方面，用户个体会对前一阶段获得的信息进行加工创造，根据所处情境发展新的适应性行为和体验。这一过程是用户个体当时的情感、动机和认知过程相互作用的结果，具有可塑性。

3）经验随时间的可变性

每种体验的发生都随着时间变化展开，时间是经验不可分割的重要组成部分。根据时间，可以将体验划分为客观时间体验和主观时间体验。在客观时间

---

[1] K Asakawa, M Csikszentmihalyi. The Quality of Experience of Asian American Adolescents in Activities Related to Future Goals[J]. Kluwer Academic Publishers, 1998, 27(2): 1333-1340.

体验中，时间具有同质性，单向地从过去指向未来，且长短、快慢对于所有情况和用户都是一样的。而在主观时间体验中，时间具有异质性，可以随思维在过去、现在和未来的任何方向转换，且随着个体认知变化而变化。

4）经验的双重属性

绝大多数日常经验具有内部性和外部性双重属性。经验的内部性是指用户参与日常体验时的全部意识活动，比如用户的想法和感觉。经验外部性是指日常体验发生时的时间、地点、环境和人物关系等。因此，揭示和辨别经验本质时，不但需要详细地观察经验发生的全过程，即现象的外在演变和经历者的心理变化，而且需要实时检测经验变化的前因后果。

（3）如何应用心理体验抽样法

心理体验抽样法的应用围绕用户在一些典型时刻出现的心流体验、情感体验条件出现的具体时间等，在收集用户的认知、动机和情绪状态信息时，心理体验抽样法节省了时间和资源，帮助设计师了解或获得用户真实的生活体验，以确保设计的相对准确性和客观性，并且可以进行持续性研究来帮助研究者更好地掌握用户总的心流体验状态，用来比较用户之间的情绪变化，提供用户生活中重要主观因素的详细数据。

适用心理体验抽样法的研究问题包括，观察性研究、量化和质性研究、个体内研究和跨层研究。

观察性研究，心理体验抽样法可以随机捕获用户日常生活中的方方面面信息，这些数据包含大量用户的日常体验信息，适用于大规模观察性研究。

量化和质性研究，心理体验抽样法获取的样本数据，可以同时包含日常体验的频率、持续时间等客观量化的信息和情绪、感觉、思想等主观质性信息，有助于对经验的量变和质变原因进行更为深刻的剖析。

个体内研究，从微观层面来看，心理体验抽样法能够更为有效地研究用户变量随时间和情境变化的轨迹及其相关影响因素。心理体验抽样法为分析用户内部的瞬时过程、检验用户的瞬时感受和行为变化、这些变化之间的相互影响作用，以及特定类型情境的影响效果等问题提供了丰富的数据支撑。

跨层研究，心理体验抽样法不仅可以考查用户个体内差异，也可以考查个体间或组间差异，进行跨层研究，利用心理体验抽样法及跨层模型研究心理权力对权力拥有者的影响。

6.5.4 投射法

（1）什么是投射法

投射法也称投射测试，在心理学上的解释是指个人把自己的思想、态度、愿望、情绪或特征等不自觉地反应于外界的事物或他人的一种心理作用。此种内心深层的反应，实为人类行为的基本动力，而这种基本动力的探测，有赖于投射技术的应用。

具体说来，就是让被试通过一定的媒介，建立自己的想象世界，在无拘束的情景中，显露出其个性特征的一种个性测试方法。测试中的媒介，可以是一些没有规则的线条，也可以是一些有意义的图片；可以是一些有头没尾的句子，也可以是一个故事的开头，让被试来编故事的结尾。因为这一画面是模糊的，所以一个人的说明只能来自他的想象。通过不同的回答和反应，可以了解不同人的个性。

具体方式是提供给被试一种无限制的、模糊的情景，要求其作出反应，让被试将其真正情感、态度投射到"无规定的刺激"上，绕过他们心底的心理防御机制，透露其内在情感，常用的投射法包括联想法、构造法、完成法、表达法、选择或排列法等。

（2）投射法分类

根据被试的反应方式，可以将众多投射测试分以下几类。

1）联想法

要求被试根据刺激说出自己联想的内容。例如，荣格联想测试和罗夏墨迹测验等。

2）构造法

要求被试根据其看到的图画等，编造出一个包括过去、现在和未来发展的故事，可以从故事中探测其个性。例如，绘人测试。要求被试在一张白纸上用铅笔任意画一个人。画完之后，再要求被试画一个与前者性别相反的人。主试可以通过面谈的方式向被试了解他所画人物的年龄、职业、爱好、家庭、社交等信息。最后，主试对被试的作品进行分析。

3）完成法

要求被试将一系列句子补充完整。通过被试的反应可以对被试的家庭、社会与性态度、一般态度、品格态度进行解释。例如，明星们常常在茫茫人海中，她＿＿＿＿，当看到她时，我＿＿＿＿，最令我高兴的是＿＿＿。从受测者完成这些句子的情况可以反映出他们的一些个性特征。

4）表达法

要求被试用某种方法（如绘画）自由地表露其个性特点。例如，可以通过书写、谈论、唱歌、绘画等形式让受测者自由表达，从中分析其人格。

5）选择或排列法

要求被试依据某种原则对刺激材料进行选择或予以排列。例如，可以让被试将一些描述人格的词按照好恶程度或适宜程度排序。从排序中可以分析出被试的人格。

（3）如何应用投射法[1]

最著名的投射法是罗夏墨迹测验和主题统觉测验。罗夏墨迹测验是罗夏于1921年以心理诊断学（Psychodiagnositics）为标题发表的人格测验。现已被世界各国广泛使用。罗夏墨迹测验法的目的是通过对标准化的刺激进行反应的观察，来预测或推断被试在其他场合的行为模式。它是以墨迹偶然形成的模样为刺激图板，让被试自由地看并说出所联想到的东西，然后将这种反应用符号进行分类，加以分析，捕捉人格的各种特征，从而进行诊断的一种方式。[2]

主题统觉测验（TAT）是投射测验中与罗夏墨迹测验齐名的一种测验工具，由美国哈佛大学默里（H. A. Murray）与摩根（C. D. Morgan）等于1935年编制而成。后来经过多次修订，逐渐推广应用，故成为一种重要的人格投射技术。全套测验共有30张内容隐晦的黑白图片，另有一张空白卡片，图片的内容以人物或景物为主。每张图片都标有字母，按照年龄、性别把图片组合成4套测验，每套20张，分成2个系列，每个系列各有10张。分别用于男人、女人、男孩和女孩，其中有些照片是共用的。

---

[1] 敖小兰，石竹屏. 心理学中人格评估法综述[J]. 重庆交通学院学报（社会科学版），2004（2）：32-35.
[2] 郑雪. 人格心理学[M]. 广州：暨南大学出版社，2001.

第7章

用户研究中的统计与分析

量化研究越来越多地被用在用户研究中，成为用户研究的一种趋势，而统计与分析是做量化研究的必要过程，定量研究可以获得大量结构化的数据结果，但如何从大量的数据中洞察机会点非常重要，统计方法对数据进行收集与整理、校验，分析方法对数据进行分析、解释，从而在看似零散无关的数据中洞察隐藏的问题与机会点。统计与分析的方法有很多，但常用的较为固定，本章选取了常用的统计与分析方法进行介绍，探索量化研究中的方法与工具。

7.1 用户研究中的统计与分析概述

通过第三章对用户研究高被引文献进行分析，得到了17个常用的统计分析方法，其中有侧重于数据统计的方法工具，也有侧重数据分析的方法工具。

7.1.1 统计方法

统计方法是指有关收集、整理数据反映一定问题的方法。用户研究中用于统计用户数据的方法有量表类（如语义分析量表、态度量表等），有数据检验类（如卡方检验、信效度检验等），以及网络计量学、索引关键词驱动等数据收集及统计方法。

7.1.2 分析方法

分析方法是指对数据进行分析与解释、对所反映的问题作出结论的方法。用户研究中常用于数据分析的方法有回归分析法、方差分析法、因子分析法、内容分析法等。

在选择统计分析方法时，可参考三个维度。一是根据研究的目的，明确研究试验设计类型、研究因素与水平数；二是根据数据特征（是否正态分布等）和样本量大小进行统计分析方法选择；三是根据统计资料所对应的类型（计量、计数和等级资料）进行选择。具体每个方法适合应用的场景将在后续小节中详细介绍，需根据方法的特征与优劣势灵活选择应用。

7.2 用户研究中的统计方法

7.2.1 中介变量

（1）什么是中介变量

中介变量（Mediator）是自变量对因变量发生影响的中介，是自变量对因变量产生影响的实质性的、内在的原因，通俗地讲，就是自变量通过中介变量对因变量产生作用。[1]

中介变量是存在于刺激与反应变量之间不能直接观察到的内在变量或动因。新行为主义者爱德华·托尔曼（Edward Chace Tolman）1932年为弥补华生"刺激—反应"公式的不足，要求注意有机体内部因素在行为中的作用而提出。他认为中介变量不属于可预先操纵和控制的自变量或可观察测量的因变量，而是一种假设型概念。托尔曼视这些中介变量为行为的决定者。在心理学中，动机、需要、智力、习惯、学习、态度、观念等在性质上均属于中介变量。[2]

---

[1] Baron R M, Kenny D A.The moderator-mediator variable dis-tinction in social psychological research: Conceptual, strategic, andstatistical considerations[J]. Journal of Personality and Social Psychology, 1986, 51(6): 1173–1182.

[2] 马欣川. 现代心理学理论流派[M]. 上海：华东师范大学出版社，2006：7.

中介变量的作用原理如图7-1所示。其中，c是X对Y的总效应，ab是经过中介变量M的中介效应（Mediating Effect），c'是直接效应。当只有一个中介变量时，效应之间的关系可以表示为：$c=c'+ab$[1]。

$$Y=cX+e_1$$
$$M=aX+e_2$$
$$Y=c'X+bM+e_3$$

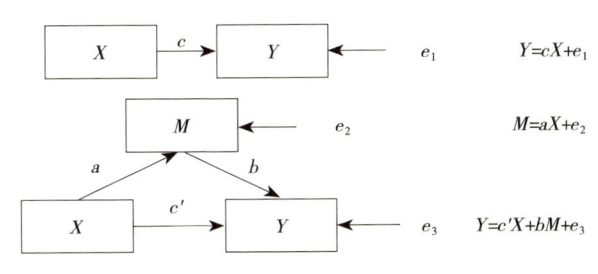

图7-1 中介变量作用原理图

（2）中介变量分类

中介变量可分为完全中介（Full Mediation）和部分中介（Partial Mediation）两类。

1）完全中介

完全中介是指X对Y的影响完全通过M，没有M的作用X不会影响Y，即$c'=0$。

2）部分中介

部分中介是指X对Y的影响部分是直接的，部分是通过M的，即$c'>0$。

（3）如何应用中介变量

例如，"父亲的社会经济地位"影响"儿子的教育程度"，进而影响"儿子的社会经济地位"[2]。又如，"工作环境"（如技术条件）通过"工作感觉"（如挑战性）影响"工作满意度"[3]。在这两个例子中，"儿子的教育程度"和"工作感觉"是中介变量。

假设所有变量都已经中心化（即均值为0），可用下列方程来描述变量之间的关系（相应的路径图见图7-1）：

---

[1] 卢谢峰，韩立敏. 中介变量、调节变量与协变量——概念、统计检验及其比较[J]. 心理科学，2007，30（4）：934-936.

[2] Duncanod, Feathermandl. Duncanb Socioeconomic background and achievement[M]. Newyork: Seminarpress, 1972.

[3] James L R, Brett J M. Mediators, moderators, and tests for mediation[J]. Journal of Applied Psychology, 1984, 69 (2): 307-321.

$$Y=cX+e_1$$

$$M=aX+e_2$$

$$Y=c'X+bM+e_3$$

假设Y与X的相关显著，意味着回归系数c显著（即H_0：$c=0$的假设被拒绝），在这个前提下考虑中介变量M。如何知道M真正起到了中介变量的作用，或者说中介效应显著呢？目前有三种不同的做法。[1]

传统的做法是依次检验回归系数。[2][3]如果下面两个条件成立，则中介效应显著：自变量显著影响因变量；在因果链中任一变量，当控制了它前面的变量（包括自变量）后，显著影响它的后继变量。这是巴伦和肯尼定义的（部分）中介过程。如果进一步要求：在控制了中介变量后，自变量对因变量的影响不显著，变成了贾德（Judd）和肯尼定义的完全中介过程。在只有一个中介变量的情形，上述条件相当于（图7-1）：系数c显著（即H_0：$c=0$的假设被拒绝）；系数a显著（即H_0：$a=0$被拒绝），且系数b显著（即H_0：$b=0$被拒绝）。完全中介过程还要加上；系数c'不显著。

第二种做法是检验经过中介变量的路径上的回归系数的乘积ab是否显著，即检验H_0：$ab=0$，如果拒绝原假设，中介效应显著[4][5]，这种做法其实是将ab作为中介效应。

第三种做法是检验c'与c的差异是否显著，即检验H_0：$c-c'=0$，如果拒绝原假设，则中介效应显著。[6][7]

---

[1] Mackinnondp, Lockwoodcm, Hoffmanjm, et al. A comparison of methods to test mediation and other in tervening variable effects[J]. Psychological methods, 2002, 7(1): 83-104.

[2] Judd C M, Kenny D A. Process Analysis Estimating Mediation in Treatment Evaluations[J]. Evaluation Review, 1981, 5(5): 602-619.

[3] Baronrm, Kennyda. The moderator-mediator variable distinction insocial psychological research: Conceptual, strategic, and statistical considerations [J]. Journal of personality and social psychology, 1986, 51(6): 1173-1182.

[4] Sobel M. Asymptotic confidence intervals for indirect effects in structural equation Models[J]. Sociological Methodology, 1982,13: 290.

[5] Long J S. Common problems/proper solutions: avoiding error in quantitative research[M]. London: Sage Publications, 1988.

[6] Clogg C C, Petkova E，Shihadeh E S. Statistical methods for analyzing collapsibility in regression models[J]. Journal of Educational Statistics, 1992, 17(1):51-57.

[7] Freedman L S, Arthur S. Sample size for studying intermediate endpoints within intervention trials or observational studies[J]. American Journal of Epidemiology, 1992, 136(9):1148-1159.

7.2.2 信效度检验

(1) 什么是信效度检验

1) 效度检验

问卷效度是指它测量出的特性的有效程度，越高效度表示测验结果越接近检测真实目的。高效度的问卷代表着问卷的正确性和有效性[1]，并能够正确反映答卷者的此项特质。效度有内容效度和结构效度两类，由于内容效度是由专家评价的一种主观指标，所以作者在编制问卷过程中使用的是客观检验法，即结构效度检验法。

问卷效度是指它测量出的特性的有效程度，越高效度表示测验结果越接近检测真实目的。高效度的问卷代表着问卷的正确性和有效性，并能够正确反映答卷者的此项特质。效度有内容效度和结构效度两类，由于内容效度是由专家评价的一种主观指标，所以作者在编制问卷过程中使用的是客观检验法，即结构效度检验法。

2) 信度检验

信度反映了检测工具的可靠性与稳定性，对相同事物进行反复测量且结果越是一致，说明检测工具的信度值越高，检验结果越真实。SPSS采用克隆巴赫系数（Cronbach's α），计算出来的信度数值范围在0~1，数值越大说明信度越高，学术界认为0.8以上的问卷才有调查价值，0.9以上的信度被视为最佳调查问卷。在初测时，如果信度不高需要修改问卷题目，一般情况下 α 数值随题目数量的增加而增加；如果删除部分问题反而使得 α 系数提高，说明剔除的问题与其他题目相关性很少，所以删除这部分问题反而使整一份问卷的总相关性提升了。

信度效度检验其实主要是针对量表题型进行的分析。量表题型就是问题的选项，是分陈述等级进行设置的，比如，用户对手机的喜爱从非常喜欢到不喜欢这个程度的变化。在量表里最出名的就是李克特五级量表，在这种量表的选项里主要分为非常同意、同意、不一定、不同意、非常不同意5种回答，分别记为5、4、3、2、1，每个被调查者的态度总分就是其对各道题的回答所得分数的加总，这一总分可说明他的态度强弱或他在这一量表上的不同状态。

---

[1] 柴辉. 调查问卷设计中信度及效度检验方法研究[J]. 世界科技研究与发展，2010，32（4）：548-550.

（2）如何应用信效度检验

问卷的信度分析是为了考察问卷测量的可靠性，是指测量所得结果的内部一致性程度。本文使用克隆巴赫系数法来检测数据信度是否达标，检测各分量表中被测试者对量表中条目回答内容的一致性。具体在SPSS中的操作步骤见图7-2。

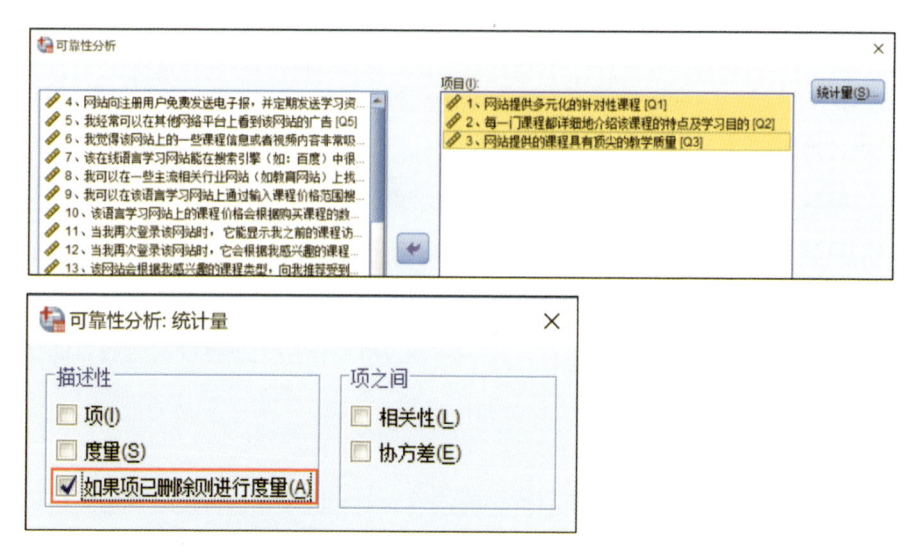

图7-2　SPSS中的操作步骤

按照图7-2进入信度分析界面以后按后两个图进行设置，将所有的量表选入项目中，统计量需要勾选描述性中的第三项。点击确定以后就会出现进行信度分析的结果。

图7-3显示本次对问卷量表进行信度分析以后得到的结果，第一个表是整个问卷的汇总，展示了样本总量以及可能被排除的样本量个数。第二个表就是本次信度检验的重点，可以看到，为了实证数据的准确，采用检测克隆巴赫系数值的方法检测其信度，一共111份样本量数据，信度检验结果也就是整体量表信度值为0.818>0.8，说明本次问卷中量表对于分析目的来说信度较好。最后一个表是项总计统计量表（一般不重点研究），主要是看最后一列项已删除的克隆巴赫系数值，这个值就说明如果本次问卷中我们删除了对应的问卷题目数据，其所对应的值就会是删除题目以后得到的克隆巴赫系数值。

案例处理汇总

案例情况		N	%
案例	有效	111	100.0
	已排除ª	0	0.0
	总计	111	100.0

a 在此程序中基于所有变量的列表方式删除。

可靠性统计量

Cronbach's α	项数
.818	20

项总计统计量

测量项目	项已删除的刻度均值	项已删除的刻度方差	校正的项总计相关性	项已删除的Cronbach's α 值
只在网上买手机	47.69	74.178	.404	.810
两年以上才更换手机	48.59	78.409	.256	.818
只选择同一品牌手机	47.64	75.596	.382	.811
只买全屏手机	48.11	74.479	.419	.809
首选运用速度快的手机	49.12	79.432	.330	.813
更倾向内存大的手机	49.19	81.046	.243	.816
拍照功能重要	48.81	79.918	.234	.818
购买之前会货比三家	49.04	79.617	.325	.813
买手机时看中三包	48.77	78.617	.355	.812
附赠产品会影响我购买	48.23	79.012	.262	.817
只买性价比高的手机	48.83	79.507	.288	.815
只买预算内的手机	49.02	80.754	.235	.817
认为便宜没好货	48.28	75.258	.409	.809
只购买最新款手机	47.62	72.928	.559	.800
只购买外观好看的手机	47.77	72.745	.585	.799
只购买有新功能的手机	47.57	72.157	.650	.796
广告会影响购买手机	48.01	77.918	.342	.813
只购买品牌知名度高的手机	47.42	76.392	.425	.808
朋友推荐是首选	47.74	74.522	.560	.802
只购买周围人使用的手机	47.50	76.034	.426	.803

图7-3 信度分析结果

7.2.3 卡方检验

（1）什么是卡方检验

卡方检验是一种用途很广的计数资料的假设检验方法。它属于非参数检验的范畴，主要是比较两个及两个以上样本率（构成比）以及两个分类变量的关联性分析。其根本思想在于比较理论频数和实际频数的吻合程度或拟合优度问题。

它在分类资料统计推断中的应用包括，两个率或两个构成比比较的卡方检验；多个率或多个构成比比较的卡方检验以及分类资料的相关分析等[1]。

（2）卡方检验分类[2]

1）四格表资料的卡方检验

四格表资料的卡方检验用于进行两个率或两个构成比的比较。若四格表资料四个格子的频数分别为 a、b、c、d，则四格表资料卡方检验的卡方值 $=\dfrac{(ab-bc)^2 \times n}{(a+b)(c+d)(a+c)(b+d)}$，自由度 $v=$（行数-1）（列数-1）。

应用条件要求样本含量应大于40且每个格子中的理论频数不应小于5。当样本含量大于40但理论频数小于5时卡方值需要校正，当样本含量小于40时只能用确切概率法计算概率。

2）行×列表资料的卡方检验

行×列表资料的卡方检验用于多个率或多个构成比的比较。r 行 c 列表资料卡方检验的卡方值 $= n\left[\left(A_{11}/n_1n_1 + A_{12}/n_1n_2 + \ldots + \dfrac{A_{rc}}{n_r n_c}\right) - 1\right]$

应用条件要求每个格子中的理论频数 T 均大于5或 $1<T<5$ 的格子数不超过总格子数的1/5。当有 $T<1$ 或 $1<T<5$ 的格子较多时，可采用并行并列、删行删列、增大样本含量的方法使其符合行×列表资料卡方检验的应用条件。而多个率的两两比较可采用行X列表分割的方法。

3）列联表资料的卡方检验

同一组对象，观察每一个个体对两种分类方法的表现，结果构成双向交叉排列的统计表就是列联表。

$R \times C$ 列联表的卡方检验：用于 $R \times C$ 列联表的相关分析，卡方值的计算和检验过程与行×列表资料的卡方检验相同。

2×2列联表的卡方检验：又称配对记数资料或配对四格表资料的卡方检验，根据卡方值计算公式的不同，可以达到不同的目的。当用一般四格表的卡方检验计算时，卡方值 $=\dfrac{n(ab-bc)^{2n}}{(a+b)(c+d)(a+c)(b+d)}$，此时用于进行配对四格表的相

---

[1] 黄代新，杨庆恩. 卡方检验和精确检验在HWE检验中的应用[J]. 法医学杂志，2004，20（2）：116-119.

[2] 鲁庆云，刘红霞. 关于列联表卡方检验在数学教育研究中的使用方法分析[J]. 统计与决策，2008（2）：156-158.

关分析，如考察两种检验方法的结果有无关系；当卡方值 = $\dfrac{(|b+c|-1)^2}{(b+c)}$ 时，此时卡方检验用来进行四格表的差异检验，如考察两种检验方法的检出率有无差别。

列联表卡方检验应用中的注意事项同 R×C 表的卡方检验相同。

（3）卡方检验适合应用的场景（或适合解决的问题）

适用于四格表应用条件[1]：

1）随机样本数据

两个独立样本比较可以分以下3种情况：所有的理论数 $T \geq 5$ 并且总样本量 $n \geq 40$，用 Pearson 卡方进行检验；如果理论数 $T<5$ 但 $T \geq 1$，且 $n \geq 40$，用连续性校正的卡方进行检验；如果有理论数 $T<1$ 或 $n<40$，则用 Fisher's 检验。

2）卡方检验的理论频数不能太小

R×C 表卡方检验应用条件：首先，R×C 表中理论数小于5的格子不能超过1/5。其次，不能有小于1的理论数。如果实验中有不符合 R×C 表的卡方检验，可以通过增加样本数、列合并来实现。

（4）如何应用卡方检验

提出原假设：

H_0：总体 X 的分布函数 $f(x)$。

如果总体分布为离散型，则假设具体为

H_0：总体 X 的分布律为 $P\{X=x_i\}=p_i$，$i=1, 2, \cdots, n$。

将总体 X 的取值范围分成 k 个互不相交的小区间 $A_1, A_2, A_3, \cdots, A_k$，如可取 $A_1=(a_0, a_1]$，$A_2=(a_1, a_2]$，...，$A_k=(a_k-1, a_k)$，其中 a_0 可取 $-\infty$，a_k 可取 $+\infty$，区间的划分视具体情况而定，但要使每个小区间所含的样本值个数不小于5，而区间个数 k 不要太大也不要太小。

把落入第 i 个小区间的 A_i 的样本值的个数记作 f_i，成为组频数（真实值），所有组频数之和 $f_1+f_2+\cdots+f_k$ 等于样本容量 n。

当 H_0 为真时，根据所假设的总体理论分布，可算出总体 X 的值落入第 i 个

---

[1] 范晓玲. 教育统计学与 SPSS[M]. 长沙：湖南师范大学出版社，2005.

小区间A_i的概率p_i，于是，np_i就是落入第i个小区间A_i的样本值的理论频数（理论值）。

当H_0为真时，n次试验中样本值落入第i个小区间A_i的频率f_i/n与概率p_i应很接近，当H_0不真时，则f_i/n与p_i相差很大。基于这种思想，皮尔逊（Pearson）引进如下检验统计量$x^2 = \sum_{i=1}^{k} \frac{(f_i - np_i)^2}{np_i}$ ❶，在H_0假设成立的情况下服从自由度为$k-1$的卡方分布。

7.2.4 态度量表法

（1）什么是态度量表法

态度量表法也可称自我报告测量（Self-report Measures），它是以态度问卷中一些社会事件的陈述作为刺激，引起被试的态度反应，然后依据其回答反应，给予分数或等级的评定，以确定其态度的状况，是用来测定测量人们心理活动的度量工具，可将所要调查的定性资料进行量化。

例如，消费者在市场上选购什么商品，不选购什么商品，不是随意决定的，而是在内心里有一定的尺度，这种尺度在心理学中称为量表。运用量表调查测量消费者对商品的需求心理评价尺度，便是态度量表法。❷

态度量表法作为对人们心理行为的分析手段，在心理学、社会学领域得到了广泛的运用，在市场调查中也得到了一定的重视。

（2）态度量表法分类

通用的有以下3种量表：瑟斯顿等距量表、李克特量表和语义分化量表。

1）瑟斯顿量表（Thurstone Scales）❸

即等距量表（Equal Interval Scales），是瑟斯顿为构造品质态度测量方法而设计的一项技术，即从单一的维度测量态度。它由在测量态度的尺度上间隔相等地排列的一组题目组成。实施时，受试者就量表各项目表示赞同或不赞同，将每个受试者赞同的量表项目依分数高低进行排列，选择居中的项目分数

---

❶ 陆运清. 用Pearson's卡方统计量进行统计检验时应注意的问题[J]. 统计与决策, 2009（15）: 32-33.

❷ 韩笑，杜先利. 基于五级态度量表生态旅游景区游客满意度研究——以滕州微山湖红荷湿地公园为例[J]. 安徽农业科学, 2011, 39（32）: 19945-19947.

❸ 张志英."态度"的度量方法研究[J]. 青年研究, 2000（12）: 38-41.

为该受试者有态度分数。

该量表的编制步骤为：

第1步，搜集与所研究的态度主题有关的广泛的观点和见解，并按照从最消极到最积极的等级排列。

第2步，通过大量的判断把这些观点分到11个等级中去，这些等级是按对态度主题从最消极到最积极的次序排列的。

第3步，计算各条观点在11个等级中的次数分配。根据累计次数百分比图，决定每一项目的中位数与四分位数（Q值）。Q值大的陈述句由于其意义不明确而被删除。对剩下的观点进行内部一致性项目分析，把不一致的陈述句作为离题的项目删除。

第4步，从剩下的一致性高的、意义明确的观点中选择Q值小的观点构成量表，它们的量表值（评分中位数）是从1~11排列的。

2）李克特量表（Likert Scale）[1]

即总加量表（Summated Rating Scales），由一组与测量问题有关的陈述语和记有等级分数的答案组成，并以总分作为评价依据，主要用于测量态度等主观指标强弱程度的社会测量表。它由一组句子所构成，这组句子是从围绕所要测量的问题搜集到的众多句子中，采用项目分析方法筛选出辨别力较强的句子组成。根据被调查者对这组句子的各项回答，使用总和计分方式，以判明其态度的强弱。

该量表的编制过程较为简单，编制者首先收集或编写关于某一问题或事物的一系列态度表述语，每句态度表述语之后附有5个等级选项，这5个等级的分数最高为5分，最低为1分。将这样的问卷发给一些被试填答，之后计算每个被试所得总分以及在每一态度表述语上的得分，根据这些分数进行态度表述语的筛选，以确定用于正式量表中的语句。被试填答完后，将其每句得分加在一起即为测量所得分数。

3）语义分化量表（Semantic Differential Scales）[2]

由奥斯古德（C. E. Osgood）和苏西（G. J. Suci）于1957年创制。奥斯古德和苏西根据语义分化的测量，使用因素分析法分析出各种概念或事物对人

---

[1] 亓莱滨. 李克特量表的统计学分析与模糊综合评判[J]. 山东科学，2006，19（2）：18-23，28.

[2] 钟建军，董云波，李永杰. 两极九点式文化价值观语义分化量表编制及测量指标[J]. 内蒙古师范大学学报（自然科学汉文版），2018，47（6）：527-532.

们产生影响的3个维度，即评价维度、潜能维度和活动维度。

实际测量时，研究者要求被试在1个七点尺度上评断自己对某事物的看法。七点尺度的两端是成对的形容词，尺度上的每一点均有相应的分数，被试只需根据自己的看法在尺度上选择出能够代表或表明自己这种看法的那一点，圈画标记即可。研究者将被试圈画的那一点上的对应分数加在一起，即得到被试态度测量的得分。对被试得分的解释方法类似于总加量表中运用的方法，即要参照量表容纳的所有尺度的分数总和情况。

7.2.5 语义差异量表法

（1）什么是语义分化量表法

语义差异量表法是通过语义分析研究事物的意义的一种方法，可以用来了解用户对事物态度的一种工具，区分衡量概念及其意义的态度测量技术（图7-4）。语义差异量表是根据用户的语义联觉和语义联想建立起来的，研究某一事物或概念的意义，可用于评价、测量用户对事物概念的内涵、意义的主观评价，通过语义量尺的编排，由一个极端到另一个极端，两个极端之间被分为多个量度，最中间的量度代表中性意义。[1]

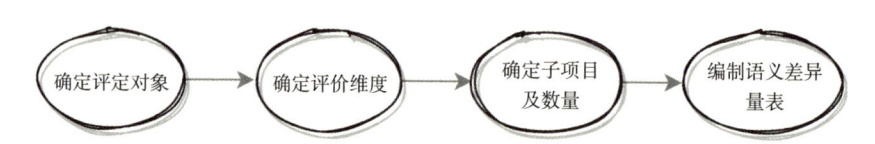

图7-4　语义差异量表

语义差异量表法的基础是根据用户行为对事件本身意义决定的，大多数情况下用户使用语义词来描述事物的特征和主观观点，对于用户认知行为的任何概念的意义都是多元性的，由多成分构成。

语义差异量表要求用户在若干个等级的语义量表上对某一事物或概念进行评价，以了解对该事物或概念在评价维度上的意义和强度。语义量表的等级序列的两个端点通常是意义相反的形容词，如诚实与不诚实、强与弱或重要与不重要。

语义差异量表法研究对象主要包括，具体的事物、特定的人或物以及抽象

---

[1] 陈桃林，王晓刚，蒋灿，等. 孤独与独处的语义分析[J]. 中国临床康复，2006（38）：145-146.

的事物或概念，如宗教或联招制度等。在研究中，可能要选择多个研究对象，通过用户对它们的主观评价进行比较，可以用于几个同类事物或设计方案进行筛选，客观地体现用户需求。

（2）语义差异量表法研究维度

对语义差异量表法中所使用的意义描述进行统计，总结量表中所使用概念的3个维度，分别为性质（Evaluation）、力量（Potency）和行动（Activity）。

性质，泛指对某种事物的价值予以评定的历程。正面的意义有好、美、有益、和平以及成功等；负面的意义有坏、丑、无助、战争以及失败等。

力量，指将来有机会学习或接受训练时可能达到的程度。正面的意义有强、大、硬、重和勇猛等；负面的意义有弱、小、软、轻以及懦弱等。

行动，指个体对于各种活动的参与性。正面的意义有主动、积极、活泼、兴奋等；负面的意义有被动、消极、呆板和迟钝等。

（3）如何应用语义差异量表法

语义分析量表法由于评价功能的多样性，被广泛地用于市场研究，比较不同品牌商品，品牌的形象、促销战略和新产品开发计划等。在用户研究中，通过语义差异量表法可以进行用户认知、情感体验、情感分类或需求的量化分析。

语义差异量表法可以用在设计应用中较为成熟的场景，如商品评价，可以用来探究优化产品设计和功能更新迭代。通过用户的评价语义情感倾向，可以统计出设计各个阶段的用户情感体验指数，从而明确如何改进设计问题。语义差异量表法可以采用基于词典的传统方法，也可以采用基于人工智能的方法。

语义差异量表法要求用户必须明确地选择适当的等级选项，选项的设计与用户对不同等级的语义理解会存在或大或小的认知差异，并且由于用户对同等级的赋值具有明显的主观性，这种量化方式在很多情况下因调查者赋值与用户赋值不一致，产生不同的效果，可能会导致在实际应用中出现调查结果错误。

（4）语义差异量表法的具体步骤

1）确定评定对象

根据研究具体的目的，选择将要被评价的事物或概念。被评价的内容可以是具体的事物或概念，也可以是抽象的事物或概念。具体选用哪些概念或事物，视具体的研究目的而定。确定评析对象的标准，是否符合研究的目的与研究要求；用户对概念的熟识程度；用户能否对概念产生有效的反应。

2）确定评价维度

语义差异量表在确定其评价维度时一般是选用性质、力量和活动3个因素，要求被评价的事物或概念可以允许用户从语义空间的上述3个方面对其进行评价。在实际研究中，当被评价的对象较多时，要同时顾及上述3个方面有时是困难的，因而有的研究者仅仅采用单一的评价维度，但一般而言，以尽可能同时采用上述3个维度为好。

3）选择子项目及数量

确定了3个或其中1个或2个评价维度以后，需要决定在每个维度上选择具体评价的子项目及数量。如在性质维度上可选好与坏、善与恶或喜欢与憎恶等，选择子项目通常视被评价的特定事物或概念而定，选择数量通常为3个或3个以上为宜。

4）编制语义差异量表

语义差异量表可以为5点等级量表或7点等级量表不等。编制时需将意义相反的形容词列于等级序列的两边，中间留出代表5个或7个等级的线段供用户选择，不要在各具体评价的子项目上将性质方向相同的形容词都放在同一边，以防产生心理反应效应，影响研究结果，见图7-5。

确定评定对象 → 确定评价维度 → 选择子项目及数量 → 编制语义差异量表

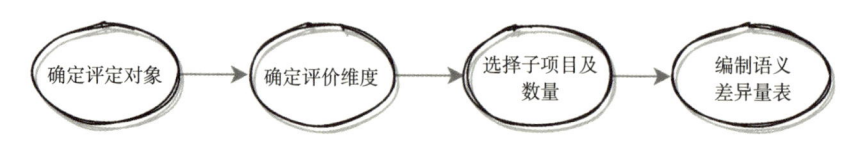

图7-5 编制语义分析量表的具体步骤

7.2.6 李克特量表

（1）什么是李克特量表

李克特量表又称总加量表，是用户心理测验等领域中最常使用的一种态度量表形式。量表由一组陈述组成，每一陈述有"非常同意""同意""不一定""不同意""非常不同意"5种回答，分别记为5、4、3、2、1，每个被调查者的态度总分就是对各道题的回答所得分数的总和，这一总分可说明态度强弱或在这一量表上的不同状态。

常见的李克特量表为五级量表（图7-6），即5个答项，还有四级量表、七级量表（图7-7）或九级量表等。许多计量心理学者主张使用七级量表或九级量表。五级量表、七级量表或九级量表等，在简单的数据转换后，其平均数、变异数、偏态和峰度都很相似。

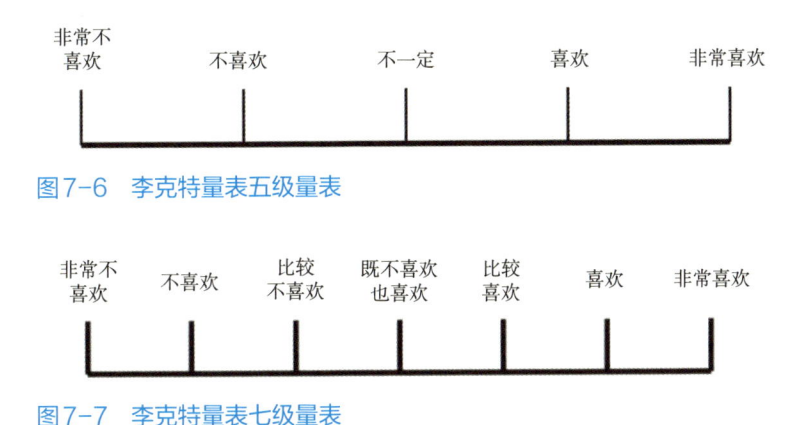

```
非常不喜欢 —— 不喜欢 —— 不一定 —— 喜欢 —— 非常喜欢
```

图7-6 李克特量表五级量表

```
非常不喜欢 —— 不喜欢 —— 比较不喜欢 —— 既不喜欢也喜欢 —— 比较喜欢 —— 喜欢 —— 非常喜欢
```

图7-7 李克特量表七级量表

（2）如何应用李克特量表

李克特量表可以用于深入挖掘用户对某一主题的看法，如了解用户对产品的满意度情况，了解某用户心理状态和影响因素，或者衡量特定事物情绪或其他问题等。

李克特量表最常出现在调查问卷中，对收集到的内容要进行理性分析，对用户指标进行量化。通过李克特量表法可以对用户的具体行为进行量化，用来分析用户的认知需求、情感体验、事物的符号象征或认知语义等方面，进行用户体验或可用性分析[1]，了解到用户对态度有关的满意度调查，常用于设计调研或设计迭代阶段。

李克特量表法操作性强度高，适用范围和使用领域极广，每一个等级都有一个明确的分值，可以测量一些其他量表所不能测量的一些多维度的复杂概念或者需要表达态度的一些问项。

---

[1] 廖诗奇，沈杰. 基于心流理论的家庭智能健身心流体验要素分析[J]. 包装工程，2022，43（14）：139-145.

1）李克特量表设计流程

第1步，收集大量与测量的概念相关的陈述语句。

第2步，研究人员根据测量的概念将每个测量的项目划分为有利或不利两类，一般测量的项目中有利的或不利的项目都应有一定的数量。

第3步，选出部分被试对全部项目进行预先测试，要求被试指出每个项目是有利的或不利的，并在下面的方向—强度描述语中进行选择，一般采用所谓"五点"量表：a.非常同意，b.同意，c.无所谓（不确定），d.不同意，e.非常不同意。

第4步，对每个回答给一个分数，如从非常同意到非常不同意的有利项目分别为5、4、3、2、1分，对不利项目的分数就为1、2、3、4、5分。

第5步，根据调查者的各个项目的分数计算代数和，得到个人态度总得分，并依据总分多少将被试划分为高分组和低分组。

第6步，选出若干条在高分组和低分组之间有较大区分能力的项目，构成一个李克特量表。如可以计算每个项目在高分组和低分组中的平均得分，选择那些在高分组平均得分较高并且在低分组平均得分较低的项目。

2）常用分析方法

除了常规的频数分析、计算平均值等，李克特量表也适用于更多更专业的分析方法，如量表可靠性的有效性分析、信度分析和效度分析；差异关系的方差分析或t检验；影响关系的相关分析或回归分析；其他关系的聚类分析或因子分析等。

李克特量表法，在调查研究中容易设计，使用范围广，可以用来测量其他一些量表所不能测量的多维度的复杂概念或态度，李克特量表法比同样长度的量表具有更高的信度，李克特量表法的答案形式使调查者能够很方便地选择自己的情感或体验需求。

李克特量表法，在相同的态度调查者中具有十分不同的态度形态。李克特量表是一个选项总加得分代表用户个体的赞成程度，只能够大致地区分用户个体间谁的态度高，谁的低，无法进一步描述态度结构差异。

7.2.7　网络计量学

网络计量学研究的应用与发展始于20世纪90年代中期，随着计算机网络技术的迅猛发展和网络信息资源的激增，使传统的文献计量学（Bibliometrics）、科学计量学（Scientometrics）、信息计量学（Informetrics）已无法适应网络信息的测度和计量，这就促成了一种新型的网络信息计量工具的应运而生，即网络计量学的诞生。❶

（1）什么是网络计量学

1997年T.C.阿曼德（Almind T C）首次提出了"网络计量学"的概念。❷ 阿曼德认为，网络计量学包括了所有使用情报计量和其他计量方法对网络通信有关问题的研究。"情报计量方法所使用的手段完全可以应用到万维网上，只不过是将万维网看作引文网络，传统的引文由Web页面所取代。"将传统文献计量方法使用在Web分析上，通常可统计诸如语言、单词、词汇、频次、作者特征、作者合作的能力和程度，还有对作者的引文分析，学科或数据库增长的测量，新概念、新定义的增长、信息的测量、信息措施的形式与特征。

网络计量学是指在电子网络环境中，运用文献计量学、科学计量学、信息计量学的方法，对网上各种信息的组织、存储、分布、传递、相互引证及其功能和开发利用等做出定量描述并进行统计分析和研究，以揭示其数量特征和内在规律的一门新兴分支学科。通过对网上信息的计量研究，为网上信息的有序化组织和合理分布、为网络信息资源的优化配置和有效利用、为网络管理的规范化和科学化提供必要的定量依据，以改善网络的组织管理和信息管理，提高其管理水平。❸

因此，网络计量学作为一门新兴学科，顺应了网络信息时代的需求，对某一方向的发展趋势可进行全面统计，具有广阔的前景；它在对网络的信息数据进行科学统计、分析的过程中大量使用了概率论与统计学，计量方便、操作简单、结果准确，从而揭示了网络文献及信息资源的新规律；与传统手工检索工具相比，网络检索系统有着不可比拟的优越性，为其方便快捷的检索途径和情报服务提供了更为广泛的实际应用。

---

❶ 邱均平，张洋. 网络信息计量学综述[J]. 高校图书馆工作，2005, 25（1）: 1-12.

❷ Almind T C, Ingwersen P. Informetric analyses on the world wide web: methodological approaches to "webometrics"[J]. Journal of documentation, 1997, 53(4): 404-426.

❸ 马建华. 网络计量学研究进展[J]. 中国图书馆学报，2003（1）: 77-80.

（2）网络计量学分类

作为全球信息网络，互联网提供站点、主页、电子邮件、讨论新闻组等媒介和内容，都将成为网络计量学的主要研究对象。它适用于网络文献检索研究、文献著者研究、引文分析、站点评价、搜索引擎研究、信息资源建设以及网络信息优化处理等，归纳起来主要涉及3个层次。

1）网络信息的直接计量

互联网的不断发展使人们一改传统的通过人工对文字、声音、图像等文本的注解后再进行的检索，人们不断发展的对情报需求的心理特点要求对网上各种信息进行直接准确的检索。这就要求研究者：首先，建立容量足够大的多媒体信息数据库以完整保存信息。其次，以图像为例，构建各种特征索引数据库，将颜色、纹理、形状等视觉特征内容通过绘制直方图、共生矩阵及轮廓线等数据模型进行量化；对声音的各种属性特征进行赋值，在检索时通过赋值检索或示例匹配方式，将其特征值限制在一定的相似范围内或通过选择示例声音进行匹配，从而得到精确结果。另外，也可选择具有声音服务的E-mail等网站进行单项统计，利用层次分析法将用户对声音的主观评价转化为对声音服务的要求的客观反映，以指导网站建设。

2）网络文献、文献信息及相关特征信息的计量

网络计算学虽然包括了许多计量内容，但其理论是在文献计量学的基础上发展起来的，因此网络文献既保留了传统文献的特征研究，又具有其独特的新概念、新指标和新规律，例如，对作者分布规律的研究、对文献分散规律的研究、对文献增长规律的研究、对文献老化规律的研究，以及对文献引文分析的研究等，诸如此类对这些规律的理论解释和数学模型的研究。

3）网络结构单元（站点）的信息计量

网站作为网络时代的"知识地图"成为网络计量学家所关注的问题，不仅网络文献保持着聚类关系，网站之间也有着独特的引用关系。网络文献之间不仅是参考文献的标注方式，更多的是使用了超级链接的方式；不仅是参考文献的条目，还有可能是通过点击得到引用文献的全文。网络计量学研究的正是万维网（引文网）中的Web网页（引文）之间的引用关系，同被引与引文耦合仍然可以用于揭示站点之间的相关性。而网络的动态性、高时效性也可成为研究得更有效的计量指标。

(3) 网络计量学研究的方法

网络计量学是网络技术、信息技术和文献计量学的有机结合，随着近年来互联网的迅猛发展，对网络计量学的研究大致可分为4种。

1) 运用统计方法对数据进行统计分析

网络计量学使用概率论与统计学对网络中的数据进行科学分析，得出网络本身所适用的数学模型，从而揭示网络文献及信息资源的新规律。通过对网站和服务器的数量、网络用户特征以及网络发展的增长率指标进行统计分析。[1]

2) 运用图论的方法对数据进行可视化研究

就是运用网络绘图和信息技术来研究网页超级链接的拓扑结构，直观反映网页间的链接关系。人们将图论方法和传统及新的研究方法综合应用，并扩充和确认了这种方法的研究和应用。[2]

3) 运用提示数据聚簇和分散的工具进行数据挖掘研究

与统计方法相比，数据挖掘可用于对一个站点上的各种特征进行深度研究，包括站点的交通测度以及各个国家的IP地址的分配。数据挖掘在文献和引文数据库中所应用的方法之一聚类分析技术，在网络环境下也同样适用。

4) 运用解释和模拟网络结构和增长理论工具进行模拟研究

这种方法就是通过构建网络结构的模型来研究网络，诸如网络的相互链接及拓扑结构。主要用于研究各个国家的域的等级——频次分布、网页之间和网页内部、外部的超级链接[3]。

7.3 用户研究中的分析方法

7.3.1 回归分析

(1) 什么是回归分析

在统计学中，回归分析（Regression Analysis）是确定两种或两种以上变量间相互依赖的定量关系的一种统计分析方法。在大数据分析中，回归分析是

---

[1] 李长忠，李东洋，齐源. 网络计量学的研究对象与方法[J]. 情报科学，2002，20（1）：66-67，73.
[2] 龚立群，高琳. 图论方法在网络计量学中的应用研究[J]. 情报杂志，2005，24（2）：65-67.
[3] 郑家杰. 网络计量学研究的应用与发展[J]. 情报探索，2005（4）：8-11.

一种预测性的建模技术,它研究的是因变量(目标)和自变量(预测器)之间的关系。这种技术通常用于预测分析时间序列模型以及发现变量之间的因果关系。例如,司机的鲁莽驾驶与道路交通事故数量之间的关系,最好的研究方法就是回归分析。

回归分析按照涉及的变量的多少,可分为一元回归分析和多元回归分析;按照因变量的多少,可分为简单回归分析和多重回归分析;按照自变量和因变量之间的关系类型,可分为线性回归分析和非线性回归分析[1]。

(2)回归分析分类

1)线性回归(Linear Regression)

通常是人们学习预测模型时首选的技术之一。在这种技术中,因变量是连续的,自变量可以是连续的也可以是离散的,回归的性质是线性的。

线性回归使用最佳的拟合直线(也就是回归线)在因变量(Y)和一个或多个自变量(X)之间建立一种关系,即

$$Y = a + b \times X + e$$

其中,a 表示截距,b 表示直线的斜率,e 是误差项。

2)逻辑回归(Logistic Regression)

逻辑回归是用来计算"事件=Success"和"事件=Failure"概率的。当因变量的类型属于二元(1 / 0,真/假,是/否)变量时,应该使用逻辑回归,即

odds= $p/(1-p)$ = probability of event occurrence / probability of not event occurrence

$$\ln(odds) = \ln[(p/(1-p))]$$

logit (p) = ln $[(p/(1-p))]$ = $b_0 + b_1 \times 1 + b_2 \times 2 + b_3 \times 3 + \cdots + b_k \times k$

3)多项式回归(Polynomial Regression)

如果自变量的指数大于1,那么它就是多项式回归方程,即

$$y = a + b \times X^2$$

4)逐步回归(Stepwise Regression)

在处理多个自变量时,可以使用这种形式的回归。在这种技术中,自变量的选择是在一个自动的过程中完成的,其中包括非人为操作。

---

[1] 谢宇. 回归分析[M]. 北京:社会科学文献出版社,2010.

5）岭回归（Ridge Regression）

岭回归是一种用于分析存在多重共线性（自变量高度相关）数据的技术。即

$$L_2 = \text{argmin} \|y - x\beta\| + \lambda \|\beta\|$$

6）套索回归（Lasso Regression）

Lasso（Least Absolute Shrinkage and Selection Operator）类似于岭回归，也会就回归系数向量给出惩罚值项。此外，它能够减少变化程度并提高线性回归模型的精度，即

$$L_1 = \text{agrmin} \|y - x\beta\| + \lambda \|\beta\|$$

7）回归（ElasticNet）

ElasticNet是Lasso和Ridge回归技术的混合体。它使用L_1来训练并且L_2优先作为正则化矩阵。当有多个相关的特征时，ElasticNet是很有用的，Lasso会随机挑选它们其中的一个，而ElasticNet则会选择两个。

（3）如何应用回归分析

一般来说，回归分析通过规定因变量和自变量来确定变量之间的因果关系，建立回归模型，并根据实测数据求解模型的各个参数，然后评价回归模型是否能够很好地拟合实测数据；如果能够很好地拟合，则可以根据自变量做进一步预测。

例如，研究质量和用户满意度之间的因果关系时，从实践意义上讲，产品质量会影响用户的满意情况，因此设用户满意度为因变量，记为Y；质量为自变量，记为X。通常可以建立下面的线性关系：

$$Y = A + BX + \S$$

式中：A和B为待定参数；A为回归直线的截距；B为回归直线的斜率，表示X变化一个单位时，Y的平均变化情况；$\S$为依赖于用户满意度的随机误差项。

7.3.2 方差分析

（1）什么是方差分析

方差分析（Analysis of Variance），又称变异数分析或F检验，是一种假设检验，用于两个及两个以上样本均数差别的显著性检验[1]，通过分析研究不同来源地变异对总变异贡献的大小，确定可控因素对研究结果影响力的大小。方

---

[1] 邹祎. SPSS软件单因素方差分析的应用[J]. 价值工程，2016，35（34）：219-222.

差分析通常用来检验一个或多个变量对其他变量的影响作用，是主要用于检验各类因素间平均数是否相等的统计模式。方差分析通常可分为单因素方差分析与多因素方差分析。

1）单因素方差分析

单因素方差分析研究一个控制变量的不同水平是否对观测变量产生了显著影响。由于仅研究单个因素对观测变量的影响，因此被称为单因素方差分析。[1]

单因素方差分析的基本步骤：首先，提出原假设；其次，选择检验统计量；再次，计算检验统计量的观测值和概率P值；最后，给定显著性水平，并作出决策。单因素方差分析的进一步分析主要包括方差齐性检验和多重比较检验。

①方差齐性检验

方差齐性检验是对控制变量不同水平下各观测变量总体方差是否相等进行检验。SPSS单因素方差分析中，方差齐性检验采用了方差同质性（Homogeneity of Variance）检验方法，其原假设是各水平下观测变量总体的方差无显著差异。

②多重比较检验

多重比较检验是利用全部观测变量值，实现对各个水平下观测变量总体均值的逐对比较。单因素方差分析的基本分析只能判断控制变量是否对观测变量产生了显著影响。如果控制变量确实对观测变量产生了显著影响，还应进一步确定控制变量的不同水平对观测变量的影响程度如何。

2）多因素方差分析

多因素方差分析用来研究两个及两个以上控制变量是否对观测变量产生显著影响。多因素方差分析不仅能够分析多个因素对观测变量的独立影响，更能够分析多个控制因素的交互作用能否对观测变量的分布产生显著影响，最终找到利于观测变量的最优组合。[2]

多因素方差分析的其他功能，如均值检验，是指在SPSS中利用多因素方差分析功能对各控制变量不同水平下观测变量的均值是否存在显著差异进行比较，实现方式有两种，即多重比较检验和对比检验。

---

[1] 赵云. SPSS方差分析在城镇居民消费结构中的实证研究[J]. 中国商论，2022（16）：1-5.
[2] 曹高辉，刘畅，任卫强. 移动应用情境差异化视角下中老年用户隐私关注影响因素研究[J]. 信息资源管理学报，2021, 11（6）：27-39.

多因素方差分析与单因素方差分析类似。对比检验采用的是单样本 t 检验的方法，它将控制变量不同水平下的观测变量值看作来自不同总体的样本，并依次检验这些总体的均值是否与某个指定的检验值存在显著差异。其中，检验值可以指定为以下几种：观测变量的均值（Deviation）；第一水平或最后一个水平上观测变量的均值（Simple）；前一水平上观测变量的均值（Difference）；后一水平上观测变量的均值（Helmert）。

3）协方差分析

协方差分析将人为很难控制的控制因素作为协变量，并在排除协变量对观测变量影响的条件下，分析控制变量对观测变量的作用，从而更加准确地对控制因素进行评价。[1]

协方差分析仍然沿承方差分析的基本思想，并在分析观测变量变差时，考虑了协变量的影响（人为观测变量的变动受4个方面的影响，即控制变量的独立作用、控制变量的交互作用、协变量的作用和随机因素的作用），并在扣除协变量的影响后，再分析控制变量的影响。

（2）如何应用方差分析

方差分析常用于对问卷调查数据的分析，可以用来分析调查数据的信度效度、样本特征、用户行为规范满意度之间的关系，研究用户行为的一致性。

在对问卷样本数据分析时，首先进行信度、效度检验，然后通过回归分析和中介效应检验假设，再进行方差分析，从而揭示各个因素是如何影响用户决策的，最后得出实证分析结果。

研究中经常使用SPSS软件对调查结果进行方差分析，找出样本属性或满意度之间的关系，如分析不同性别、年龄和职业的用户对满意度是否存在差异，差异是否显著，通常认为 P 小于0.05时存在显著差异。

方差分析主要用途体现在：均数差别的显著性检验、分离各有关因素并估计其对总变异的作用、分析因素间的交互作用和方差齐性检验。在科学实验中常常需要探讨不同实验条件或处理方法对实验结果的影响。通常是比较不同实验条件下样本均值间的差异，通过数据分析找出对该事物有显著影响的因素、各因素之间的交互作用，以及显著影响因素的最佳水平等。

---

[1] 严建援，李扬，冯淼，等. 用户问答与在线评论对消费者产品态度的交互影响[J]. 管理科学，2020，33（2）：102-113.

1）方差分析的假定条件

首先，各处理条件下的样本是随机的；其次，各处理条件下的样本是相互独立的，否则可能出现无法解析的输出结果；再次，各处理条件下的样本分布必须为正态分布，否则使用非参数分析；最后，各处理条件下的样本方差相同，即具有齐效性。

2）检验构造方法

①最小显著性差异法

最小显著性差异（Least Significant Difference，LSD）法的字面就体现了其检验敏感性高的特点，即水平间的均值只要存在一定程度的微小差异就可能被检验出来。其适用于各总体方差相等的情况，但并没有对犯一类错误的概率问题加以有效控制。[1]

②S-N-K方法

S-N-K方法是一种有效划分相似性子集的方法。该方法适用于各水平观测值个数相等的情况。

③其他检验

先验对比检验：在多重比较检验中，如果发现某些水平与另外一些水平的均值差距显著，如有5个水平，其中x_1、x_2、x_3与x_4、x_5的均值有显著差异，就可以进一步分析比较这两组总的均值是否存在显著差异，即$1/3（x_1+x_2+x_3）$与$1/2（x_4+x_5）$是否有显著差异。通过先验对比检验能够更精确地掌握各水平间或各相似性子集间均值的差异程度。

趋势检验：当控制变量为定序变量时，趋势检验能够分析随着控制变量水平的变化观测变量值变化的总体趋势，是呈现线性变化，还是呈2次、3次等多项式变化。通过趋势检验，能够帮助人们从另一个角度把握控制变量不同水平对观测变量总体作用的程度。

7.3.3 因子分析

（1）什么是因子分析

因子分析（Factor Analysis）作为分析观察的基础，必须选取足够多的变

---

[1] 方年丽，吕健，金昱潼，等. 基于用户满意度的图标动态形式设计[J]. 计算机系统应用，2021，30（1）：19-28.

量，是用于描述观察相关变量之间存在的变异性的统计学方法[1]，主要用来描述隐藏在一组测量到的变量中的一些更基本的但又无法直接测量到的隐性变量。

（2）因子分析的方法

因子分析是两种分析形式的统一体，即探索性因子分析（Exploratory Factor Analysis）和验证性因子分析（Confirmatory Factor Analysis），两者是结构方程模型的特殊形式。[2]

1）探索性因子分析

探索性因子分析（Exploratory Factor Analysis，EFA）属于定性分析方法，一般与定性分析方法以及问卷调查法合并使用。首先，通过文献研究、德尔菲法（专家咨询法）和扎根理论等定性分析方法得到量表；其次，通过设计问卷调查得到样本数据；最后，通过探索性因子分析得到各观测指标的权重与公共因子。但其得到的指标权重不够准确且提取的公共因子缺乏重复验证性，还需进一步验证指标权重与所提取因子的准确性与科学性[3]，见图7-8。

探索性因子分析主要应用于顾客满意度调查、服务质量调查、个性测试、形象调查、市场划分识别和用户行为分类。

探索性因子分析的具体步骤：

第1步，辨认和收集观测变量。

第2步，获得协方差矩阵。

第3步，验证将用于探索性因子分析的协方差矩阵、显著性水平、反协方差矩阵、巴特利特（Bartlett）球型测验、反图像协方差矩阵和KMO测度。

第4步，选择提取因子法，如主成分分析法或主因子分析法。

第5步，发现因素和因素载荷。

第6步，确定提取因子的个数。

第7步，解释提取的因子。

探索性因子分析既是其他因子分析工具的基础，如计算因子得分的回归分析，也便于其他工具结合使用，如验证性因子分析。但它假定所有因子旋转后

---

[1] 张爱莉，杨欣蕾，杨昌鸣. 基于用户感性需求的数据线收纳产品设计[J]. 包装工程，2022，43（8）：190-195.

[2] 李学娟，陈希镇. 结构方程模型下的因子分析[J]. 科学技术与工程，2010，10（23）：5708-5711，5727.

[3] 王松涛. 探索性因子分析与验证性因子分析比较研究[J]. 兰州学刊，2006（5）：155-156.

都会影响测度项。探索性因子分析假定测度项残差之间是相互独立的，其强制所有的因子为独立，具有一定局限性。

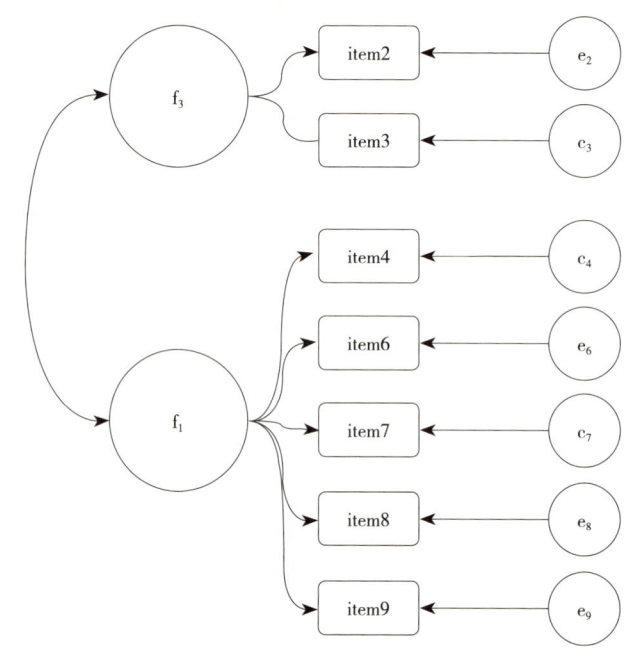

图7-8　探索性因子分析模型[1]

2）验证性因子分析

验证性因子分析（Confirmatory Factor Analysis）是一种对社会调查数据进行的统计分析，是将变量和对应的题项带入制作的测量模型，然后进行数据拟合度检验以判断模型模拟质量。[2] 验证性因子分析往往通过结构方程建模来测试。验证性因子分析为实际数据与假设数据模型间的拟合度提供了科学的检验方法，通过再次拟合数据能够得到更为精确的指标权重，见图7-9。

验证性因子分析的具体步骤：进行测度模型及包括因子之间关系的结构方程建模并拟合，如统计软件LISREL、AMOS、EQS、MPLUS等；采用估计方法，如极大似然估计进行模型拟合；根据拟合的结果，测度模型可能需要调整，抛弃质量差的测度项，再拟合，直到模型的拟合度可以接受为止。

---

[1] 王晓楠，江莹，康晓凤，等. 健康合作者量表汉化及在慢性心力衰竭患者中的信效度检验研究[J]. 中国全科医学，2022，25（4）：497-504.
[2] 赵铁牛，王泓午，刘桂芬. 验证性因子分析及应用[J]. 中国卫生统计，2010，27（6）：608-609.

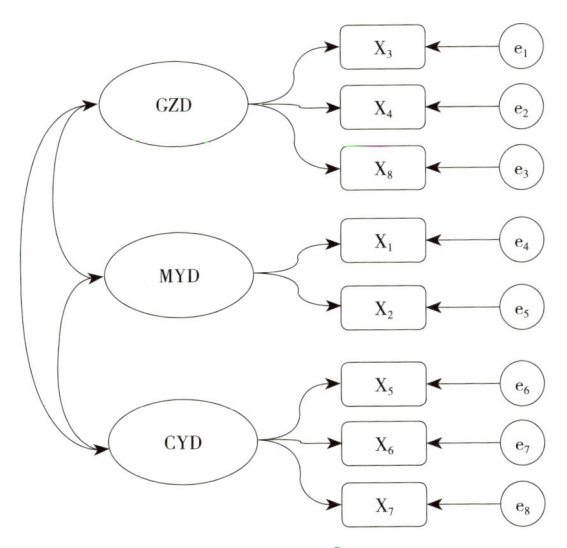

图7-9 验证性因子分析模型[1]

（3）如何应用因子分析

因子分析主要应用在市场调研中，包括用户或消费者习惯和态度研究、品牌形象和特性研究、服务质量调查、个性测试、形象调查、市场划分识别，以及顾客、产品和行为分类等。在实际应用中，通过因子分析可以得出不同因子的重要性指标，可根据这些指标的重要性决定首先要解决的市场问题或产品问题。

因子分析的具体步骤共分为5个阶段，见图7-10。

第一阶段，数据准备，数据要求是量表题或定量数据；第二阶段，设置选项开始分析，包括设置因子个数、因子得分和综合得分；第三阶段，解释结果，包括数据是否适合因子分析，提取因子个数和因子与题目对应关系；第四阶段，结果调整，对不合理题项进行删除；第五阶段，因子命名，结合专业理论及因子下对应的题目进行命名。

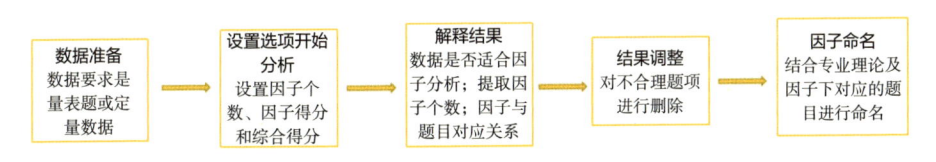

图7-10 因子分析的具体步骤

---

[1] 苗丹民，王京生，肖玮，等.飞行学员情绪稳定性评定效标的验证性因子分析模型比较[J]. 航天医学与医学工程，2004，17（2）：103-106.

7.3.4 内容分析

(1) 什么是内容分析

内容分析（Content Analysis）是一种对研究对象的内容进行深入分析，透过现象看本质的科学方法。美国传播学家伯纳德·贝雷尔森（Bernard Berelson）首先把它定义为一种客观地、系统地、定量地描述交流的明显内容的研究方法。[1]

(2) 内容分析法分类

1) 解读式内容分析（Hermeneutic Content Analysis）

解读式内容分析强调真实、客观、全面地反映文本内容的本来意义，具有一定的深度，适用于以描述事实为目的的个案研究。但因其解读过程中不可避免的主观性和研究对象的单一性，其分析结果往往被认为是随机的、难以证实的，因而缺乏普遍性。[2]

2) 实验式内容分析（Empirical Content Analysis）

实验式内容分析主要指定量内容分析和定性内容分析相结合的方法。定性定量相结合的内容分析应具备以下几个要点：其一，对问题有必要的认识基础和理论推导；其二，客观地选择样本并进行复核；其三，在整理资料过程中发展一个可靠而有效的分类体系；其四，定量地分析实验数据，并做出正确的理解。[3]

3) 计算机辅助内容分析（Computer-aided Content Analysis）

计算机技术的应用极大地推进了内容分析的发展。计算机作为一种数据管理工具，在数据的搜集、存储、编辑和整序等过程中具有手工方法不可比拟的速度和准确性。无论是在定性内容分析中出现的半自动内容分析（Semi-automatic Content Analysis），还是在定量内容分析中出现的计算机辅助内容分析（Computer-aided Content Analysis），都只是术语名称上的差别，实质上，正是计算机技术将各种定性和定量研究方法有效地结合起来，博采众长，才使内容分析得到迅速推广和飞跃发展。

---

[1] 隋鑫，王念祖. 2009—2013年国内图书馆学情报学研究热点分析[J]. 情报科学，2015，33（10）：61-65.

[2] 赵蓉英，邹菲. 内容分析法学科基本理论问题探讨[J]. 图书情报工作，2005（6）：14-18, 23.

[3] Bos W, Tarnai C. Content analysis in empirical social research[J]. International Journal of Educational Research, 1999, 31(8): 659-671.

（3）如何应用内容分析

就具体研究过程而言，内容分析包含以下6个基本步骤。[1]

1）提出研究问题

由于具体问题要具体分析，因此构建一个研究大纲对于指导方法的实施十分重要。在研究大纲中需要确定研究目的、划定研究范围并提出假设。

2）抽取文献样本

在不可能研究整个文献信息的总体时，需要采用抽样方法。样本选择的标准包括符合研究目的、信息含量大、具有连续性、内容体例基本一致，简言之，应能从样本的性质中推断出与总体性质有关的结论。

3）确定分析单元

即发掘研究所需考察的各项因素，这些因素应都与分析目的有一种必然的联系，且便于抽取操作。分析单元可以是单词、符号、主题、人物，以及意义独立的词组、句子或段落，乃至整篇文献都可以作为分析单位。

4）制定类目系统

制定类目系统，即确定分析单元的归类标准。有效的类目系统首先应具有完备性，保证所有分析单元都有所归属；同时类目之间应该是互斥和独立的，一个分析单元只能放在一个类目中；类目系统还应具有可信度，应能得到不同编码员的一致认同。

5）内容编码与统计

编码是将分析单元分配到类目系统中的过程，可以借助计算机技术完成这项重复性工作，不仅速度快，而且可保证编码标准的一致性。对数据的统计工作也可以交由相应的统计软件完成，百分比、平均值、相关分析、回归分析等各种统计分析均可实现，而且精度更高。

6）解释与检验

研究人员要对量化数据做出合理的解释和分析，并与文献的定性描述判断结合起来，提出自己的观点和结论。分析结果还要经过信度和效度的检验，才具有最终说服力。

---

[1] 邱均平，邹菲. 关于内容分析法的研究[J]. 中国图书馆学报，2004（2）：14-19.

7.3.5 元分析

元分析是一种新的将定性分析与定量分析相结合的文献综合分析方法，自美国教育心理学家格拉斯（Glass）在1976年首次命名以来，其已经在国外的社会科学研究中广泛应用，大量介绍元分析方法的书籍出版，一些应用软件也相继问世，但在我国的社会科学研究中却很少见到这样的研究，不少学者甚至还不了解元分析究竟是什么，因此很有必要对元分析的方法进行介绍和讨论。

（1）什么是元分析

元分析是应用特定的设计和统计学方法对以往的研究结果进行整体的和系统的定性与定量分析。它是回顾性和观察性的，是对传统综述的一种改进，是概括以往研究结果的一种方法，包括大量的方法和技术，具有全面、系统和定量的特点，可以用以对以前具有不同研究设计的和不同时期收集到的资料进行整合。它最初被应用于随机对照试验，现在已扩大到非实验性研究。

（2）元分析特点及研究步骤

元分析主要有以下特点。

一是元分析是一种定量分析方法，它不是对原始数据的统计，而是对统计结果的再统计。

二是元分析应该包含不同质量的研究。

三是元分析寻求一个综合的结论。

元分析可以成为跨研究评判结果的一种有力工具。即使许多研究者已经乐意接受元分析的概念了，可还有一些人基于若干理由而质疑它的有用性。

元分析要具有可复制性，不仅应尽可能多地检验搜集来的研究样本，观察它们是否可以凸显出某种单项研究显现不出的潜藏规律，还应该清楚地描述自己是如何发现这些研究及如何对它们做分析的，以便他人进行评价。因此，元分析必须遵循详尽、严格的研究步骤。[1]

第一，折叠确定研究目的：确定研究目的也就是组织研究框架。在收集研

---

[1] 王沛，冯丽娟. 元分析方法评介[J]. 西北师大学报（社会科学版），2005（5）：65-69.

究之前，首先必须确定研究中想要探索的文献领域及将要包括的题目范围。元分析涵盖的题目有时很宽泛，但其核心必须界定清楚，而且应该建立一套挑选研究样本的包含与排除标准，这样可以帮助一起合作的研究者在面对同一群文献时能够运用同样的标准去查找或分析研究。

确定研究目的时，还需要充分理解自己所要分析的概念及使用的方法，就像确定实验研究中的自变量和因变量一样，确定所要研究的效果量及结果。

第二，彻底的文献搜索：通过包括计算机网络在内的各种手段进行彻底的文献搜索，也就是研究样本的搜索，这对元分析的有效性非常重要，是综合研究得出结论的基础。对文献样本的收集可根据罗森塔尔（Rosenthal）1984年提出的大概分类标准：书：包括作者的原著、几位作者共同合编的书及书的某些章节；期刊：包括专业期刊、已出版发表的时事通讯、杂志及报纸；论文：包括博士论文、硕士论文及学士论文；未发表的研究：包括某些技术报告、学术报告、大会论文及将要发表的论文。

第三，确定适合的研究样本：选择符合研究框架的研究样本是元分析的关键。要考虑多种问题，如它的研究设计、文章发表的时间、文章使用何种语言表述、研究中的样本大小及信息是否完整等。

（3）元分析优劣势

1）元分析的优势

元分析是在综合了大量个别研究结果（包括初级分析与二级分析）的基础上进行的再分析，它不仅整合了结论，而且弥补了单项研究的不足，所以相对于其他类型的文献分析或统计分析有很多优势。

首先，元分析相对于显著性水平检验而言，在对效应值的估计和对效应值的信度分析上更为精确；其次，因为科学的元分析具有较强的可复制性，所以要求研究过程中的每一步都要详尽、严格，尤其是对研究文献的挑选、研究质量的评定及研究特征的编码更容不得一丝含糊；最后，元分析能够发现一些潜在效应，传统的统计分析尤其是显著性水平分析只能完成单一的因果分析或关系分析，而元分析在综合了大量相关研究的基础上可以发现一些单独研究所不能发现的潜在规律，所以在对研究特征与研究结果的关系探查上更为灵活。

2）元分析的劣势

与其他研究方法一样，元分析也存在很多劣势。

首先，元分析存在一个众多研究者都颇具争议的缺点——发表偏见，即一般情况下能得出显著性效应的研究比没有得出显著性效应的研究更易于发表（没有得出显著性效应的研究通常被认为是不宜发表的，所以会被放弃，因而发表偏见又称"文件抽屉问题"）。如果针对某个研究主题仅收集所有已发表出版的文献研究并对其进行统计分析，那么这种发表偏见就会对研究结果产生误导，歪斜效应值的方向。若要克服这种发表偏见，就要收集尽可能多的研究，不论是已发表的还是未发表的。

其次，研究质量的多样化。在集合了所有的有用文献后，仍然很难确定所选入的每一个研究的贡献量有多大，所以元分析中还有一个颇具争议的问题，即是否应该将有争议的或质量低的研究纳入研究系统内。一些批评者引用"垃圾进，垃圾出"来比喻有些元分析是对众多不同质量的研究进行总结，这就等于没有提供任何信息，所得出的结论也不具有可信服性，所以建议像这种有方法缺陷的研究应该在元分析中被剔除出去。

最后，时间跨度较长，体现在两个方面：一是元分析工作本身就是一项耗费时间的工作，它需要花费较长的时间严格履行元分析的每一个步骤，尤其在资料收集方面所花费的时间较长，不如初级分析那样可以尽快地完成一项研究；二是因为元分析需要大量的相关研究文献，所以收集资料的时间跨度可能会很大，尽管在收集研究文献时建议搜索一些新进的研究，但仍不能排除若干年前的研究进入文献研究系统，但是前几年的研究框架、研究背景和研究结果是否还仍然适合于当前的研究，这是一个值得考虑的问题。

（4）如何应用元分析

第一，初步资料收集：在开展元分析之前，必须熟悉该领域的文献资料，以期在现有研究基础之上做出新的理论贡献。若积累不够就匆匆展开研究，最终很有可能验证不了提出的设想，因为设想本身可能就是不成熟的。

第二，研究问题界定：在进行了一定的文献积累之后，研究者需要结合自己的兴趣点从大量的研究文献中提炼出研究问题。对于该领域内不一致的研究结论进行元分析是非常有意义的。

第三，理论框架与研究假设：在确定研究问题之后，需要依据理论和文献演绎出一套行之有效的理论框架与研究假设。这与实证研究论文非常相似。

第四，实证文献检索：实证文献检索关乎元分析文章的质量，因此在检索之前需确定一套切实可行的检索标准，包括关键词、文献类型、检索渠道等。

第五，编码：研究者需要根据研究需要确定规范的编码框，包括作者、发表年份、期刊（此三种主要是为了方便查找和溯源）、变量名称、效应值、样本量（此三种是核心要素）等。

第六，发表偏差检验：目的是检验核心效应值是否出现了较为严重的发表偏差问题。

第七，结果分析：元分析有多种形式，从变量数量来看，有双变量分析和多变量分析；从变量类型来看，有主效应分析、中介效应分析、调节效应分析。研究者可根据需要选择适合的分析类型。最后撰写报告。

7.3.6　结构方程模型

（1）什么是结构方程模型

结构方程模型（Structural Equation Modeling，SEM）也称"协方差结构分析"（Analysis of Covariance Structure）、"因果建模"（Causal Modeling）、"线性结构方程"（Linear Structural Equation）[1]等，是一种建立、估计和检验因果关系模型的方法。模型中既包含有可观测的显在变量，也可能包含无法直接观测的潜在变量。

结构方程模型可分为测量方程（Measurement Equation）和结构方程（Structural Equation）两部分[2]。测量方程描述潜变量与指标之间的关系；结构方程则反映潜变量之间的关系。指标含有随机误差和系统误差。前者指测量上的不准确性行为，后者反映指标同时测量潜变量以外的特性。随机误差和系统误差统称为测量误差，但潜变量则不含这些误差[3]。

1）测量模型

对于指标与潜变量之间的关系，通常写成如下测量方程：

$$x = \Lambda_x \xi + \delta$$

$$y = \Lambda_y \eta + \varepsilon$$

---

[1] 孙连荣. 结构方程模型（SEM）的原理及操作[J]. 宁波大学学报（教育科学版），2005（2）：31-34，43.

[2] Anderson J C, Gerbing D W. Structural equation modeling in practice: A review and recommended two-step approach[J]. Psychological Bulletin, 1988, 103 (3):411-423.

[3] 周涛，鲁耀斌. 结构方程模型及其在实证分析中的应用[J]. 工业工程与管理，2006（5）：99-102.

式中，x 为外生标识（Exogenous Indicators）组成的向量；y 为内生标识（Endogenous Indicators）组成的向量；ξ 为外生潜变量（即它们的影响因素处于模型之外）；η 为内生潜变量（即由模型内变量作用所影响的变量）；Λ_x 为外生标识与外生潜变量之间的关系，称为外生标识在外生潜变量上的因子负荷矩阵；Λ_y 为内生标识与内生潜变量之间的关系，称为内生标识在内生潜变量上的因子负荷矩阵；δ 为外生标识 x 的误差项；ε 为内生标识 y 的误差项。

2）结构模型

对于潜变量之间的关系，可写成如下结构方程：

$$\eta + B\eta + \Gamma\xi + \zeta$$

式中，B 为内生潜变量之间的关系；Γ 为外生潜变量对内生潜变量的影响；ζ 为结构方程的残差项，反映了 η 在方程中未能被解释的部分。

（2）如何应用结构方程模型

结构方程模型的建模一般包括以下几个步骤[1]：

1）模型构想

建立结构方程模型，包括明确各个隐变量的显变量及其作用方向，明确隐变量与隐变量之间的关系等。通常，首先使用路径图（Path Diagram）明确变量之间的因果关系，然后再构建相应的线性方程。

2）模型识别

利用识别法判断模型是否可以识别，如果模型不能识别，就无法得到参数的唯一估计值。结构方程模型常用的识别法则有 t 法则、两步法则和MIMIC法则等。

3）模型估计

估计结构方程模型有多种方法，较常用的有极大似然估计（Maximum Likelihood，ML）和偏最小二乘法（Partial Least Square，PLS）。这两种方法在前提假定、估计思想、估计量性质等问题上具有不同的要求和特点。

4）模型评价

考察模型是否能充分地对观测数据进行解释。评价模型是否是一个理想的模型相当复杂，整个过程需要进行多种检验：既需要对模型中的参数进行

---

[1] 廖颖林. 结构方程模型及其在顾客满意度研究中的应用[J]. 统计与决策，2005（18）：24-26.

检验，又需要对测量方程和结构方程进行检验，还需要考虑整个模型的拟合程度。

5）模型修正

如果模型效果不理想，就需要对模型进行修正，在修正过程中，仍然需要以理论为指导，保证模型的合理性。模型修正后，仍然需要对修正的模型进行检验，再根据检验结果判断是否还需要进一步调整模型。

PART 03

第三部分

趋势

用户研究新方向与新方法

随着大数据与新技术的发展,用户研究的思路与方法工具也有了更多突破和可能性,除了第二部分中提到的常用思维与方法外,还出现了一些更加科学严谨的新方法,本部分将介绍用户研究的新方向与新方法。

首先是目前关注度较高的用户认知与情感测量方向,传统上针对认知与情感的测量方法主观性和局限性较大,本部分的第八章将介绍一些更为客观精准的生理测量方法,如脑电测量、眼动测量、表情计算等。另外,通过大数据获取和分析用户数据、洞察用户需求成为用户研究的新趋势之一,在第九章将了解和学习如何借助大数据等能力辅助设计师进行更加科学严谨的用户研究。

第8章

用户认知与情感测量

用户认知与情感测量是设计学研究中重要的研究环节，也是用户研究的重要内容。随着现代科技的发展、生理和心理测量技术的进步，对于用户认知与情感的测量与量化方法也日益精准，通过多类型心理、生理测量和不同生理指标之间的实验，反映用户认知能力的权重，提升情感测量的精确度。

本章分别从主观测量和生理测量上探讨用户认知与情感测量的方法，如自我报告测量方法、表情识别、脑电测量技术、眼动测量技术以及其他测量方法等，最后探讨其工作原理。

8.1 用户认知与情感

用户认知与情感研究是一个广泛和多元化的领域，从认知和情感两者的角度讨论设计中个体的行为，也可以探讨个体在设计过程中产生的更多的认知活动以及对现象做进一步的理论阐释。通过用户认知与情感测量，可以更好地理解个体与设计之间的关系，消除设计师和用户认知思维之间的隔阂。

8.1.1 用户认知

认知科学的演化开始于19世纪80年代，以心理学为主线，融合了心理学、语言学、哲学、神经科学、人类学和人工智能6个领域,是新时代的交叉学科。[1]认知科学的研究聚焦于人类对自身心智的理解,即对心智的本质、心智与意识或认知关系的理解。

个体认知的产生与知觉、注意和记忆等相关。知觉,是通过刺激感觉器官而产生的体验,随着信息的增加而发生改变,同时也涉及与推理和解决问题类似的过程。注意,是一种聚焦于特定刺激或者特定位置的能力,分为选择性注意、外显性注意、内隐性注意和分配性注意,在大多数情况下,注意的聚焦特性是与选择性注意相关联的。记忆,是用户获得知识和技能的关键,分为长时记忆、短时记忆和瞬时记忆,长时记忆又分为外显记忆、内隐记忆和情景记忆。

正常情况下,用户的认知能力处于相对稳定的状态,只有当用户处于任务情境时,其认知能力才会发生相应的变化。[2]用户接受某项任务,会因其本身知识结构受限,需要从外界获取信息以弥补自身知识结构的不足,此时用户就会产生稀缺心理,其认知能力就会在一定程度上被减弱,很难充分表达出自己真实的需求。

8.1.2 用户情感

情感,作为人类追求的高层次精神需要,在设计界受到广泛的关注和重视,如交互界面、网站等信息服务类的设计同样包含着情感需求。

情感是个体对外部情境与内向意向的感受所映射构成的态度体验,是认知记忆作用下的复杂过程,不仅能传递内心感受,还可以捕捉他人的情绪变化,包含着个体对文化环境、语言联想和诱导机制等调节变量的理解[3]。基本情感一共有6种,分别为高兴、悲伤、惊讶、恐惧、厌恶和愤怒,其他情感都被认为是这些基本情感的组合。通过提取面部动作、肢体动作、语言内容、音频信号、外周生理变化(如心率、血压、皮肤电或中枢神经变化)等特征,推测用户个体内在的主观情绪体验。经典情绪维度论认为,情绪是伴随特定生理活动的正性或负性体验。威廉·冯特(Wilhelm Wundt)认为情绪可以通过愉快—不愉快、激动—平静和紧张—松弛3个维度来描述。根据情感维度模型,少量

---

[1] 徐志磊,董占勋. 认知科学与设计研究[J]. 包装工程,2021,42(2):1-4.
[2] 李涤非. 认知能力与真理[J]. 自然辩证法研究,2007,23(2):27-30,83.
[3] 姚湘,胡鸿雁,李江泳. 用户情感需求层次与产品设计特征匹配研究[J]. 武汉理工大学学报(社会科学版),2016,29(2):304-307.

的两极维度可以作为情感体验和情感识别的基本构件，见图8-1。

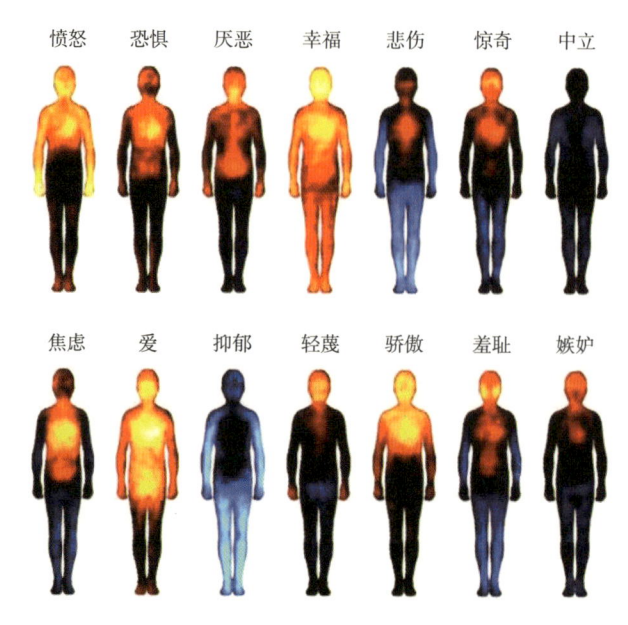

图8-1　人类基础情绪

设计能够引起个体的情感变化和在过程中的情感体验。情感可以从价值观念的角度理解设计用户的需求，通过调查个体的认知和情感的特性建立模型，在设计中体现以人为本的理念。在设计学中，研究学者运用已有的情感理论模型，通过测试人的情绪生理反应，获取数据建立情感认知，从而对设计的过程作出合理的情感化推测。

8.2　认知与情感测量

认知与情感测量的方法主要分为主观测量和客观测量两种形式，主观测量包括自我报告测量和行为或表情的测量等；客观测量包括生理测量，如对脑电、心率、皮电、眼电、肌电和呼吸等指标的测量。在早期的研究过程中，主观测量的结果缺乏客观性，生理测量虽然存在一定难度，测量结果也容易受周围环境影响，但由于其获取的数据更加客观，所以越来越多的研究者逐渐倾向于具备客观准确性的生理测量。

8.2.1 测量维度

（1）用户的认知测量维度

在认知测量的研究中，可以从用户的感知阶段、认知负荷和移情用户等方面进行探究。[1]

感知阶段作为用户认知行为的开端，核心问题是对信息的识别和获取，包括用户的感觉和知觉的过程。感知阶段主要依赖于用户个体的感觉器官，是客观信息的直接反映；知觉是在感觉的基础上进行的，是对信息刺激的整体反映。从用户认知过程来看，知觉是对感觉信息的初步组织和解释的过程。

认知负荷是由用户工作记忆和长时记忆组成的，其中工作记忆空间是有限的。学习和问题解决过程需要消耗认知资源，当所需资源总量超过工作记忆资源总量时，将会变得低效甚至无效，这种情况被称为认知负荷。

移情用户指理解用户的工作内容和习惯，不轻易改变用户的习惯，同时理解用户的信息感知能力，并有节奏、有层次地刺激，避免造成强烈的感知负荷和感知疲劳，可以从客观层面的信息系统设计出发，好的设计可以使用户降低感知负荷的信息表现方式。

目前，用户认知测量与情感测量技术相似，多以肌电图、心率或心电图为主，但在实验过程中关注不同的信号数值。脑电和眼动等是认知与情感测量的焦点，对于认知和情感的研究不仅具有重要的理论意义，而且具有实际工程价值，在人机交互、医疗护理和远程教育等方面具有独特的优势。

（2）用户的情感测量维度

从用户的肢体行为、面部表情和语音传递等方面对情感进行测量，能够探究用户个体的性格和情绪差异，如开朗、外向、内向、紧张、焦虑不安、情绪不稳定和反应敏感等。

肢体行为是用户受到外部客观环境和心理状况的影响做出的反应，肢体行为影响着情感的强弱。肢体行为的研究重点主要包括手势和身体姿势两个方面。人们在交流时会使用各种手势来表达情感，通过分析手势的形状、速度、力度和运动轨迹等特征，可以识别出相应的情感状态，如愤怒时紧握拳头，高

---

[1] 付秋林，于微微，程文英，等. 基于认知需求的信息用户研究方法及测量维度探索[J]. 现代情报，2015，35（3）：24-27.

兴时拍手，或是悲伤时用手捂脸。而身体姿势则也可以传达个体的自信、紧张、放松或服从等情感状态。例如，交叉双臂可能表示防御或封闭，而开放的身体姿势可能表示接受或友好。

在人们日常的交流中，通过面部表情表达出来的信息量是非常大的。面部表情对于情感的沟通和交流起到了非常重要的作用。基于面部表情、语音、姿势和文字等方面的认知和情感测量的基础和实际应用都已经相当成熟。但是用户对真实情感的隐藏，却是对于肢体姿态、面部表情和语音的情感识别研究难以解决的问题，这也正是生理信号用于情感识别的优势特点。

语音传递信息也是沟通的一项基本渠道，语音信息中所包括的情感，对人们交流时的状态也会产生一定影响。[1]在语音信息中对情感的识别，与面部表情的识别有相似的地方，都是通过建立强大的数据库资源来实现交互，但是不同于人脸表情识别的是，可以建立二维或三维的人脸表情进行模块化的处理和选择。

对用户的肢体行为、面部表情和语音传递等信息进行情感识别，但这些都是以用户外在表现为量度来识别情感，通过这些方式不足以科学客观地表达出真实的状态，而最常见的解决方法是使用生理测量技术，检验用户的生理信号。

8.2.2 主观测量

主观测量方法，是被试根据某种规则或量表做出的反应，显示出其个性、自我观念、情感认知、价值兴趣等[2]，并将所观察的被试的属性量化的过程。在开展实验的过程中，相对较为简便和易于理解的自我测评方式，可及时提供自身的反馈信息，提高实验的实效性。主观测量包括自我报告测量和表情识别。

（1）自我报告测量方法

自我报告测量方法是较早被应用且应用较广泛的一种情绪测量方法。该方法主要通过刺激被试让其以自我报告量表或形容词表达自己所经历的情感体验，使研究者得到量化信息来判断被试情绪信息。由用户依据情绪量表对自身的情绪状态进行报告和描述，常用的有PAD情绪量表和SAM情绪量表。

---

[1] 李虹，徐小力，吴国新，等. 基于MFCC的语音情感特征提取研究[J]. 电子测量与仪器学报，2017，31（3）：448-453.

[2] 邱林. 情感幸福感的测量[J]. 华南师范大学学报（社会科学版），2011（5）：137-142，160.

1974年，艾伯特·麦拉宾（Alber Mehrabian）提出了情绪状态的"愉悦度—激活度—优势度"三维度模型（Pleasantness Arousal Dominance），也叫PAD情绪量表。"P"代表愉悦度（Pleasure Dislieasure），"A"代表激活度（Arousal Nonariusal），"D"代表优势度（Dominance Submissiveness）。❶2008年，国内引入了PAD情绪量表，从愉悦度、激活度和优势度评定心境或情绪状态。自我评价模型依据PAD模型的3个维度，采用拟人化的卡通小人表示评分，被试分别选择3个维度中最适合自身情绪状态的小人图片来表达情感。SAM情绪量表因其采用图片进行打分，应用起来较为简便，在老年人和儿童等群体中应用尤其广泛。

但由于自我报告测量方法整个测量过程受被试主观情绪影响，因此测量结果的精度易受影响。

（2）表情识别

表情是情感的外在表现，通常通过表情的识别来对情绪状态进行确认。表情包括面部表情、姿态表情和语调表情。生活中，通常认为基本表情包括喜、怒、哀、惧、惊和厌等，在研究过程中，除了对基本表情的识别，还包括微表情、复杂表情和表情的多模态信息。微表情也叫伪装表情，是人们隐藏和抑制自己的真实情绪时出现的非常迅速泄露的面部动作。复杂表情则是由基本表情组合而成的，但在表情的研究过程中，复杂表情的说法还存在争议性。多模态指各种生理指标，如面部表情、声音、凝视、头部运动、手势、身体运动、触摸和气味等信息；表情的多模态信息，是为了得到更加完整的和更确定的信号，以得出更好的情绪识别结果。

早期表情数据库大多是摆拍的原型表情，如CK+、JAFFE、MUG和RaFD。近年来的表情数据库更加关注表情样本的自发性和自然性，通过材料刺激或者做某些任务来诱发情绪，如DISFA、Belfast Database、MMI和Multi PIE等，其中最常见的是表情与声音结合的多模态数据库。如AFEW数据库包含了从不同电影中收集的视频片段，提供了不同环境条件下音频和视频方面的样本。并且越来越多的多模态表情数据库被建构出来，如EU EmotionStimulus、BAUM-1和AFEW等。

---

❶ 谷学静，王志良. 基于PAD空间情感体验的情感虚拟人评价[J]. 北京邮电大学学报（社会科学版），2011，13（5）：90-94.

8.2.3 客观测量

客观测量方法是采用主观情感体验和脑电、眼动技术等多种方法测量情感和认知，可将主观体验、生理唤醒以及行为表现3个方面的测量方法相结合进行多模式认知情感测量，从而获取更加全面的信息，得到科学客观的研究数据，被广泛用于用户不同过程中，如人机交互、阅读和网页浏览等视觉加工机制和认知加工过程。

其中生理测量方法较为客观、准确，主要包括脑电测量和眼动测量等。脑电测量包括脑电图测量和神经影像学测量。眼动测量是应用仪器捕捉个体眼球的运动范围轨迹。目前对生理指标的认知和情感研究主要集中在心率、呼吸、脉搏和心电图等指标上。

（1）脑电测量技术

脑是人体最重要的部分，其协调和指挥各机体工作。人脑结构从里到外可分为脑干、边缘系统和大脑，与情感、记忆和认知等有关的一些较为抽象的东西由边缘系统所控制。现已有不少研究通过脑电信号来推测人的心理活动或是人的情感和认知。脑电信号是大脑电活动的记录，在这种情况下产生的脑电波称为自发电位（Eletroencephalogram，EEG）。

为了提取自发电位中的信息，需要对自发电位的类型及特征进行分析，常见的各种自发电位信号包括稳态诱发电位（SSEP）、P300和慢皮层电位（SCP）等。[1] 自发电位可以通过电极在头皮表面记录，具有很复杂的谐波成分，且呈现出连续不规则的电位波动。EEG按照波幅周期长短可分为 α 波、β 波、θ 波和 δ 波。α 波频率为 8~13Hz，易出现在平静放松的状态。β 波频率为 14~30Hz，在人睁眼并注视某一物体时出现，伴随警觉、放松、焦虑、激动等状态，频率逐渐升高，最高至35Hz。θ 波为 4~8Hz，主要与临睡状态下的朦胧意识和梦境出现有关。δ 波频率为0.5~4Hz,是一种高振幅脑电波，在认知过程中，尤其是与事件相关研究中，δ 波是一种重要的脑电波，是事件相关电位（ERP）P300峰值的主要贡献者。

---

[1] 李森，庄晓旭，刘玮琳，等. 脑电、眼动技术融合的情感测量方法研究[J]. 工业工程与管理，2014，19（6）：144-148.

（2）眼动测量技术

眼动测量技术是探索人的许多心理活动的重要技术手段，能够实时并准确地记录被试当前时刻视线焦点的空间位置，在被试阅读或观察图像时追踪眼球运动，记录注视、点与点之间的快速运动或扫视。目前较为流行的眼动跟踪测量方法是基于瞳孔角膜反射角度的估计方法，这种方法是非接触式的，被试能够在仪器测量范围内自由活动。眼动研究多为应用实践方面的研究，通过眼动实验并结合相关算法得出的结果具备实际应用价值。通常用于分析的眼动数据指标的基本单位是兴趣区（Area of Interest），主要包括对兴趣区的注视时长和眼动轨迹，对兴趣区的注视时长能够反映被试对此兴趣区的加工时间。被试首次注视时间，即对于目标的首次注视时间越短，表明它越能引起被试注意。而眼动轨迹则反映了被试的兴趣变化过程，也反映了被试对不同区域关注度的变化。

目前，商用眼动仪直接输出的眼动测量数据被广泛应用于认知心理学的研究中，如研究行为决策、阅读理解、场景感知和视觉搜索等。与人工访谈或问卷调研等传统学习行为分析手段相比，眼动测量可以提供被试认知活动的直接物理测量证据，更加客观可信[1]，其应用研究越来越广泛。

客观测量多为生理指标之间的关系，如脑电信号、眼动信号与认知和情感测量等，虽然这些生理指标可以在一定程度上客观表征用户的认知和情感，但是由多种生理指标融合后得到的结果能够更完整地体现。脑电信号和眼动信号等生理信号是伴随用户相关信息产生的最能表征用户情感的客观数据。相关生理测量设备对数据采集过程产生影响，使认知和情感测量的结果更为客观准确，为衡量用户体验水平提供依据，具有很强的实践意义。

8.3 测量方法及工具

8.3.1 表情收集方法

（1）表情样本采集

表情样本的收集可以选择在实验室诱发采集，也可选择网络抓取。实验室

---

[1] 李森，孙敏，许娜，等. 网页浏览任务的用户情感测量模型研究[J]. 工业工程与管理，2013，18（1）：106-110，128.

里诱发个体产生情绪，采集表情样本并进行标注，虽然效率较低，但准确度较高，可以较明确地区分情绪类型[1]，这些数据库中模特的数量往往在几十到几百人之间。为满足深度学习的大数据需求，也可以从网上抓取图片与视频作为样本，但这些样本往往无法确定当事人自身的主观体验，而只能使用观察者的他人主观标注。例如，表情数据库EmotioNet包含百万图像，并非完全由人工标注，而是通过半自动的方式标注，所以可能存在很多噪声。

（2）表情识别与标注

监督学习是情绪识别建模中最常用的方法，这需要为可观察到的外在行为与生理信号提供情绪标注（Emotional annotation）。研究者需要基于不同的理论和技术对表情样本进行标注，既有主观的也有客观的，不同的标注取向各有优缺点，也决定了机器最后的输出结果。主流的标注方式是使用基本情绪进行标注，如高兴、惊讶、厌恶、悲伤、愤怒和恐惧等。某些研究者也会使用情感维度进行标注，如愉悦度、唤醒度和优势度。

8.3.2 脑电测量方法

（1）实验环境

在进行脑电测量的实验中，主要有主试和被试，并无他人及噪声干扰，保持实验场地处于适宜的温度和湿度，光线良好。

（2）实验设备

实验设备包括Neuroscan EEG或ERP脑电记录仪，主要作为脑电数据的采集仪器；电极帽，记录脑电数据的精确度；新型放大器SynAmps2和SCAN软件，进行在线数据分析，绘制频域图、时域图，以及数据的重组、去伪迹等；用于向主试和被试呈现刺激的显示器；导电膏、磨砂膏、棉签，用于实验时为被试佩戴电极帽；试验结束后还需要毛巾等，用于为被试清洗头发。

---

[1] 吴磊，孙悦. 基于PAD情感模型的老龄智能陪伴机器人面部表情评估研究[J]. 包装工程，2021，42（6）：53-61.

（3）实验过程

首先，介绍脑电实验过程，主试指导被试浏览脑电实验说明书，介绍实验过程及注意事项，解答被试疑惑。其次，实验准备，引导被试坐于屏幕前适于实验的位置，连接好放大器与电极帽，给被试佩戴电极帽（图8-2），注射电极膏，使电极电阻达到5.10千欧，正式试验

图8-2 脑电测试过程

前尽量使被试处于放松状态。再次，预实验，启动软件，将设置的预实验呈现给被试，帮助被试熟悉实验过程，避免正式试验时产生错误操作。从次，正式实验，打开脑电系统软件中预先设置好的程序进行实验，采集实验数据，为保证采集正常脑电数据，主试在数据采集时需实时监测电极阻抗值是否处于实验要求的阻值范围内，协助被试顺利完成实验任务。最后，进行实验数据的导出和分析。

8.3.3 眼动测量方法

眼动仪是测量用户认知和情感的重要工具，可以客观地记录个体在人机交互过程中的各项眼动指标和眼球运动轨迹，收集和分析个体在操作过程中的眼动和生理数据，从而进行认知和情感分析。[1] 眼动仪被广泛用于探究人们在不同过程中的视觉加工机制和加工过程，如人机交互、阅读和网页浏览等。

（1）实验设备

实验设备包括：RED眼动仪，采集仪器；Stimulus PC图像显示计算机，由主试操作，用于记录和分析眼动实验数据；iView图像显示器，用于向被试呈现刺激图像；笔记本电脑和台式电脑，分别装载实验所需的眼动系统和脑电系统，在分别的实验过程中主试使用此两台电脑完成实验情景设置及过程控制工作；显示器和放大器，分别与主试控制的电脑相连。

---

[1] 田少煦，申品品，郭昱竹. 基于眼动跟踪技术的色彩情感研究[J]. 现代传播（中国传媒大学学报），2015，37（6）：70-76.

（2）实验过程

眼动实验过程主要包括：首先，介绍实验过程，主试指导被试浏览眼动实验说明书，然后向被试介绍实验过程及注意事项，解答被试疑惑。其次，实验准备，主试引导被试坐在眼动仪前适于实验的位置，启动眼动仪软件检测被试视线是否在采集区域内并适当调整。再次，仪器校准，启动眼动仪，通过五点法进行眼动轨迹校准，校准精度要达到小于0.5方可进行下一步实验。从次，正式实验，按照眼动仪软件里预先设置好的实验程序进行实验，记录数据。最后，进行实验数据的导出和分析。

例如，在某网网页上运用眼动测量方法，研究信息内容在网页上什么位置浏览最佳，在什么位置会影响用户查看信息内容，依此探究用户在不同个性化信息内容推荐系统中偶遇信息的差异。见图8-3，上图眼动热图显示的是某网信息页上用户的观看位置，红色代表用户目光最集中的区域，下图显示的是用户在某网网页上的浏览路径或浏览模式。

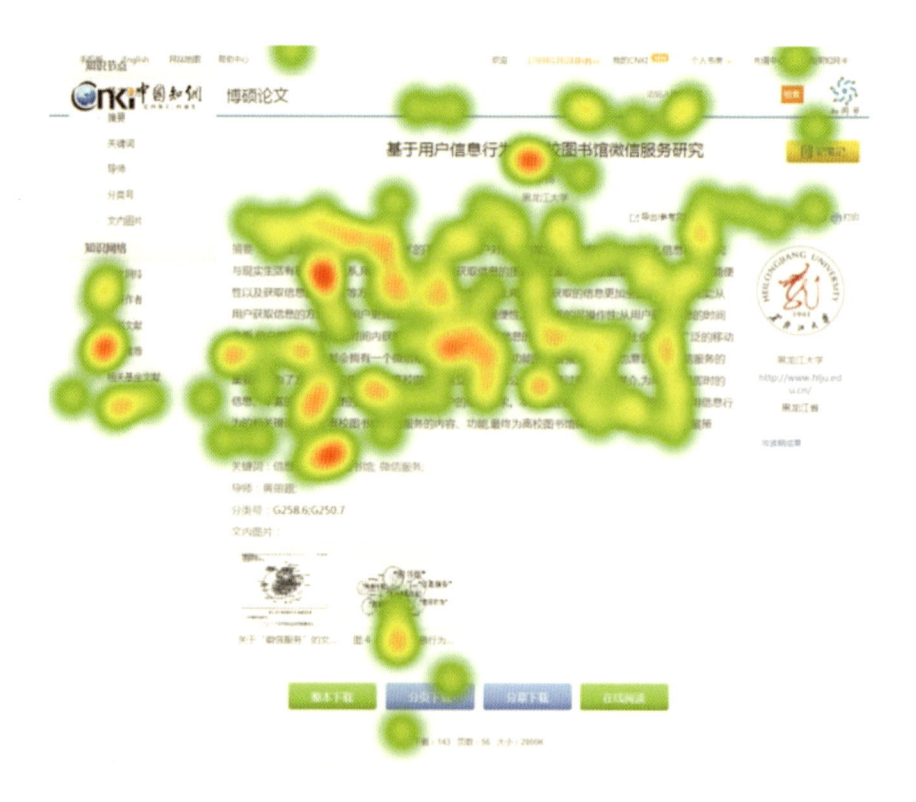

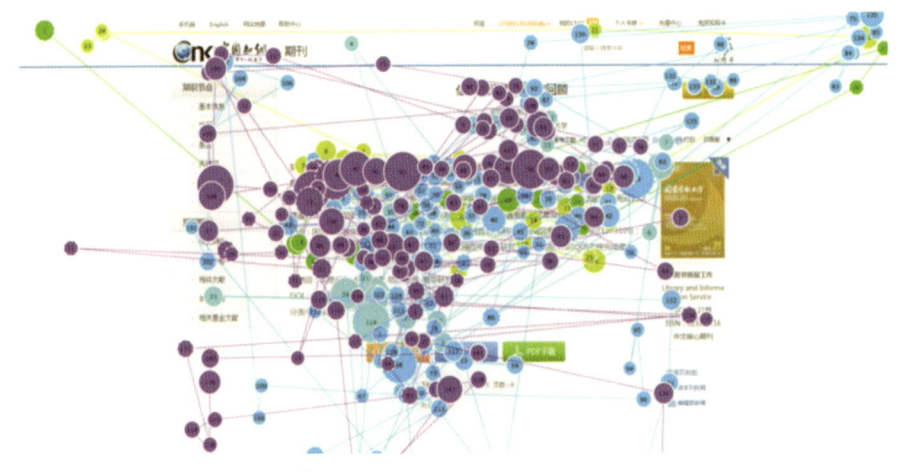

图 8-3　眼动测试结果分析 ❶

8.3.4　其他测量工具及应用

除了上述介绍的方法外，用户认知与情感测量方法还包括皮肤电活动、心电测量、脑功能常用技术等。

皮肤电活动（Electrodermal activity），应用在人机交互领域，主要用于心理负荷和情绪状态的研究。❷ 在用户体验方面，反映用户的情绪唤醒度，可以作为认知努力程度指标。

心电（Electrocardiography），指每次心动周期所产生的电活动变化，通过贴在四肢或胸部的成对电极进行测量。心电指标有心率（HR）和心率变异性（Heart Rate Variability），可以反映情绪和认知活动，对认知需求、时间限制、不确定性及注意水平敏感，主要应用在用户情感体验方面。

脑结构常用的计算机断层扫描术（Computerized Tomoguaphy）和磁共振成像（Magnetic Resonance Imaging），用于获得大脑的解剖结构信息。脑功能成像常用技术，用于获得大脑组织的生理活动状态信息，主要有脑电图、脑磁图和功能磁共振成像、正电子发射断层摄影术和近红外光学成像等。

---

❶ 刘春茂，张学佳，周悦. 基于眼动实验的网站个性化推荐系统信息偶遇特征的实证研究——以大学生为例[J]. 现代情报，2022，42（5）：26-37.

❷ 易欣，葛列众，刘宏艳. 正负性情绪的自主神经反应及应用[J]. 心理科学进展，2015，23（1）：72-84.

第 9 章

大数据驱动的用户研究

当今信息社会下的大数据从数量级别上已经超出人类大脑个体所能承受、处理的能力范围，却依然没有超越人类大脑的思维框架和组织结构框架。人类在这些框架下利用云计算等技术手段可以弥补人类大脑对于巨量级数据的处理和分析能力的短板，能够从巨量级数据中分析获取人类所需要的目的数据流，进而可以分析出隐藏在数据下的行为和结果。这些也是用户研究过程中所需获得的，可以充分利用技术手段（云计算、分布式处理技术等）对大数据进行处理，将所获得的分析数据转化为可供设计活动使用的描述性语言文字，进而指导设计活动。[1]因此，通过大数据获取和分析用户数据进而洞察用户需求成为用户研究的新趋势之一。本章将从大数据驱动用户研究的概念、应用场景、应用方法等方面，学习如何借助大数据等能力来辅助进行更加科学严谨的用户研究。

9.1 大数据与用户研究

9.1.1 大数据（Big Data）

随着云时代的来临，大数据也吸引了越来越多的关注。1980年，美国未

---

[1] 王晓慧，覃京燕. 大数据处理技术在交互设计中的应用研究[J]. 包装工程，2015，36（22）：9-12.

来学家阿尔文·托夫勒（AlvinToffler）在其所著的《第三次浪潮》一书中，首次提及"大数据"一词。随着《自然》（2008年）和《科学》（2011年）两杂志分别开辟了介绍大数据的专刊，大数据开始被广泛关注。历经十几年时间，全球大数据进入加速发展时期，数据总量每年增长50%，呈现出海量聚集、爆发增长、创新活跃、融合变革、引领转型的新特征。

麦肯锡全球研究所（MGI）对大数据给出的定义是：一种规模大到在获取、存储、管理、分析方面大大超出了传统数据库软件工具能力范围的数据集合，具有海量的数据规模、快速的数据流转、多样的数据类型和价值密度低4大特征。然而有了规模和速度就是大数据吗？对此，研究人员在不同时期对大数据的特点进行了总结。2001年，META集团分析师道格·兰尼（Doug Laney）给出大数据的3V特征，分别为规模性（Volum）、多样性（Variety）和高速性（Velocity）。十年后，国际数据公司（IDC）在此基础上又提出第4个特征，即数据的价值（Value）。2012年，国际商业机器公司（IBM）则认为大数据的第4个特征是指真实性（Veracity）。后来，有人将上述所有特征合起来称为大数据的5V特征，也有人从不同的应用视角和需求出发，又提出了黏度（Viscosity）、邻近性（Vicinity）、模糊性（Vague）等多种不同的特征，形成了3+xV的大数据特征。

大数据技术的战略意义不在于掌握庞大的数据信息，而在于对这些含有意义的数据进行专业化处理。大数据分析重在理解数据之间的相关关系，以数学、统计学、计算机科学、运筹学等为基础，包括时间序列模型、机器学习、预测和预警等，来挖掘用户的行为特征和规律。大数据分析已经成为一种挖掘有意义洞察的有效方法和构建辅助机器学习工具的人工智能模型。过去，大数据分析主要用业务数据来获取业务洞察；如今，随着用户上网和使用大量移动智能设备产生大量用户行为数据，大数据分析能够更加了解用户行为规律，特别是在设计过程的用户研究阶段可以帮助设计师洞察用户需求，从而指导后续产品与服务的开发设计。

9.1.2 大数据与用户研究

通过分析用户行为产生的海量数据的相关性，能够发现数据背后用户行为的客观规律并预测用户需求。这可以弥补用户主动反馈信息不足及纠正设计师主观认知的固有偏见，使设计师能够准确挖掘用户需求。因此，数据思维与设计思维的融合让设计过程不再仅仅依靠传统直觉经验而更注重数据的分析与应用，不再仅仅追求事物的因果关系而更关注相关关系，从而使设计结果变得更加客观高效。[1]

同时，传统的用户研究主要以定性研究为主，难以做到大量数据样本下的定量研究，使得用户研究难以对用户行为进行细粒度、全方位的分析。大数据的海量数据特性，可以有效弥补传统用户研究方法中数据量不足的问题，此外，由于大数据可以实现多个维度的全量数据采集，可以进行更加精细的用户特征分析，同时也为个性化设计提供了可能。

根据大数据技术的5V特征，将其应用在用户研究中主要有以下优势。

第一，规模性（Volume），能够对用户数据进行全量分析。

第二，多样性（Variety），支持多维度、非结构化数据源，使用户特征提取更加全面。

第三，高速性（Velocity），通过快速计算实现对用户体验问题进行快速甚至实时跟踪。

第四，价值（Value），数据真实有效，结果准确全面，分析结果更具价值。

第五，真实性（Veracity），大数据中的内容与真实世界中发生的事件息息相关，数据来源和分析过程客观可靠。

大数据分析重在通过对大量用户真实数据的采集与分析挖掘用户的行为特征和规律，但大数据也有一些劣势，如数据源的偏差、不能挖掘因果关系等；而传统的定性研究更偏向于了解用户的态度和心理，弱点则在于如抽样的偏差、用户陈述的偏差、成本高、采集周期长等。大数据和传统用户研究的方法各有优劣，将其结合使用能够更好地挖掘数据价值、了解用户。

9.2　典型应用场景

9.2.1　内容推荐系统

个性化推荐系统是大数据技术应用最广泛的领域之一。通过用户行为数

---

[1] 王春雷，苏莲莲. 大数据时代的设计[J]. 包装工程，2016，37（20）：127-130.

据挖掘用户属性，是当前学术界和工业界的热点研究领域。科恩·W·德·博克（De Bock K.[1]）、王伟（Wang W.[2]）、英格玛·韦伯（Weber I.[3]）等人通过用户浏览网站的行为实现了用户年龄、性别、居住地与教育程度等基本信息的推测。De Bock K.通过用户属性进一步预测了可适用于在线广告的定向投放方法。Wang W. 挖掘出了用户兴趣和其点击新闻行为之间的关系，实现了针对用户兴趣的新闻推荐模型。除了互联网广告和新闻推荐领域，电商领域的推荐系统同样应用广泛。亚马逊公司的推荐引擎为其提供了高达60%的转化率，实现了30%的销售贡献率[4]。随着人工智能技术的快速发展，个性推荐系统的精准度和应用领域进一步扩张，见图9-1。

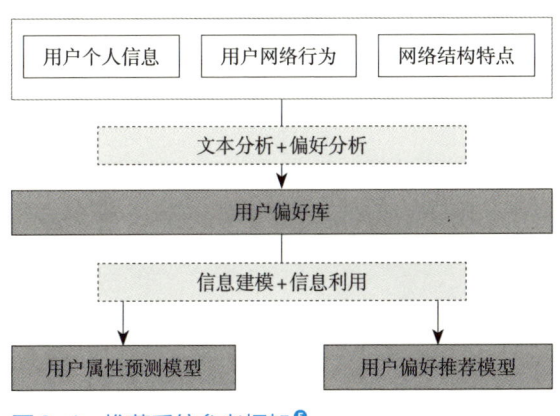

图9-1 推荐系统参考框架[5]

9.2.2 用户画像构建

智能时代带来多样化的情境和交互方式的同时，产生了庞大的用户数据，这些数据真实地反映了用户的行为、偏好和诉求，在构建用户画像时具有很高的研究价值。目前，很多研究者利用计算机技术充分发挥海量数据的价值优

---

[1] De Bock K W, Van den Poel D. Predicting website audience demographics for web advertising targeting using multi-website clickstream data[J]. Fundamenta Informaticae, 2010, 98(1): 49-70.

[2] Wang W, Zhao D, Luo H, et al. Mining User Interests in Web Logs of an Online News Service Based on Memory Model[C]// 2013 IEEE eighth international conference on networking, architecture and storage, 2013.

[3] Weber I, Jaimes A. Who uses web search for what: and how[C]// Proceedings of the fourth ACM international conference on web search and data mining, 2011: 15-24.

[4] 李翠平，蓝梦微，邹本友，等. 大数据与推荐系统[J]. 大数据，2015, 1（3）: 23-35.

[5] 谭浩，尤作，彭盛兰. 大数据驱动的用户体验设计综述[J]. 包装工程，2020, 41（2）: 7-12, 56.

势，通过分析数据特性，探究用户特征、挖掘用户需求，从而构建用户群体的画像。余孟杰[1]结合艾伦·库伯（Alan Cooper）的理论，使用标签描述用户特征，在大数据环境中通过聚类抽取了相关信息标签从而呈现出用户全貌。詹森（Jansen）等[2]使用社交媒体平台上近3.5万名用户的数据，根据用户共享商业信息的方式，对用户进行了聚类和表示。卡塔尔研究所的乔尼·萨尔米宁（Joni Salminen）等[3]，利用用户画像深度分析了文化多样性对用户使用社交媒体所产生的影响。此外，很多行业对大数据用户画像的认可度也在不断提高，比如百度、微博、腾讯等公司，纷纷打造自己的用户画像分析平台，以全方位洞察用户行为。用户画像构建参考框架，见图9-2。

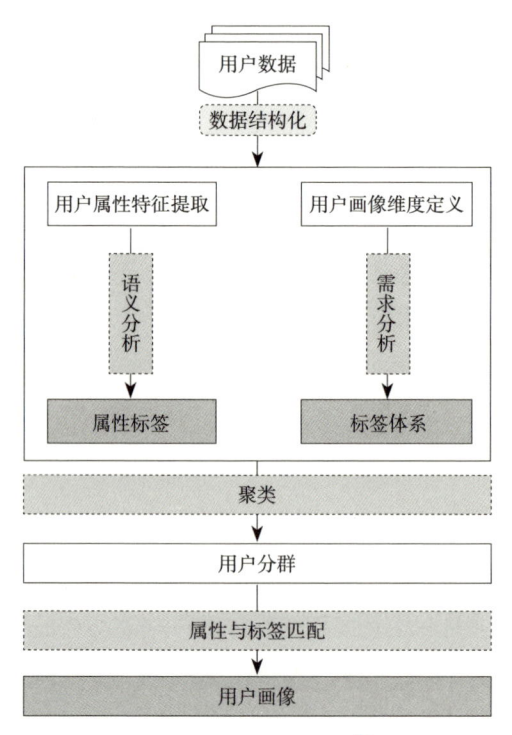

图9-2　用户画像构建参考框架[4]

---

[1] 余孟杰. 产品研发中用户画像的数据模建——从具象到抽象[J]. 设计艺术研究，2014，4（6）：60-64.
[2] Jansen J, Sobel K, Cook G. Classifying ecommerce information sharing behavior by youths on social networking sites[J]. Journal of Information Science, 2011, 37(2): 120-136.
[3] Salminen J, Sercan S, Kwak H, et al. Generating cultural personas from social data: A perspective of middle eastern users[C]// IEEE International Conference on Future Internet of Things and Cloud: Workshops. IEEE, 2017.
[4] 谭浩，尤作，彭盛兰. 大数据驱动的用户体验设计综述[J]. 包装工程，2020，41（2）：7-12，56.

9.2.3 用户需求洞察

大数据为用户需求的挖掘提供了几乎全量的数据，在容易获得的用户属性标签的基础上，进一步分析获取用户偏好、用户习惯等信息，构建出用户的完整画像，再对用户画像进行分类聚合，形成抽象人群划分，进而根据人群画像提取用户的需求。阿里巴巴通过大数据构建了一套"全景洞察"系统[1]，通过深入分析消费者的特征和行为，实现了对现象背后原因的深度分析，可以帮助品牌商进行产品规划、商业决策等行为。亚马逊公司通过大数据分析消费者的购买行为，预测未来消费者的购买需求，构建了一套智能分仓和智能调拨系统，大大提高了物流和仓储的效率，既缩短了货物递送的时间，又减少了物流和仓储的费用。奈飞（Netflix）公司通过大数据分析用户的观影喜好，构建了一套分析用户观影需求的大数据系统，公司再根据分析结果进行编剧，在多个影视产品中取得了成功。[2]上汽通用汽车通过对论坛、微博等社交媒体上用户发表的评论数据进行大数据分析，挖掘出用户对车辆在多个维度上的满意度和产品需求，而后针对大数据分析结果进行新车产品的开发。

9.2.4 可用性分析与优化

产品的可用性是用户体验的重要指标，通过大数据分析寻找产品在用户体验上不足的方法正逐步被采纳，尤其是互联网行业更是被广泛应用。在互联网行业的A/B测试中，通过收集用户的停留时间、登录频率、转化率等指标，可以快速分析方案之间的优劣，通过修改方案阈值还可以达到优化方案的目的。喻国明[3]通过粉丝量、浏览量、活跃度、黏性、情感倾向等指标，针对媒体移动客户端用户体验效果评价设计了一个大数据智能算法框架，并最终在认知渠

---

[1] 孙予加. 大数据时代的消费者洞察[C]// User Friendly 2014 暨 UXPA 中国第十一届用户体验行业年会论文集. 2014: 1-16.

[2] Xu Z, Frankwick G L, Ramirez E. Effects of big data analytics and traditional marketing analytics on new product success: A knowledge fusion perspective [J]. Journal of Business Research, 2016, 69(5): 1562-1566.

[3] 喻国明. 大数据智能算法范示下的媒介用户体验的效果评估[J]. 教育传媒研究, 2018（5）: 6-8.

道、态度量表、行为模式等多个方面输出了用户体验效果评价。李兰馨[1]通过针对流行度、协同过滤、内容等设计的大数据分析算法，对网易云音乐的用户黏性进行了深入分析。

9.3 大数据驱动用户研究的方法原则

9.3.1 大数据用于用户调研

在设计之前，首先要了解用户心理，通常需要进行设计调查，获得用户需求。传统的调查方法有观察法、访谈法和问卷法，这些方法都是基于观察再人为地总结用户需求。随着大数据时代的到来，用户的喜好、行为等数据，如上网的习惯、浏览的痕迹、参与的话题以及评论的内容等都已经公开在互联网上，并且已具有规模。这些信息不再需要通过用户访谈、问卷调查才能获得，这一变化将改变传统的用户调研方法，而且传统方法调查个别用户所得到的结果远没有大数据统计分析的结果全面、有说服力。

宏观层面上，大数据下的调研过程与现有调研过程的分析框架相似，都是从数据的整理、分析到得出结果，最后转化为可用于设计的描述性语言。与此同时，大数据又具有一些其本身的特征，这些特征会映射到产品设计调研当中。在微观层面，则会使得大数据下的产品设计调研过程与现有调研过程存在不同。这里具体解析一下大数据下的调研过程。

（1）过程1：数据获取

人类的互联网活动及各式传感器等不断产生带有多维度集合特征的数据。这个多维度集合包括一定特征的人物、具体的时间、操作地点、行为路径、一定的环境等一级组成因子，如果细分，在一级因子下面会有更多级别的组成因子，比如人物下会有性别、年龄、所在地区、习惯行为等生理及心理组成因子等。多个具有多特征集合的信息组合在一起就形成了数据流（指宏观概念的多数据的集合，区别于微观概念的一组有顺序、起点和终点的字节集合），无

---

[1] 李兰馨. 大数据智能算法范式下的用户黏性研究——以网易云音乐为例[J]. 新媒体研究, 2019, 5（4）: 4-6.

数个信息流就形成大数据。网络存储器通过实时抓取这些信息、信息流进行存储，进而形成大数据，而这些被收集存储的数据就是进行研究设计调研分析的基本因素，所以大数据的形成成为设计调研的开始。

（2）过程2：数据筛选

有了数据基础，接下来进入数据筛选阶段，以获取符合设计调研的有效数据。在这个阶段，由于数据是开放且多元的无限集合，所以需要限制条件进行约束以获取所需的特定目标数据。目标数据中会存在一些与调研内容非正向相关的数据，需要进行二次处理，即通过人为思维和技术手段将这些非正向数据剥离掉，进而筛选出用于总结调研结论的有效数据。

所谓的限制条件就是调研问题数字模型，是将调研问题转化为数字化结构模型，以便套入数据库进行数据筛选。在这里大数据体现出两种运用方式，一种是以定量的方式获取封闭类型的目标数据，即直接用模型套入数据库；另一种是先用定性方式获取开放类型的关键词，再用关键词从已获取大量数据中获取目标数据，以便制作数字模型，最后将模型套入巨量数据库。第一种是一对一的输入输出模式，单纯以结果为导向；第二种区别于第一种的关键在于其通过对数据的分析获取具有预测性的关键词，这是单靠第一种方式无法做到的。

（3）过程3：数据分析

分析结果阶段，主要是按照调研目的整理有效数据，分析数据中所隐藏的信息（包括行为、需求、产品特征等），最后将其转化为可供设计直接使用的描述性语言。此阶段是关键阶段，其正确性由调研资料的真实性、有效价值及分析方法的合理性决定，且分析结果的正确合理性决定着后期设计定位及设计展开研究的成功。

以网站设计为例，首先使用网络爬虫技术自动获取不同访问流量的网站，如访问流量大的大型门户网站，以及访问流量小的专业性较强的网站，获取层次化的网站结构和内容，如文本、图片等。网络爬虫技术是一种按照一定的规则自动抓取万维网信息的程序或者脚本。然后利用分布式与并行处理技术对收集到的海量数据进行处理，整理出网站设计中不同关注点的数据，如网站布局、颜色搭配、链接关系等。分布式处理和并行处理是为了提高计算机处理速度采用的两种不同的体系架构。并行处理利用多个功能部件或多个处理机同时工作来提高系统性能或可靠性；分布式处理则是将不同地点的，或具有不同功能的，或拥有不同数据的多台计算机通过通信网络连接起来，在控制系统的统一管理下协调完成大规模信息处理任务。最后采用机器学习、数据挖掘的方法自动学习并得到用户喜好，得到网站布局、颜色搭配、链接关系等。大数据的主要研究方法是计算机科学中的数据挖掘，其基本目标有两个，即描述与预测。通过描述刻画海量数据中潜在的模式，并根据数据中的潜在模式进行预测，从而发现数据中有价值的模型和规律，再基于大数据处理技术整理成人类所能解读的信息形式。通过大数据和信息可视化的方法对原始数据信息进行分析，使信息的呈现符合用户的心智模型。

9.3.2 大数据用于用户需求洞察

基于大数据分析的用户需求洞察广义上的概念一般是指以用户需求为目标，在海量的数据中利用数据挖掘技术及一系列网络工具，统计分析出用户的显性和隐性需求的过程。有学者在结合上文提出的用户研究创新方法的基础上，研究了通过大数据驱动用户需求洞察的创新方法，将互联网设计领域用户需求洞察路径定义为创建用户画像、分析用户体验旅程、结合情景分析3个步骤[1]。

（1）创建用户画像

用户画像源于用户研究原型用户的描述型模型，用户画像和用户数据集是用于识别用户需求的重要方法论。它能够将定量信息转化为定性信息，理解和视觉化用户目标、动机，定义用户想从一个产品或服务的使用中获得什么。因此，用户画像更侧重于用户显性需求的具体描述。

为了搜集用户画像的基础数据，通常将用户的互联网数据简单归纳为人口学特征和行为等属性数据。其中行为属性数据包括搜索关键词等即时数据、购物与浏览行为等数据，进一步分析还可以整合用户兴趣爱好、人脉关系等社交数据，这能够为精准、快速地分析并形成完整的用户画像提供足够的数据依据。而常用于用户画像构建的大数据分析算法为聚类分析法。聚类分析法能够把相似的对象分到同一组，这符合用户画像的目的，即对用户进行群体分析与个性化运营，见图9-3。

---

[1] 杨焕. 数据与设计的融合——大数据分析导出用户需求洞察的创新路径研究[J]. 装饰，2019（5）：100-103.

	单日流失用户	七日流失用户	15日流失用户	细水长流型用户	神秘消失型用户	潜水型用户	总计
描述	在1日内流失的用户	在1日以上，7日以内流失的用户	7日以上，15日以内流失的用户	活动密度低，活跃周期长，指活期15日。活跃次数小于5次	活动密度高，活跃周期长，指活跃周期超过15日，活跃次数大于5次	有登录记录，但15日以上没有活动	22394
用户数	14288	4019	2230	1165	239	453	
比例	0.64	0.18	0.10	0.05	0.01	0.02	1
人口学特征	以年轻在校大学女生为主，消费能力偏低，对商品价格敏感，对商品优惠活动有较强的需求						

图9-3 See App流失用户画像描述图[1]

（2）分析用户体验旅程

用户通过不同渠道与产品、服务互动行为的全过程被称为用户体验旅程。在用户画像创建的基础上，通过对用户体验旅程各触点的用户行为数据进行深刻地分析、归纳与总结，可以准确地认识到典型用户的具体需求。

1）用户体验旅程的触点内容结构

用户与企业发生互动的顺序汇成了用户生命周期，它常常能够映射用户体验旅程触点行为内容。因此，对用户生命周期的解读能够使设计研究者从用户与企业产品和服务的互动行为中理解用户体验旅程的触点内容结构。例如，一般品牌服务的用户体验旅程的触点行为内容按照用户生命周期过程的先后顺序可以定义为感知到—被吸引—了解咨询—使用产品—离开服务。

2）用户体验旅程的数据分析框架

建立用户体验旅程数据分析框架需要整合用户体验旅程所有触点的数据。在数据分析的过程中，需要先通过漏斗模型来了解每个触点的转化效率，从中发现异常转化率，然后围绕异常转化率，基于用户行为日志的数据分析和挖掘分析用户的行为轨迹，得出用户异常行为特征。[2]再结合后续情景分析得出用户发生异常行为的原因，即用户未满足的需求。

---

[1] 杨焕. 数据与设计的融合——大数据分析导出用户需求洞察的创新路径研究[J]. 装饰，2019（5）：100-103.

[2] 何胜，冯新翎，武群辉，等. 基于用户行为建模和大数据挖掘的图书馆个性化服务研究[J]. 图书情报工作，2017，61（1）：40-46.

(3) 结合情景分析

一旦研究人员将大数据置于相关情景中，企业可以通过使用大数据来洞察用户需求，尤其是用户的隐性需求，并提升用户体验。对研究人员而言，重要的是观察用户体验旅程中各触点用户行为在真实世界情景中是如何发生的，否则研究人员最终只能得出广义结论。

情景被广泛地用于描述一个用户体验产品的环境。通过整合观察到情景的数个不同方面，设计师能够识别由于只专注于现象分析方面而可能被忽视的原因。情景分析在设计过程中可以被用于各种目的，这些目的可以被分为以下5种：问题描述、未来预测、概念生成、需求分析和详细的系统设计。

具体表现为，从心理分析层面，它有助于让设计研究人员更深刻地理解各触点用户行为背后的原因。它的中心思想是观察产品与服务在真实世界的情景中是如何体验的，以及如何获得能够改善这些产品与服务的信息。因此，对真实世界中时间、地理等情景数据的分析能帮助研究人员更好地理解用户行为。从预测分析层面，它可以通过数据的关联性发现用户隐性需求，并告诉研究人员在某一情景中可能会发生什么。例如，如果一个在线零售商能够依据客户的购买历史记录分析得出其购买偏好（经常浏览或购买的品类、产生消费行为的高频时间等因素），就可在其消费的固定时间推荐其可能喜欢的商品。

PART 04

实践

第四部分

用户研究的
实践案例应用

前面几部分介绍了用户研究相关理论知识，为了更好地掌握理论在实际项目之中如何应用，本部分选取 3 个不同类型的设计案例，完整介绍在实际设计过程中如何应用用户研究流程、分析模型、方法工具等相关知识，在设计各个阶段辅助设计分析与决策。

第10章

案例应用

本章将介绍3个完整的设计案例，案例类型包括App设计、视觉导向系统设计与服务设计。这些案例对社会问题、地域问题进行挖掘与洞察，在设计的各个阶段通过用户研究的方法辅助设计决策，最终从各自专业方向提出用户满意的设计方案。通过本章的案例应用对前面用户研究相关理论知识进行回顾。

10.1 口吃儿童矫正治疗App设计

据世界卫生组织（WHO）统计，全世界有约8000万口吃患者，即每100个人中就有1个人患有口吃，我国口吃患者达1300万人，儿童是主要发病群体，其中至少70%的口吃儿童是在学前发病。口吃儿童在语言的处理上困难，日常交际受阻，不仅影响其心理发育和认知功能的发展，还导致一系列负面情绪及行为，造成孩子形成自卑、胆怯等不良习惯。[1]目前主要的纠治办法是语言训练，同时成熟的语音识别技术可以正确实现对儿童构音障碍的分析与评估，而且有实验表明，多媒体软件对早期发育性构音障碍儿

---

[1] 程洛林，徐伟，龙天，等. 适用于学龄前儿童智能陪伴玩具的APP交互设计研究[J]. 家具，2019，40（2）：71-77.

童进行语训疗效显著，大约80%的口吃儿童可在正确的训练方法指导下得到矫治。❶ 但是，目前市场上缺少从构音障碍儿童角度出发进行设计的多媒体软件，满足不了构音障碍儿童在有较好训练体验的基础上矫治构音障碍的需求。

本项目以构音障碍儿童群体及其家长为用户研究对象，了解口吃儿童的生理、心理特征与训练现状，挖掘用户的痛点与需求，并基于用户研究中发现的问题，提出针对构音障碍儿童矫治App的用户体验设计方案，充分考虑儿童及其家长"双用户模式"的使用体验，在保证矫正有效的同时，减轻构音障碍儿童的心理压力与自卑感，使其更容易被构音障碍儿童所接受和喜欢。

10.1.1 桌面调研

在项目前期，通过应用桌面调研的方法对网络、书籍、文献等二手资料进行有目的的查找和分析，了解目前口吃矫治的现状、人群现状与问题、技术现状等，以便于发现问题、寻找项目方向。

（1）技术背景分析

国内主流的口吃检测法有三种，分别是中康构音检测法、构音障碍检测法、构音障碍能力主观评估。目前构音障碍分析与评估手段已经形成比较完善的理论体系和应用研究体系，对于目前言语障碍康复治疗具有很好的理论支撑和促进作用。构音障碍分析与评估主要是在构音器官健康条件下，归纳总结构音方式上出现的问题并按照医学知识进行障碍程度评估。对于构音障碍功能评估的研究，国外普遍采用使用率较高的单音节词作为评估材料，并且这些单音节词都需要以音位对的形式在评估材料中出现。国内对于构音障碍科学地进行分析治疗方面发展较晚，目前为止国内对于构音障碍的分析与评估大都基于临床治疗（图10-1）。❷

---

❶ 张旺. 基于语音识别的功能性构音障碍分析评估研究[D]. 兰州理工大学，2019.
❷ 张旺. 基于语音识别的功能性构音障碍分析评估研究[D]. 兰州理工大学，2019.

桌面调研·医疗技术

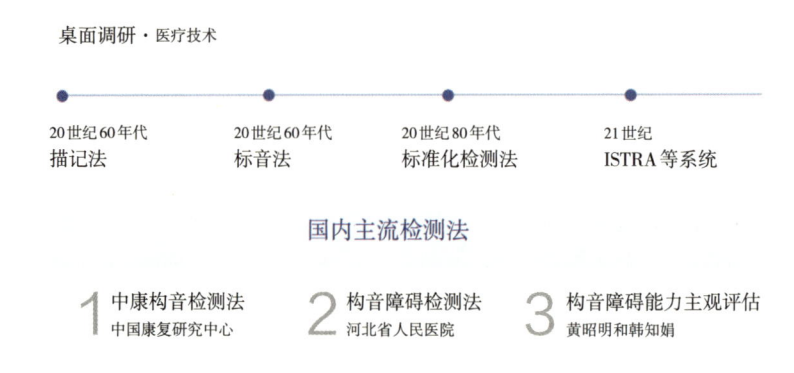

- 20世纪60年代 描记法
- 20世纪60年代 标音法
- 20世纪80年代 标准化检测法
- 21世纪 ISTRA等系统

国内主流检测法

1. 中康构音检测法 中国康复研究中心
2. 构音障碍检测法 河北省人民医院
3. 构音障碍能力主观评估 黄昭明和韩知娟

图10-1　桌面调研·医疗技术

（2）用户现状分析

我国约有1300万口吃患者，其中95%的成年患者在儿童时期就患有口吃。青少年口吃发病率约为2%，儿童的口吃发病率约达到5%，2~5岁发生率最高，且男女比例约为4∶1（图10-2）。

通过二手资料调研，对目标人群的生理与心理特征进行初步分析：

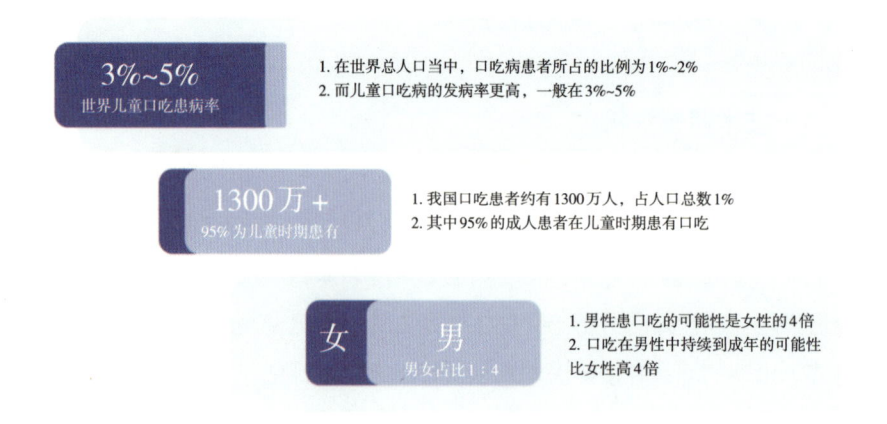

- **3%~5%** 世界儿童口吃患病率
  1. 在世界总人口当中，口吃病患者所占的比例为1%~2%
  2. 而儿童口吃病的发病率更高，一般在3%~5%

- **1300万+** 95%为儿童时期患有
  1. 我国口吃患者约有1300万人，占人口总数1%
  2. 其中95%的成人患者在儿童时期患有口吃

- **女　男** 男女占比1∶4
  1. 男性患口吃的可能性是女性的4倍
  2. 口吃在男性中持续到成年的可能性比女性高4倍

图10-2　桌面调研·用户群体

1）2~7岁儿童

生理特征：视觉上喜欢明亮欢快的色彩、听觉能力趋于完善，在语言上，口吃儿童理解能力较弱、语言表达能力较差。

心理特征：口吃儿童容易带有孤僻、自卑、逃避的心理特征，对陌生环境带有恐惧心理；另外，原本语言能力正常的儿童对口吃好奇心强，习惯于模仿，从而易形成口吃。

交互行为特征：口吃儿童的认知能力相对较低，儿童注意力容易转移，识字能力较低，逻辑层面尚未成熟。

2）口吃儿童家长

口吃儿童的家庭一般有两种情况：第一种，家长比较在意孩子语言发育情况，会带孩子去相关医疗机构进行诊断，但大多数家长只考虑去医院咨询医生寻求帮助，而不知道可以找语言治疗师进行相应的评估和治疗；第二种，家长不懂得区分正常的言语不流利和初始的发育性口吃，直接坐视不管，认为孩子可以自动康复，有家长甚至给孩子过多的情绪和心理压力，如在孩子患有口吃说话不流利时斥责孩子等负面行为。无论是上述哪一种情况，都表现出家长对"口吃"认识的不足，无法准确地帮助孩子矫治。

10.1.2 竞品分析

目前国内现存的口吃矫正软件数量较少，版本老旧、老化，体验感较差。有些软件只能通过固定设备才可使用。根据自身项目设计的相关度与体验感，主要选出 DAF/FAF Assistant、巧嘴、自闭症言语治疗、流利说英语、超流利、音书、朗朗学说话、斑马课堂、叽里呱啦、叫叫、汤姆猫等 App，考虑到口吃儿童群体的特殊性，选择了超流利、音书、朗朗学说话、叽里呱啦4个 App，主要从产品的用户、使用驱动、产品功能及优劣势方面进行重点分析，并选择性分析了斑马课堂和叫叫两个 App（图10-3）。

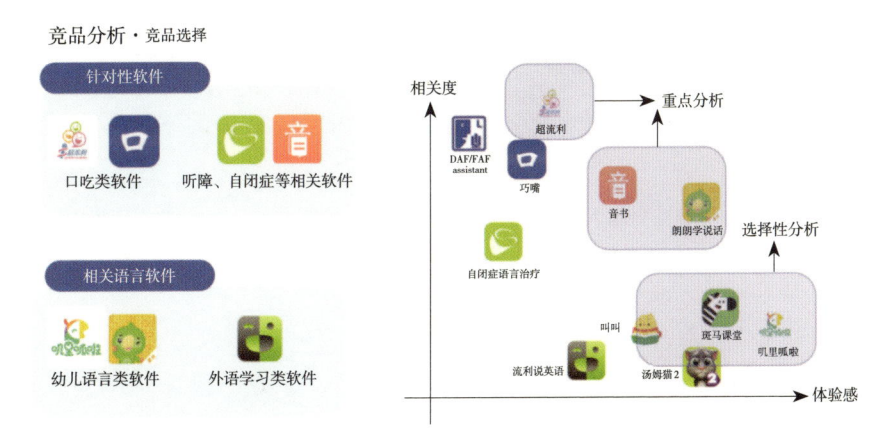

图10-3 竞品分析·竞品选择

根据竞品分析发现，在与自身产品相关度较高的口吃矫治 App 中，目前市场上仅有一款是针对口吃患者的 App——超流利，但是该应用没有从口吃儿童角度出发进行设计，界面风格偏成人化，满足不了口吃儿童在有较好训练体验的基础上矫正口吃的需求。在同类为语言障碍用户设计的 App 中，音书与朗朗学说话 App 与本产品的相关度与体验感较高。音书是一款通过"互联网+人工智能技术"改善听力言语障碍群体沟通现状的工具，虽然直面听障人士，但是产品的功能全面，在语音训练、远近距离翻译交互方面对自身 App 设计有很大的参考价值。朗朗爱说话是一款专注儿童语言能力的在线教育软件，专为自闭症儿童群体设计，注重引导儿童发音表达以及认知理解，并且在家长训练模块加强了孩子和家长的互动性。在儿童相关的 App 设计上，要考虑到儿童的心智模型。叽里呱啦是一款专注儿童英语的启蒙类 App，在界面设计上符合儿童心智，课程视频设置有趣，保证了儿童的专注力，在界面设置上对本产品有所参考（图10-4）。

竞品分析

产品名称	基本信息	用户	初次使用驱动	持续使用驱动
超流利App	超流利App基于"口吃矫正金字塔理论"使口吃人群自我矫正、战胜口吃，让口吃人群不再自卑	口吃人群	• 新华社、CCTV专访推荐 • 摆脱口吃带给生活、学习的负面影响 • 克服自卑心理	• 口吃症状有所改善 • DAF等训练法以及直播课程的多样性
音书	一款通过"互联网+人工智能技术"改善听力言语障碍群体的沟通现状，为国内大多数听障人士使用的工具	听障人士	• 服务信息全面，满足用户需求 • 远近距离翻译和语音训练体验感足	• 听力口语联系改善用户现状 • 每日签到领福利 • 翻译器的存在使社交更方便
叽里呱啦	叽里呱啦是一款学习类英语启蒙的软件，叽里呱啦创造英语氛围，帮助爸妈们轻松完成孩子的英语启蒙	3～6岁儿童	• 希望宝宝轻松完成英语启蒙 • 节省父母时间 • 在学习过程中家长能清晰了解进程和学习情况	• 更好的交互体验 • 阶段性的课程 • 对于孩子的英语能力更上一层楼
郎朗爱说话	一个专注儿童语言能力的在线教育平台，为儿童提供系统化的学习，一步步引导孩子打开语言之门	自闭症儿童群体	• 引导儿童发音表达以及认知理解 • 产品以及服务信息全面	• 功能全面 • 平台根据儿童类型推荐相应课程以及训练方法 • 家长训练模块加强了孩子和家长的互动性 • 每日签到攒积分

产品名称	产品功能	优势	劣势
超流利App	• 朗读训练、DAF训练、放松训练、呼吸训练、计划制定	• 国内为数不多的纠正口吃的软件之一 • 口吃矫正辅助工具多样	• 界面设计有待加强 • 存在界面闪退现象 • 免费问诊联系不到医生
音书	• 悬浮翻译、听力服务、语音训练、视频通话、手写板、手语交友	• 产品功能全面 • 覆盖人群广 • 翻译者的设置用户体验比较突出 • 界面设计简洁	• 生活专区购买需要跳转至另一软件，耗时长 • 没有软件专属客服，询问客服时会跳转至其他聊天软件
叽里呱啦	• 学习巩固、购买课程、拓展学习	• 界面设计能吸引儿童注意力 • 在学英语之外，拓展课程也非常全面 • 家长验证的功能设计保证了孩子的专注力 • 课程视频设置有趣	• 广告多
郎朗爱说话	• 专家评估、家长课程、积分商店、成长管理	• 专为自闭症儿童群体设计 • 层级分工明确	• 文字内容太多 • 课程广告太多

图10-4　竞品分析

通过桌面调研以及竞品分析，初步明确了本项目的定位：以2~7岁口吃儿童及其家长为目标用户，主要针对儿童构音障碍问题提供线上多媒体矫治方案，并在矫治策略上达到个性化制定，实现"趣味＋专业"的目标，让构音障碍儿童在轻松愉快的环境中学习；同时针对家长想要了解的相关矫治信息和孩子的学习进程设置相关模块，增加自身产品的差异化特征。

10.1.3 用户调研

（1）调研准备

1）调研目标

① 了解家长对口吃问题的看法和认知程度，了解目标用户对口吃矫治类App及其他矫治方式的接受程度。

② 了解目标用户的过往经历，从发现口吃到治疗口吃的过程，以及过程中的痛点和愉悦点。

③ 探索口吃儿童以及口吃儿童家长对口吃类矫治的需求，并对预设功能进行验证。

2）调研对象选择

考虑到大部分口吃儿童年龄尚小且不能准确表达，因此仅作为观察对象，在用户调研阶段将口吃儿童家长作为重点调研对象，包括有过治疗经历的家长以及无治疗经历的家长；同时，还希望能通过对相关医疗矫治机构的调研得到一些矫治方法和建议。

① 口吃儿童的家长（包含有过治疗经历、无治疗经历）——重点。

② 4~7岁口吃儿童（包含不同年龄段）。

③ 专业矫正机构医生。

3）调研形式选择

本项目选择定性、定量结合的调研形式，综合采用用户访谈、问卷调研两种方法进行调研。

（2）用户访谈

项目成员线下走访了几家口吃类教培机构及儿童口吃康复中心，通过观察结合访谈的形式，对口吃儿童家长、口吃儿童、矫正机构专家展开调研（由于医院、机构等的特殊性，具体访谈画面未进行拍摄）；同时通过线上访谈的形式调研了口吃矫治相关医生、口吃互助群家长。

1）口吃儿童

在观察口吃儿童的过程中，有一部分口吃儿童表现得比较敏感，面对陌生人的主动沟通通常表现出害羞且一直躲闪。也有一部分口吃儿童对自身的口吃并没有意识，也没有焦虑、紧张或恐惧之类的心理表现。项目成员发现，儿童口吃经常表现为阵发性，有时说话特别不流利而有时说话相对流利一些。

在 App 的使用情况上，根据家长访谈了解到，儿童更为喜欢的大多为简单语音交互和手势交互类的有一定趣味性的游戏类应用软件。

2）口吃儿童家长

访谈场所：线下口吃矫治机构、线上口吃互助群。

在线下的访谈中，采访到孩子构音障碍相关情况时，大多数家长与孩子表现出的情绪都是十分抗拒，并且对口吃了解度很低，甚至将构音障碍与残疾人画等号。他们对口吃矫正 App 持保守态度，表示如果有专业医生的推荐会考虑使用，但是医生水平参差不齐，担心就诊过程体验不佳并且浪费时间和金钱。对 App 的期待是要以趣味性引导孩子学习，又不能太游戏化，并且希望能够在线和专业医生进行交流，在医生的指导下进行训练。

项目成员也通过线上访谈的形式访谈了口吃互助群的部分口吃儿童家长。外贸批发人士李女士表示，由于工作问题，李女士和她的先生长年在外地奔波，孩子由奶奶看管。一次过年回家的时候，李女士发现自己的孩子说话出现了不利索的现象，持续时间长达半年之久。之后尝试过去大医院矫治，但是效果甚微，目前在群中寻找帮助，其中她认为，每天唱儿歌对自己孩子帮助很大。家庭主妇白女士表示，她发现自己的孩子在读中班的时候说话不太自信，总是支支吾吾，问她问题，她回答总是慢吞吞的，绕来绕去老半天，但是在送她去了小小主持人的辅导班之后就没有这个问题了，上个学期末还进行了全校表演。

3）口吃矫治/康复机构

走访线下机构：圆梦语艺教培机构、如语堂口吃矫正、口吃康复中心。

为营造轻松的学习氛围，避免敏感和不安，老师上课多以玩游戏的方式和语气进行授课，而不能直接提到"治疗口吃""矫正口吃"等话语。其使用载体以儿童故事绘本为主，有时也使用语音、语速、节奏、预期、亲和力合适的软件进行授课。

在App方面，医生建议根据儿童的口吃情况设置有针对性的训练方案，必要的是在做任何训练之前都要先进行呼吸训练以放松口腔肌肉，后续才能达到较好的训练效果。另外，口吃儿童由于容易紧张而羞于表达，因此最好是在儿童熟悉的环境下使用。儿童最依赖父母，在使用App时，家长可以参与并鼓励孩子，以减少孩子的心理压力。

在口吃类教培机构进行观察时，发现成人前来医疗的数量远大于儿童。由于幼儿时期自己和家长的不重视，在成长中压力不断，所以一直以来与他人沟通较少，随着年龄的增长受到口吃带来的影响越来越深，不得已才抱着尝试的心态来进行矫治。

4）专家访谈

主治医生：医院儿科主治医生。

在访谈中了解到，在矫治策略上的选择，线下康复训练人员更具有针对性，能够更好地观察儿童发音过程中的口肌变化。儿童口吃训练主要是锻炼某些不当字词或音节的发音，治疗周期根据儿童口吃情况而定，一般来说，治疗的效果在20多天后才会显现。目前市面上口吃矫正器起到的作用不大，还是需要专业指导。

研究学者：日本筑波大学人间综合科学系研究生何女士。

由于语言功能随年龄发展，3~5岁及以上的大龄儿童需要口吃的相关矫正。训练的有效方法主要是加强锻炼孩子的口腔肌肉，家长平时可以多教孩子做吹气、合唇、伸舌等动作，也可以和孩子做一些小游戏，如吹纸巾、吹蜡烛、扮鬼脸、用舌头把嘴唇周围的蜂蜜舔干净等。

（3）问卷调研

近年来，随着人们生活节奏的加快，儿童口吃的病例数量逐年增高。因此，项目成员根据现状准备了两份问卷进行调查，收集大众及口吃儿童家长对儿童口吃的了解情况，旨在帮助口吃儿童解决口吃问题。相较两份问卷，在针对口吃儿童家长的调查问卷设置上更加有针对性，比如"意识到孩子出现口吃的时间""您的孩子在生活中有没有存在一些心理障碍"等，并在口吃矫治医疗类App功能性方面调研了多方面的需求（图10-5）。

根据问卷调研结果显示，在治疗期间，大部分口吃儿童家长更加关注治疗费用及治疗期间的服务，反而对矫正产品的质量关注度较低。对于儿童出现

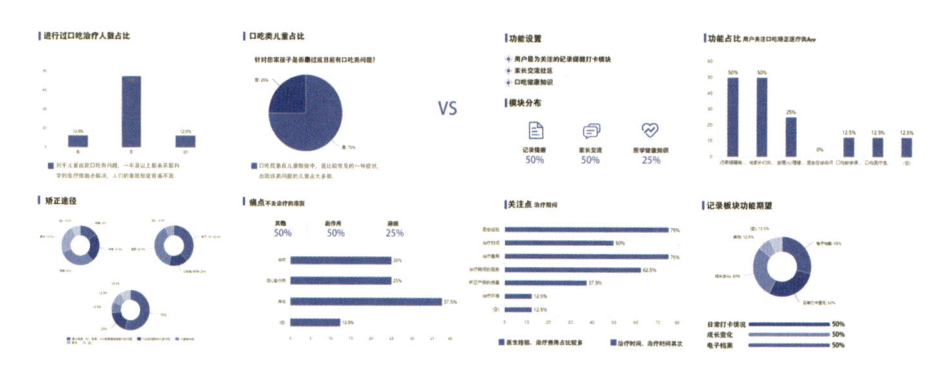

图10-5　问卷调研结果部分数据图

构音障碍问题时，一半及以上的家长都未采取科学的医疗措施去解决，说明目前人们对儿童口吃问题的重视程度普遍不高。少数家长不愿意采取矫治医疗App是因为没有计划推荐，不知道怎么对自己的孩子进行矫治。当口吃儿童家长想要了解相关知识时，采取渠道主要为百度搜索等浏览器，获取渠道较杂，很多问答都缺乏科学权威性。

（4）亲和图

在用户调研数据的整理阶段，应用亲和图，将获得的大量零散信息围绕调研目标进行分类整理，归纳目标用户的特征、行为经历、动机痛点等，以期对目标用户有更系统和清晰的了解，为进一步描述用户画像与用户旅程图做支撑（图10-6）。

图10-6　亲和图整理

10.1.4 用户分析及洞察

（1）用户画像

通过亲和图对用户调研中获取的用户特征信息进行分类总结，发现了较为典型的行为变量，如是否看过医生、是否积极治疗等，并将用户访谈中的6位典型用户和找到的行为变量一一对应，以便于识别出目标用户的显著行为模式。行为变量及典型用户对应关系见图10-7。

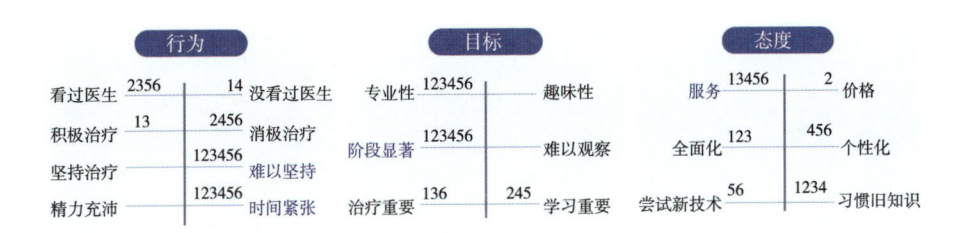

行为			目标			态度		
看过医生	2356　14	没看过医生	专业性	123456	趣味性	服务	13456　2	价格
积极治疗	13　2456	消极治疗	阶段显著	123456	难以观察	全面化	123　456	个性化
坚持治疗	123456	难以坚持	治疗重要	136　245	学习重要	尝试新技术	56　1234	习惯旧知识
精力充沛	123456	时间紧张						

图10-7　行为模式识别

通过分析发现，目标用户没有特别显著的行为模式差异，大多治疗较为消极并难以坚持，没有很多时间进行长期训练，希望获得专业性的矫治、能看到阶段性结果，比较看重矫治的服务且不愿尝试新的技术。

通过对目标用户的行为模式进行识别，结合用户调研中获取的其他信息，构建口吃儿童及其家长的用户画像，让目标用户的形象更加明确生动（图10-8）。

图10-8　用户画像

（2）用户旅程图

针对目标用户从发现口吃到诊治的过往行为经历、过程中用户的情绪变化及每个阶段的痛点需求，绘制用户旅程图（图10-9），从完整的体验流程上梳理用户体验的现状及痛点，挖掘其中的设计机会点。

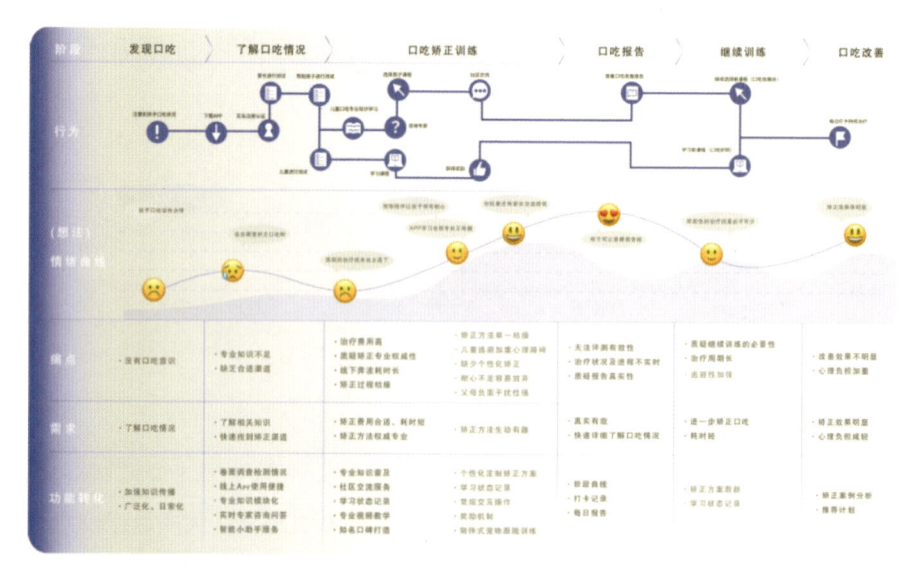

图10-9　用户旅程图

（3）需求转化

通过前期对市场问题及用户问题的分析与洞察，发现目前亟待解决的3个问题为：现有产品专业性与趣味性不足（核心）、家长缺乏相关知识、治疗进程及效果不清晰导致持续治疗动机弱。为了有效解决这3个问题并提供良好的用户体验，本项目将设计目标设定为专业性＋趣味性（核心）、家长参与度、效果可视化，并围绕设计目标进行了初步的头脑风暴，发散了相应的设计机会点（图10-10）。

10.1.5　设计构思

（1）产品定位

本项目针对儿童口吃问题，为2~7岁的口吃儿童及其家长提供专业的线上口吃矫治服务，通过口吃测试、多种趣味训练模式、可视化效果报告及社区交流等功能让口吃儿童得到专业有效且持续的矫治，打造沉浸式交互体验（图10-11）。

用户痛点	核心问题	设计目标	设计机会点
家长： • 没有相关渠道了解和治疗 • 治疗周期太长，效果却不显著 • 治疗费用太高 • 对于相关知识十分匮乏 **孩子：** • 个人表达能力薄弱 • 恐惧心理 • 感觉市面上的治疗很无趣 • 父母影响力较大 **社会/市场问题** • 治疗差异化和趣味性不强 • 预防矫正方法不权威 • 过度引诱消费、虚假宣传 • 市场医疗技术并不成熟	**孩子** 专业性≠趣味性 **家长** 辅助治疗期间家长缺乏相关常识 **治疗进程** 无法评测孩子的治疗状况及进程	提高产品专业度 训练模式趣味化 加强家长参与 度和专业性 提供阶段性报告	• 语言检测测试 • 语言薄弱点一对一鉴定 • 定制专业课程 • 教学内容科学验证 • 专业医院对接 • 家长知识普及视频 • 社区经验交流 • 亲自游戏 • 每日报告 • 打卡记录 • 阶段曲线	• 学习游戏相互结合 • 增加陪伴式宠物养成设计 • 虚拟宠物课堂 • 提高游戏奖励机制 • 语音交互引导 • 简单的操作点击系统 • 课后情景训练 • 专家咨询 • 人工智能答疑

图10-10 需求转化

针对口吃儿童矫正治疗服务体验的移动应用

目标用户	主要功能	产品特色	用户目标	使用场景	社会价值
2~7岁儿童 家长辅助		专业+趣味 个性定制		课程选择前基础测试 孩子学习高效获得奖励 家长疑惑在社区交流问答	
基于口吃儿童特点提供矫正治疗服务 打造儿童沉浸式交互体验		得到专业性和趣味性平衡结合的矫正治疗 获得高效、可观的结果报告 家长辅助治疗专业度提高		打破传统儿童教学的普遍性特点 矫正口吃儿童构音障碍 减少医用资源消耗	

图10-11 产品定位

（2）设计发散

围绕产品定位以及设计目标，项目成员应用头脑风暴的方法进行设计发散，从专业性及趣味性两个核心体验目标出发提出设计概念及功能（图10-12）。

10.1.6 方案筛选及测试

为了对发散出来的众多概念方案进行筛选和排序，找到最有效的解决方案，项目成员采取专家评估及用户满意度测试的方法，从产品视角及用户视角对功能进行了两轮筛选（图10-13、图10-14）。

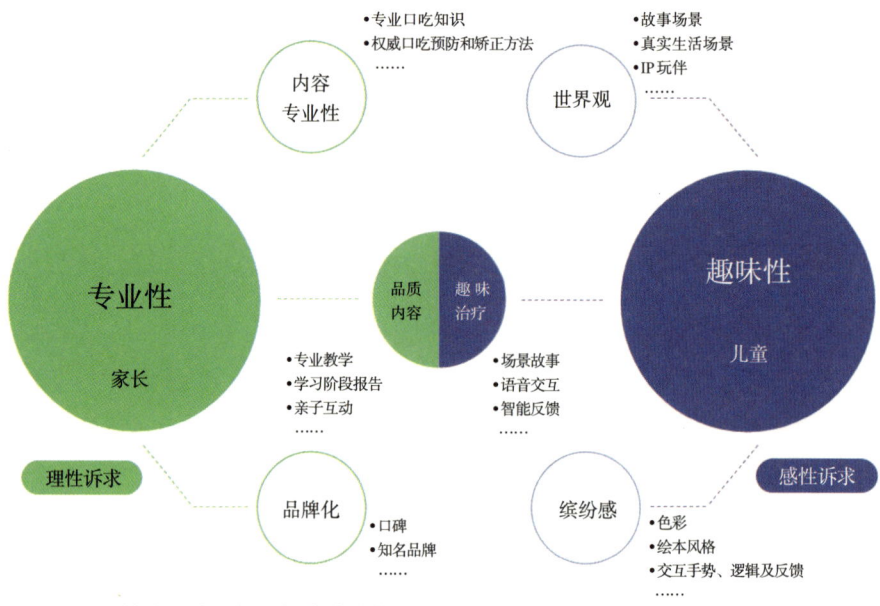

图10-12 核心设计目标及机会点发散

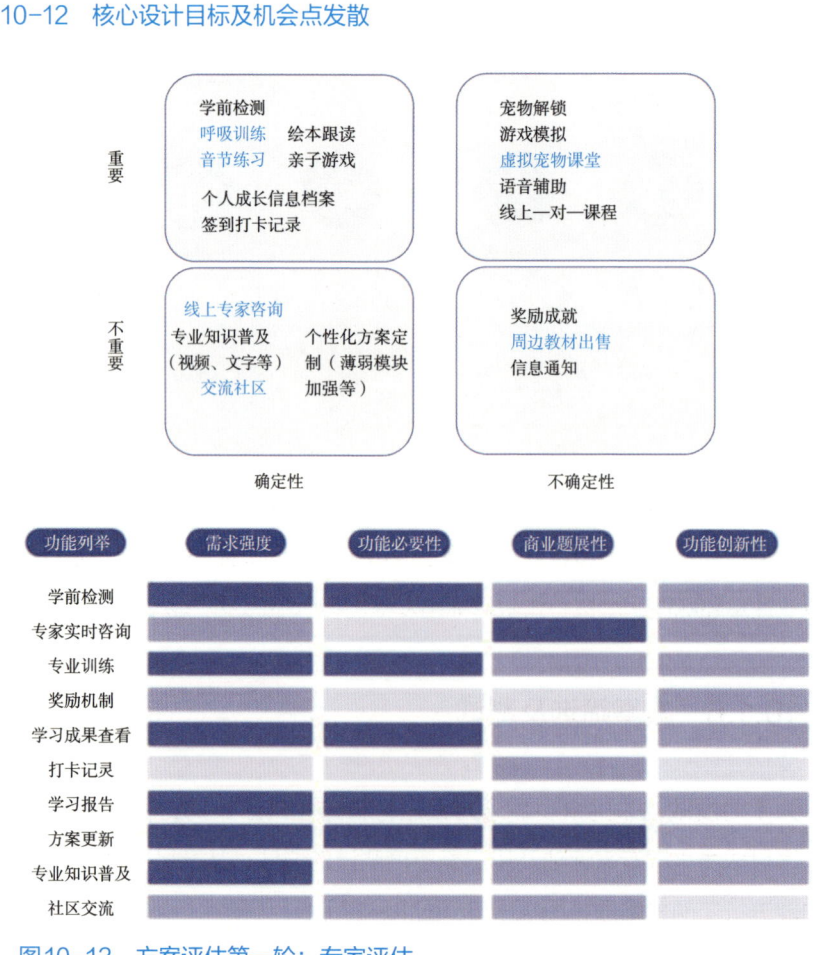

图10-13 方案评估第一轮：专家评估

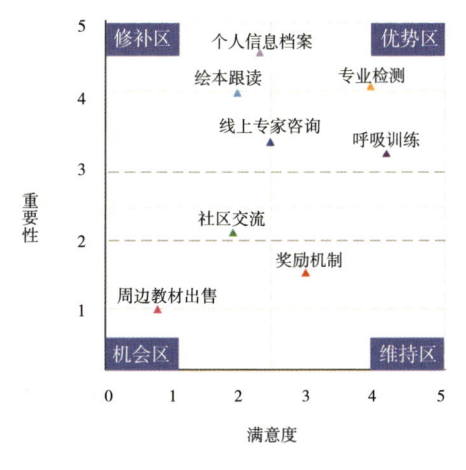

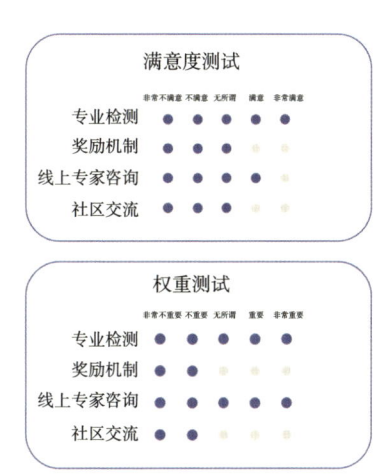

图10-14　方案评估第二轮：用户满意度测试

通过两轮测试，结合专家及用户的建议，筛选出如下功能作为App第一版本的主要功能（图10-15）。

了解口吃

①专业知识普及
- 社区文章推荐
- 优秀案例分析
- 社区问答
- 视频讲解知识

②专家实时咨询
- 智能小助手问答
- 专家线上问诊

矫正治疗

①学前检测
- 呼吸检测、长短句跟读、音节跟读

②专业矫正
- 呼吸训练（每项训练前）
- 绘本跟读
- 单字训练
- 薄弱加强
- 宠物课堂
- 场景虚拟
- 亲子游戏

③奖励机制
- 宠物解锁
- 徽章奖励

④学习结果
- 练习成绩记录
- 练习时长分析

查看报告

①打卡记录
- 阶段学习时长记录测试用户黏性

②学习报告
- 根据学习结果等成绩记录来更进矫正报告
- 元素：学习时长、模块训练分析、口吃原因、阶段性治疗方案推荐

③阶段曲线
- 可视化图标分析报告

继续训练

①方案更新
- 阶段学习报告分析

②专业矫正
- 呼吸训练（每项训练前）
- 故事角色扮演
- 儿歌学习
- 配音训练

③社区交流服务
- 家长心得分享专区
- 专家治疗经验分享

图10-15　产品功能

10.1.7　设计执行

在设计执行阶段，项目成员围绕用户画像及设计目标，结合产品功能优先级，对App的信息架构、任务流程、交互及界面进行设计细化，并结合品牌设计共同打造一款专业且有趣的儿童口吃App（图10-16～图10-18）。

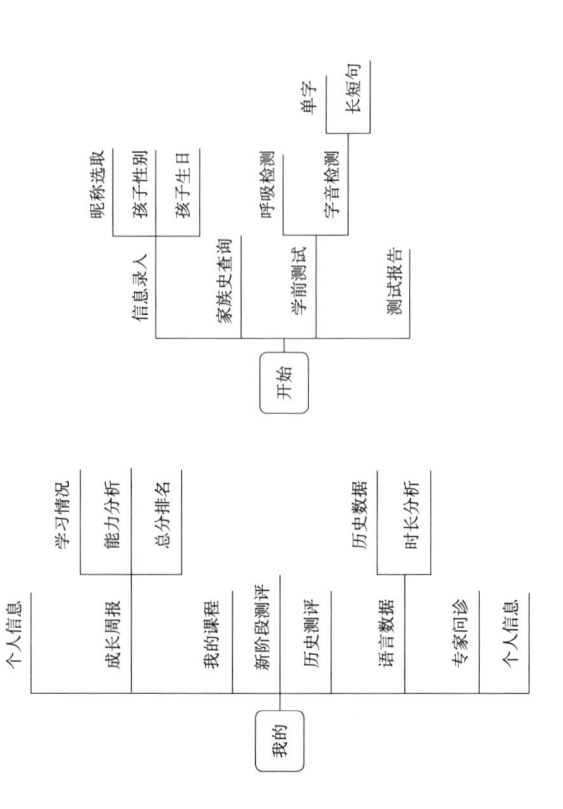

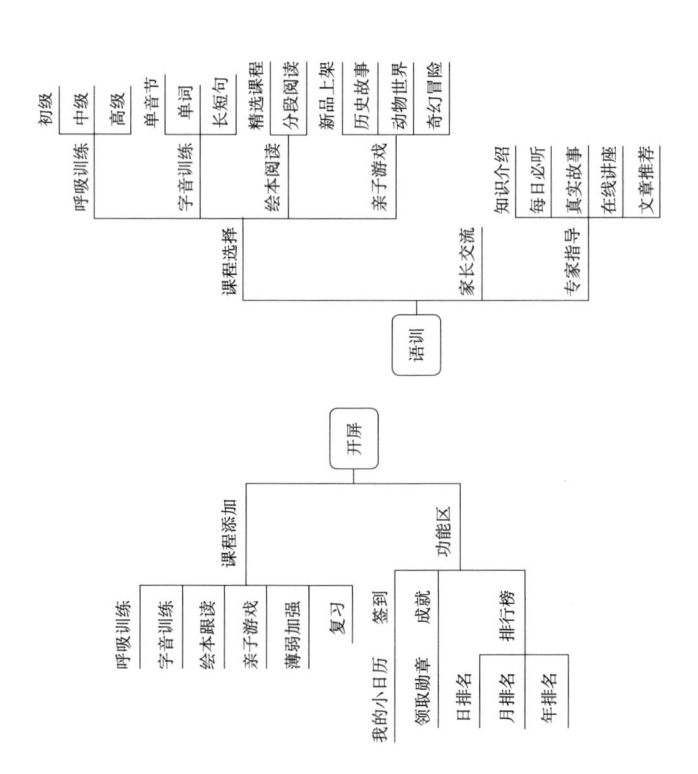

开始

- 信息录入
  - 昵称选取
  - 孩子性别
  - 孩子生日
- 家族史查询
- 学前测试
  - 呼吸检测
  - 字音检测
    - 单字
    - 长短句
- 测试报告

我的

- 个人信息
- 成长周报
  - 学习情况
    - 能力分析
    - 总分排名
- 我的课程
- 新阶段测评
- 历史测评
  - 历史数据
    - 时长分析
- 语言数据
- 专家问诊
- 个人信息

训练

- 课程选择
  - 呼吸训练
    - 初级
    - 中级
    - 高级
  - 字音训练
    - 单音节
    - 单词
    - 长短句
  - 绘本阅读
    - 精选课程
    - 分段阅读
    - 新品上架
  - 亲子游戏
    - 历史故事
    - 动物世界
    - 奇幻冒险
- 家长交流
  - 知识介绍
  - 每日必听
  - 真实故事
- 专家指导
  - 在线讲座
  - 文章推荐

开屏

- 课程添加
  - 呼吸训练
  - 字音跟读
  - 绘本阅读
  - 亲子游戏
  - 薄弱加强
  - 复习
- 功能区
  - 签到
    - 我的小日历
    - 领取勋章
  - 成就
    - 日排名
    - 月排名
    - 年排名
  - 排行榜

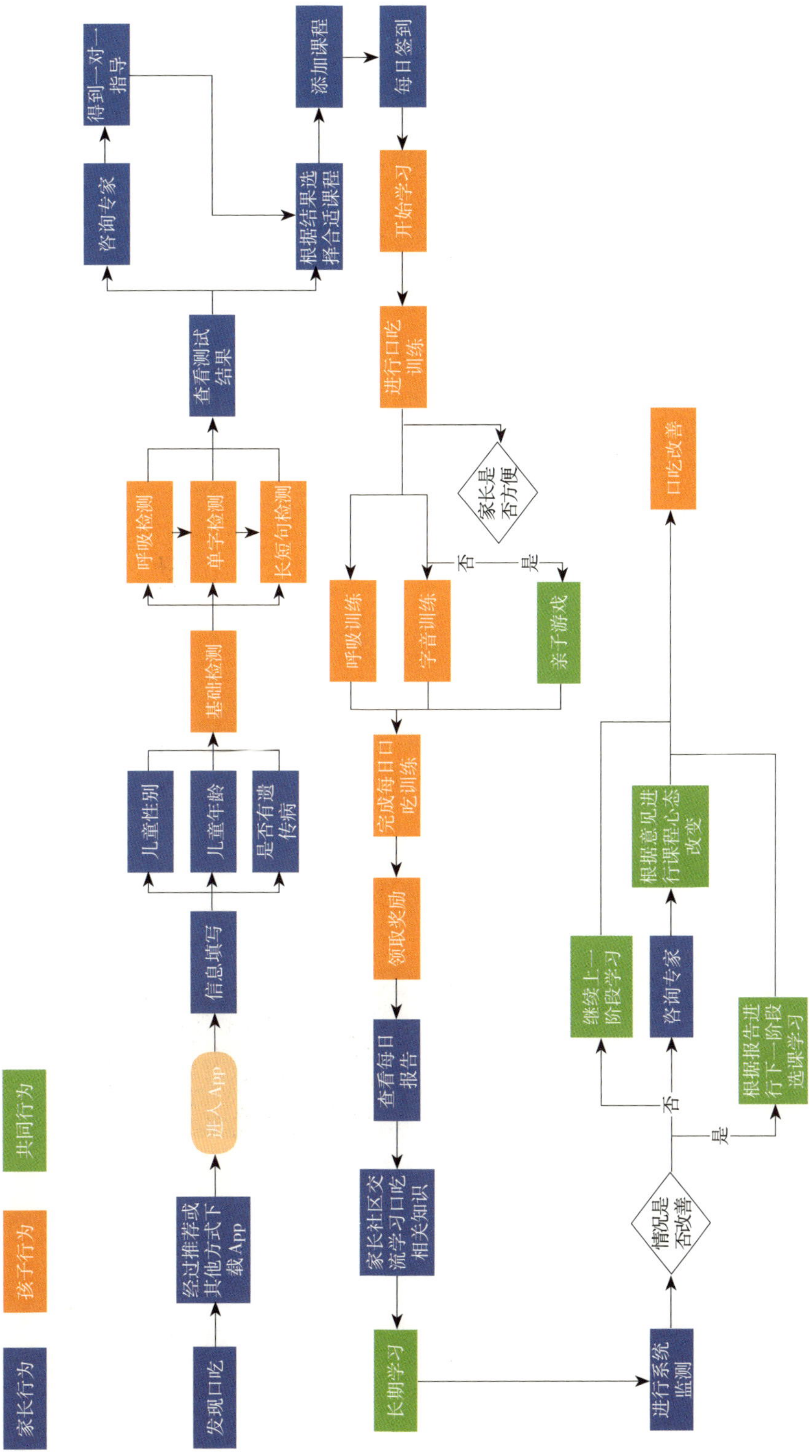

实践——用户研究的实践案例应用　　　　　　　　　　　　　　　　　　第四部分　275

图10-16　信息架构与任务流程图

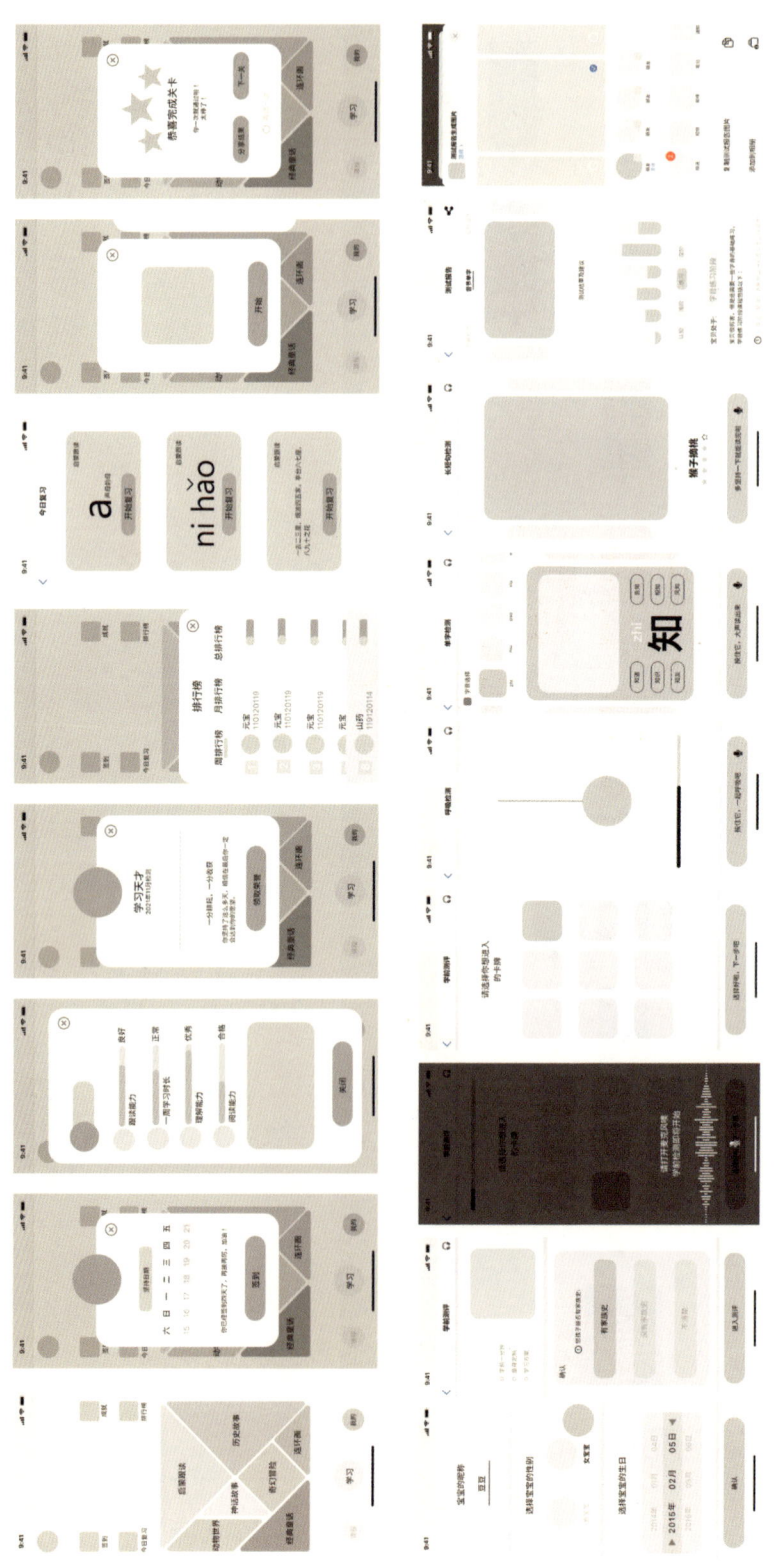

图10-17 低保真交互设计

图10-18　高保真界面设计

10.2 呼和浩特地铁标识导向系统设计

标识导向系统（Wayfinding Signage System），指通过标识、地图、箭头、色彩、符号等设计元素，并结合合理的空间分布布局，能够有效地指引用户完成相应的目标搜索任务。地铁车站客流量大、流动性强，要使乘客能够安全、有序地集散和疏散，除靠宣传和广播引导外，还需设置各种视觉标志反复地显示、引导，使人们在潜移默化中形成深刻的印象。设置完善的标识合理引导乘客，是轨道交通标识系统设计的基本任务。导向标志内容多、分类细，各标识的内容、编排、图形、色彩以及设置有严格的规定。当前国内地铁的信息系统已经形成了一个体系，能够基本满足人们在地铁空间的活动需求和地下、地上空间的交换需求。在以用户为中心的设计理念下，国内标识系统的设计逐渐细致化与人性化，在科学性、技术性、艺术性、文化性等方面均有很大的飞跃。但仍有不少问题随着实际使用逐渐显露，比如，公共区闸机的方向指示、乘客通过哪个出入口上地面某一个区域最合理等。通过现场调研与乘客的信息反馈发现，无论是原有的标识设置原则还是具体设置与设计均有待改进之处。

本项目以呼和浩特地铁标识导向系统为例，通过用户角色模型、用户现状、用户旅程图等梳理汇总，对用户需求进行筛选与分类，最终定义核心问题，并提出设计策略或设计机会点。领会和贯彻标识导向系统设计意图和技术要求，完善标识的绘制，把握导向设计的着重点，洞察文化内涵，体现地域特色，贴近设计主体。

10.2.1 桌面调研

在项目前期通过应用桌面调研的方法对网络、书籍、文献等二手资料进行有目的的查找和分析，了解目前行业现状、人群现状与问题、技术现状等，以便于发现问题、寻找项目方向。

（1）PEST宏观分析

对现阶段地铁标识进行宏观环境的现状及变化趋势分析，外部环境的变化能够直接或间接影响行业内产品的生命周期。从政治环境来看，地铁标识问题已上升为国家标准，并对其进行统一规划；从经济环境来看，地铁作为出行的交通工具承担着相应的经济支撑，因此对其重视规划也同样必不可少；从社会文化环境和技术环境来看，地铁标识作为城市形象建设的重要视觉而存在（图10-19）。

图10-19　PEST宏观分析

（2）标识类别分析

地铁标识导向系统依据性质可划分为标识的性质、用户接受方式、标识设置方式和标识形态特征4方面。现依据呼和浩特地铁标识类别对其进行内容和所处位置的划分。

（3）视觉呈现方式

视觉元素的编排设计有助于导视系统信息传达的有效性，既要符合逻辑信息的有效性又要符合大众审美。

1）文字

要标准规范、简洁明了、系统地传达导向信息，使用户能够在最短时间内对信息进行有效识别。由于机场的人流及特殊的环境需求，需要允许远距离的用户进行识别，因此标识导向的目标可识别性为设计中必不可少的要素之一。

可依据国家标准《城市轨道交通客运服务标志》(GB/T18574—2008)中对标识导向的字体大小为参考。

2)图形

相对文字而言图形对信息的传达更为直观,对图形的使用需简单、直接,结合用户心理和识别习性进行准确、有效的设计。例如,德国科隆波恩机场标识导向的轮廓化图形处理方法使图形更简洁,便于在室内外、飞机体、登机处等不同方位广泛使用。色彩鲜明、形象生动可爱的图形在满足识别性的同时,为用户提供了全新的体验(图10-20)。

图10-20 德国科隆波恩机场导视设计

3)色彩

标识导向系统中通常采用纯度较高的功能性色彩,传达能力较强,依据用户习惯性认知,不同色彩具有特定的含义。

4)尺度

公共空间设计要符合所有人群使用,导向标识的尺度与呈现信息的方式应适应用户寻路需求,以便提高寻路质量。在进行标识导向尺度设计时,应注意信息的重要性排序、导向牌所处的空间、环境的影响、引导的人流数量与规模、人流观看的距离、人流的观看视点等。

(4)人群特征

依据网络数据分析可知(图10-21),全国地铁用户年龄分布在20~29岁、30~39岁分别占比30.58%和36.23%,占据主要客流人群,其次年龄段分布分别为40~49岁、≤19岁、≥50岁,因此汇总可知地铁受众年龄分布多集中于20~39岁。在性别分布中,男性占比59.78%,较多于女性的40.22%。

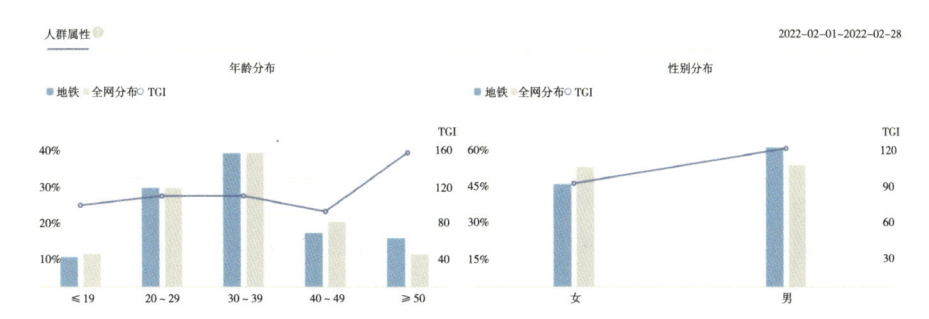

图10-21　全国地铁2022年度人群属性分析

（5）案例分析

1）冬奥会标识分析

①"篆刻"风格引导标识图标设计

引导标识图标在参照国际通用图标和相关公共信息图形符号国家标准的基础上，依据北京2022年冬奥会和冬残奥会体育图标的篆刻风格进行再设计（图10-22）。

图10-22　"篆刻"风格引导标识图标

②图标色彩分类，图标与文字信息互为补充

通过图标色彩分类，图标与文字信息互为补充、科学配置，以实现赛时引导标识系统的基本功能需求，提升人群分流和引导效率。

③"赛区山形"引导标识牌体设计

引导标识牌体设计主题为"赛区山形"。"赛区山形"是北京2022年冬奥会和冬残奥会核心图形主要元素之一，同时，以"山"为主题建构人与自然的和谐关系，是中国传统文化的基本精神之一。采用北京2022年冬奥会和冬残奥会官方专用色彩"天霁蓝"作为统一背景颜色，以增强标识的视觉印象，烘托赛会气氛（图10-23）。

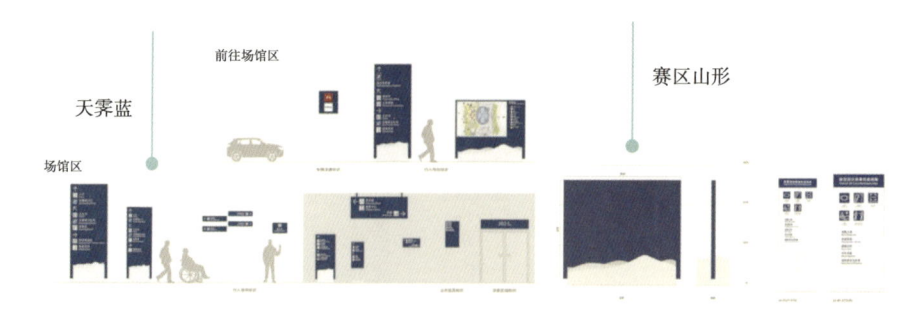

图10-23 "赛区山形"引导标识牌体

2）德国科隆波恩国际机场分析

整个科隆伯恩机场并没有与其他机场一样千篇一律地实行标准化的导向设计，其在极简的同时，加入了当地的地域特色，极具现代化城市特有的魅力（图10-24）。

①导向色彩鲜明

在整个机场空间内的导向系统的色彩使用中，指示牌没有大面积使用机场惯用的灰蓝色，都是用了对比较为鲜明的颜色，如采用天蓝色、黄绿色、中黄色、淡黄色等，冷暖色调的相互对比，给人感觉十分抢眼。

②图形趣味化

德国科隆伯恩机场所使用的导向标识的图形符号都是非现实影像，是对现实事物保留其形状特点及主要特征，并加以抽象概括，在指引过程中传递信息的同时也增加趣味性，别具一格，既时尚又不夸张，很符合整个机场的风格，以及科隆伯恩自由、活力的城市形象。

③空间环境审美性

设计师将半透明的图形符号放大粘贴在机场的玻璃墙面上，不仅有指引功能，还起到了装饰效果，加强了空间环境的审美性。

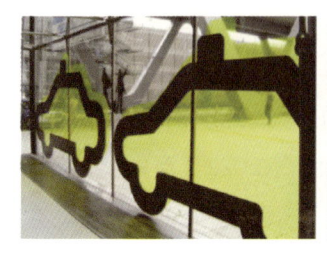

图10-24 德国科隆波恩机场导视设计

10.2.2　用户调研及分析

（1）调研方案

本次调研主要针对呼和浩特地铁用户，采用观察法和访谈法，观察法主要是通过观察用户寻路过程中的行为、语言等信息多方位了解用户，访谈的目的主要围绕用户寻路过程中遇到的问题展开，依据访谈提纲进行一对一半结构化访谈。最终对访谈内容进行汇总分析，整理访谈记录。

（2）调研实施——观察法

应用观察法对地铁中的乘客的行为及路径进行调研，发现乘车过程中的核心接触点及用户的痛点（图10-25、图10-26）。

在实地观察过程中发现用户接触点多为地铁路线图指示和车站街道图指示，对于寻路询问方面，多为询问工作人员与手机查询。

挖掘到用户的痛点：用户在浏览标识导向过程中无法清晰明确寻路方向，目前多为询问工作人员找路；在出口的标注上并没有清晰的指示方向（A、B、C、D出口），仍需用户频繁抬头查看站内车站街道图查找相应出口。

图10-25　实地观察图片记录

> 小艾：火车站站牌指示乘地铁—询问售票厅路线—自动售票机买票—过安检下扶梯—找寻地铁路线图确定乘车方向—观看线路行进指示—乌兰夫纪念馆下车—找寻站内出口指示—看站内车站街道图查找相应出口—出站。

> 小丽：五里营站刷呼和浩特地铁二维码进站—下扶梯乘坐地铁二号线阿尔山路至塔力东路方向—新华广场下车—上扶梯—依据站内标识指示换乘地铁1号线—艺术学院站下车—直接出站。

> 小张：询问工作人员—自动售票机买票—过安检刷卡进站—人民会堂站乘车—等候标志线内候车—西龙王庙站下车—跟随人群上扶梯—看站内车站街道图查找相应出口—出站。

> 小李：自行在一家村站上车—扫码进站—过安检下扶梯—明确乘车方向—呼和浩特体育场站下车—出站。

图10-26　用户行为流程梳理

(3)调研实施——访谈法

运用有目的、有计划、有方法的口头交谈方式,向用户了解事实,有意识地去获得资料的收集与梳理。访谈法具有较好的灵活性和适应性。其目的在于对用户在地铁中的寻路行为进行调查,并获取用户相应的体验需求以及对用户期望的地铁标识导向做出构想。

1)拟定访谈提纲

拟定访谈提纲如表10-1所示。

表10-1 访谈提纲

	CNKI组
1	用户背景
2	相关的心理需求
3	现有的使用环境(生活环境、工作环境)
4	其他使用者(地铁工作人员)
5	现有地铁标识导向使用总体评价
6	期望的功能、预期
7	访谈可能向受访者提出的问题 ①是否有过寻路的经历?当时的心理活动是什么样的? ②在寻路过程中一般都是依靠什么达到目的地的?是否便捷? ③地铁站内导识及内容的设计您觉得如何?是否有助于您到达目的地? ④是否使用过站内标识系统查询信息?整个过程感觉怎么样? ⑤在地铁寻路信息的获取过程中遇到什么问题? ⑥在寻路过程中还有哪些不好的体验?造成的原因是什么? ⑦对于整个地铁标识导向系统,您觉得还有哪些不足之处?

2)访谈资料整理及总结

在对用户使用标识牌寻路的体验感受进行访谈后,对访谈资料进行整理(图10-27),并对其进行分析及总结,现总结如下:

图10-27 用户访谈图片资料梳理

在寻路方式上，被访者通常采取独自观看标识牌和询问工作人员这两种方式，有被访者表示标识信息出现不明确的情况，无法从标识牌上获取更详细的信息，通常人们会寻找的导向标识为进站口、地铁路线图、出口。

在标识系统版面设计上，被访者表示，呼和浩特地铁标识牌的提示面板不是很醒目，期望有灯光提示，而且有时候会和广告牌放在一起，整体的提示性不是很强。对于民族地区地铁站来说，民族特性必不可少，当蒙古语、汉语、英文、图标、导向同时出现在一个标识牌上时，会显得有些凌乱，找不到明确的信息，用户体验感不好。对于标识牌上的图标而言，有些图标不易于理解，增加了用户的认知负荷。

在对呼和浩特地铁标识导向建议方面，有被访者提出可以建立标识模块化，将同一类的信息划分到一起，在统一风格的情况下区分不同门类。还有被访者指出，将标识牌的材质做区分，避免因反光等因素造成识别困难。

（4）调研结果分析

通过对调研结果进行分析汇总，佐证了研究问题的真实性，证明用户在寻路过程中存在认知困难的问题，以及呼和浩特地铁现有标识导向系统用户体验需求的问题。

寻路过程中的认知困难。通过桌面调研可知，由于环境、布局和个人认知差异等原因会对用户寻路绩效产生影响，多数旅客在面对寻路问题时会借助标识牌寻向，标识信息的明确性也是影响旅客寻路绩效的原因之一。

标识导向系统用户体验问题。通过访谈法汇总信息可知，标识导向系统在版面设计、视觉呈现上仍无法提供较好的用户体验，出现标识信息不明确、图标不易理解等问题。

（5）用户分析

1）用户角色

地铁标志应用场景为公共场所，因此适用群体较为广泛，以上班族为高频应用人群，同时由于呼和浩特为旅游城市，游客也是地铁标志的核心用户。初步设定核心用户本地上班族以及外地游客（图10-28）。

2）用户旅程图

通过用户旅程图梳理乘坐呼和浩特地铁的典型用户从初次了解到形成

契机关系的完整过程，站在用户视角再现用户场景和服务流程的体验感受（图10-29）。

基础信息：
男 26 岁
公司职员　汉族
内蒙古呼和浩特

姓名：钟阳
角色描述：性格开朗，善于与他人交流合作，执行力强，作为企业销售人员，每天乘坐地铁上下班，平均 2~3 次/天。

需求：因经常乘坐地铁，可熟练找到入口、出口等方位。
综合特征：对地铁环境较为熟悉，可自主寻路。

回家
上班

基础信息：
女 38 岁
旅客　汉族
湖南长沙

姓名：顾晓佳
角色描述：5 岁孩子的妈妈，性格温和，工作稳定较为轻松，在照顾家庭、孩子的同时，每年 2~3 次全家外出旅游，旅游地常选择不熟悉的城市。

需求：因在不熟悉的城市，不能熟练找到重要方位。
综合特征：对地铁环境不熟悉，要依靠标识寻路，且多为不熟悉的城市地铁区域。

回家
出游

图10-28　用户角色模型

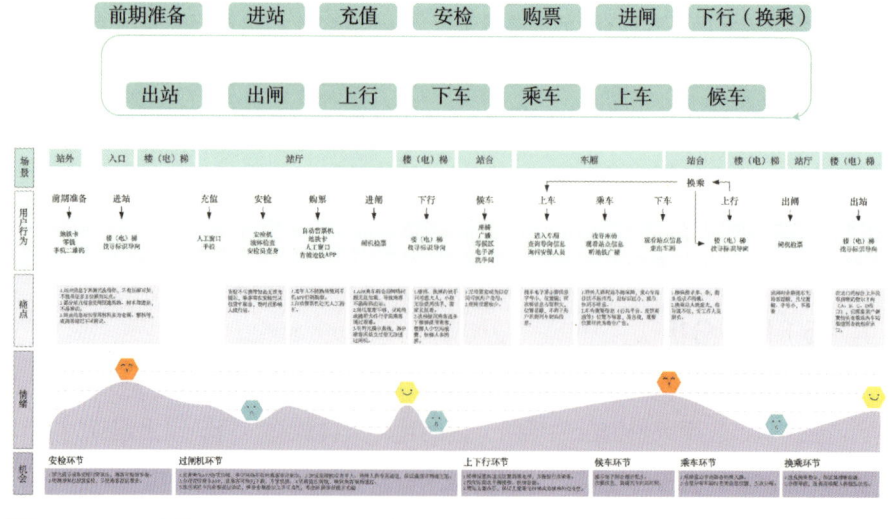

图10-29　用户旅程图

10.2.3 问题定义及设计构思

设计构思部分主要通过对前期用户实地调研，分析用户现阶段需求，并对需求进行汇总梳理，确定核心问题并提出设计策略与设计机会点。

（1）用户需求分析

应用KANO模型分析用户需求，将需求分为必备型需求（痛点），即用户在旅程中遇到的亟待解决的问题，迫切需要但未被满足的需求；期待型需求（痒点），即非刚需或亟待解决的问题，满足后用户体验会提升；魅力型需求（爽点），即满足用户需求的基础上，超出用户期待的地方（图10-30）。

经用户需求筛选与分类阶段后，明确了用户在乘车前、乘车中和乘车后的需求，因本调研方向为针对呼和浩特地铁标识导向的探索，所以整合用户对标识导向的需求，确定核心问题，并提出解决方案。

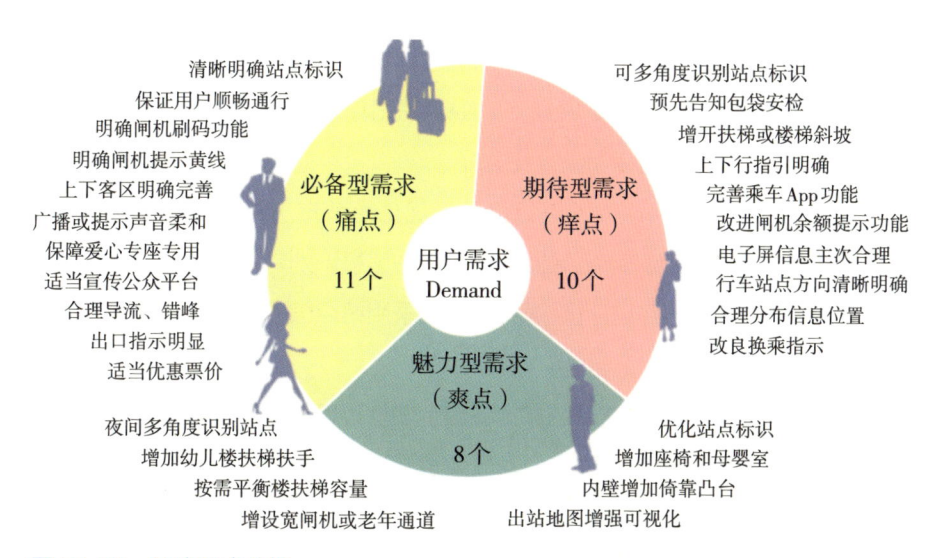

图10-30　用户需求分析

（2）核心问题定义

对进站环节的标识而言，一是对站点信息多角度识别性进行提升。目前地铁站点信息均位于进站口正前方，用户于侧视角度无法获取站点信息。二是对站点夜间识别性进行提升。目前地铁各站点标牌由于受材料限制，日间站点尚可识别，但夜间识别性较差。

对过闸机环节的标识而言，要明确黄线标识的位置，确保用户不会因为站位过前或过后而无法识别二维码，避免因此造成的人流拥堵现象。

对候车环节的标识而言，对行车方向信息要更明确。部分匆忙赶车乘客，识别有效信息时间较少，存在志愿者及工作人员人工提供行车方向信息的现象。

对乘车环节的标识而言，要合理分布车厢内各类信息位置。车厢内常见信息包括站点信息、安全信息、禁忌事项、行车路线图、官方公众号、公益广告、商业广告等。其中站点信息通常位于车门上方，位置显眼。

对换乘环节的标识而言，要更加明确标识信息，合理导流，错峰人群。

对出站环节的标识而言，出站环节是用户与地铁交互的最后一个触点。传统出站地图可视化较弱，以文字为主，辅以少量图标。因此，出站环节应增强出站地图可视化，明确站内车站街道图。

（3）设计机会点发散

针对用户需求及核心问题，发散以下设计机会点。

对站点夜间识别性进行提升，站点标牌采用夜光涂层覆盖或夜间发光字体，用户夜间乘车时易于识别站点名称。

对站点信息多角度识别性进行提升，优化为前方、两侧均可获取标识信息，且将地铁一站一标的特色站标运用于进站信息识别。

对站内行车方向信息进行明确化处理，采用站点信息与箭头结合，使乘客可快速识别行车信息。

合理分布车厢内各类信息位置，将安全信息、禁忌事项类重要信息置于车门附近位置；行车路线图、官方公众号等置于次级明确位置。公益广告与商业广告等次要信息降低所占比重。

在出站区域出站地图增加图标、图形比重，以及加强地图可视化。

10.2.4 方案测试及优化

在明确了地铁导向地域特色符号和站内信息划分后，输出设计初稿，并围绕设计初稿进行用户测试，以期在测试中发现现存问题，及时做出修改和完善。

（1）用户选取

为保证测试结果具有代表性，分别从性别、年龄、职业、地域、空间认知能力等方面进行用户选择，最终选取4名典型用户进行测试。

（2）测试目标设定

①用户在陌生空间环境寻找某一场所的行为数据和行为习惯。

②地铁空间内的标识导向系统能否引起用户的注意，优化设计后的标识能否提升对用户的吸引力。

③不同背景的用户是否都能理解优化后的标识导向。

④用户能否依照标识导向的指引顺利到达目的地。

⑤将站点符号化融入地域特色是否有助于对站点的识别。

（3）测试任务

根据测试目标，为不同类型的用户设定相应的测试任务，并详细描述任务场景，以便被试更准确地理解测试任务（图10-31）。

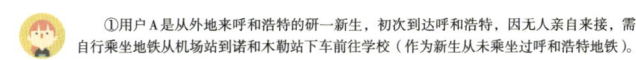

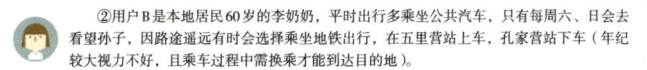

①用户A是从外地来呼和浩特的研一新生，初次到达呼和浩特，因无人亲自来接，需自行乘坐地铁从机场站到诺和木勒站下车前往学校（作为新生从未乘坐过呼和浩特地铁）。

②用户B是本地居民60岁的李奶奶，平时出行多乘坐公共汽车，只有每周六、日会去看望孙子，因路途遥远有时会选择乘坐地铁出行，在五里营站上车，孔家营站下车（年纪较大视力不好，且乘车过程中需换乘才能到达目的地）。

③用户C是外地游客35岁的张先生，因想感受少数民族风土人情慕名而来，平时因工作经常乘坐地铁，但从未乘坐过呼和浩特地铁。

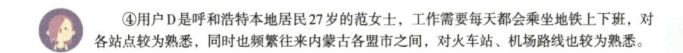

④用户D是呼和浩特本地居民27岁的范女士，工作需要每天都会乘坐地铁上下班，对各站点较为熟悉，同时也频繁往来内蒙古各盟市之间，对火车站、机场路线也较为熟悉。

图10-31 测试任务

（4）测试过程

用户依次从水上公园站上车，前往内蒙古博物院，途经换乘站新华广场，乘车过程中经历进站、安检、购票、进闸、下行、候车、上车、乘车、下车、换乘、上行、出闸、出站环节，其间无主试提醒，自主寻路完成任务。主试跟随观察行动路线记录注释点。完成乘车任务后进行一对一半结构访谈，询问寻路情况与使用标识寻路遇到的困难，并同时展示优化设计方案，提出存在的问题并进行修改。

（5）测试结果

在标识导向图中，颜色不同与颜色相同相比，前者会给人更大的视觉冲击，并且更容易辨别。对用户来讲，站点的符号化更容易理解站名内涵，外地游客也更乐于接受。

10.2.5　设计展示

车站建筑空间不仅是城市交通的重要组成部分，同时也是"城市文化"意象的表征符号，而地铁车站的标识系统作为站域空间重要的环境组织信息，既是"图解"站域空间规划的信息符号，也是承载传播城市文化意象的重要载体和媒介。通过对设计方案进行多次的测试与优化，图10-32～图10-34为最终设计方案展示。

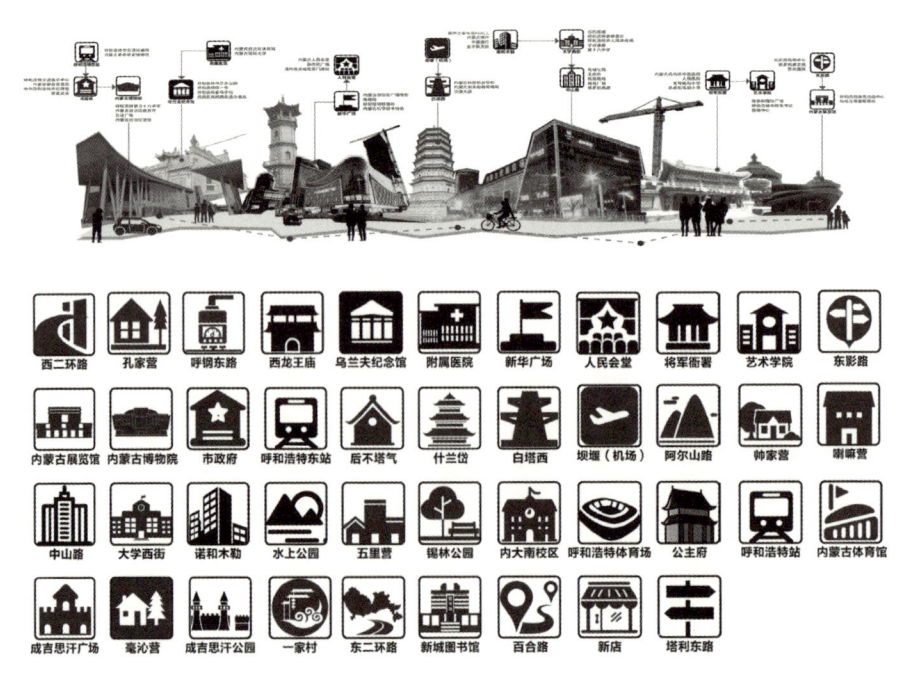

图10-32　站名标识设计

实践——用户研究的实践案例应用

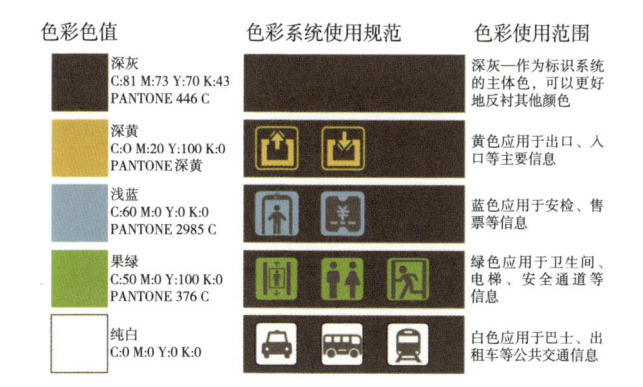

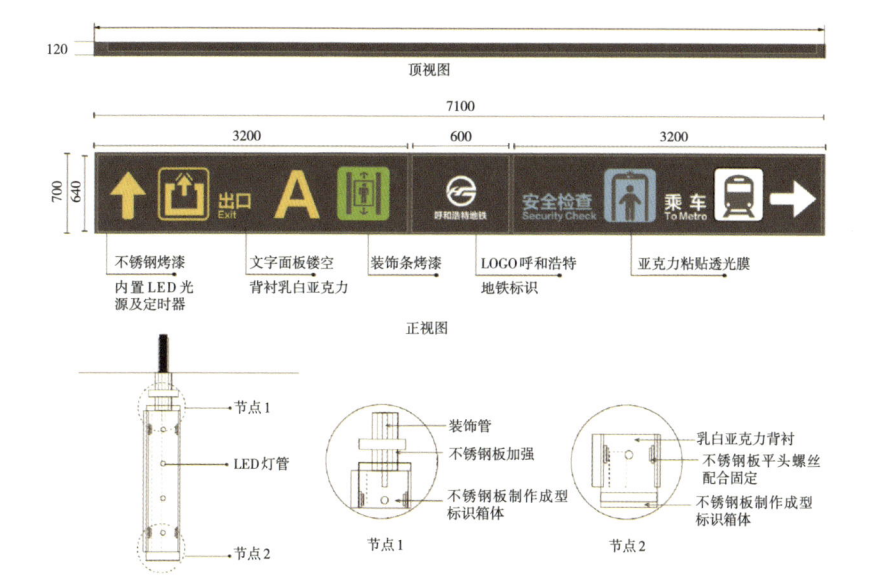

色彩色值	色彩系统使用规范	色彩使用范围
深灰 C:81 M:73 Y:70 K:43 PANTONE 446 C		深灰—作为标识系统的主体色，可以更好地反衬其他颜色
深黄 C:0 M:20 Y:100 K:0 PANTONE 深黄		黄色应用于出口、入口等主要信息
浅蓝 C:60 M:0 Y:0 K:0 PANTONE 2985 C		蓝色应用于安检、售票等信息
果绿 C:50 M:0 Y:100 K:0 PANTONE 376 C		绿色应用于卫生间、电梯、安全通道等信息
纯白 C:0 M:0 Y:0 K:0		白色应用于巴士、出租车等公共交通信息

图 10-33　站内标识设计

图 10-34　标识设计展示

10.3　彩陶文物信息数字化展示设计

10.3.1　项目背景

早在20世纪40年代，裴文中就提出本地存在"彩陶文化"和"细石器文化"的混合文化，可见彩陶在内蒙古地区史前遗存中占有独特地位。就其纹样而言，有的与周邻考古学文化相同或相像，也有一部分相对独特而不见于周边地区。内蒙古地区遗址中出土文物最多的当属彩陶器。其纹饰形象的绘画凸显了一派人与自然的亲切关系，有人与自然融为一体的感觉，可以说彩陶的纹饰就是中国古代居民生活记录的活化石，然而这一特有文化优势并没有被有效传播与传承，仅以博物馆陈列展示为主要手段，大众对这一历史内容知之甚少。

本项目是以内蒙古古迹遗址中的彩陶文化展示系统为基础，以彩陶文物为引，从彩陶造型和历史情境等元素入手，目的是呈现一种技艺、一种文化、一段历史以及这种文化中先民的智慧。如何通过对交互设计的研究、移动应用技术的探索，最终向用户传达这一概念是本项目要探讨的。

10.3.2　案例分析

（1）实地调研案例：上海天文馆

在项目前期通过对上海天文馆信息数字化展示形式进行实地调研（图10-35），以总结信息展示形式的优缺点以及用户体验的优劣势，进而了解信息交互的前沿趋势、用户交互体验需求、技术现状等，以便于发现问题、寻找项目方向。

图10-35　实地观察

通过实地调研发现，信息的可视化展示便于信息的理解，成为现代展馆的发展趋势。信息的交互展示受儿童青睐，可吸引用户产生互动。沉浸式场景营造可增强用户的体验感。家长与儿童的关注性更强，所以沉浸式信息可视化有助于提升认知。

（2）桌面调研案例

收集国内外关于文化遗产数字化展示的案例，并选取最具代表性的优秀案例进行分析。主要选出了VR案例——Parliament - Parlement、数字场景——数字虚拟版《清明上河图》两个案例，分别对当下关于文化遗产数字技术的不同手段进行分析，主要梳理内容展示框架、艺术呈现方式，并对其展示特点进行评分，以总结出各展示形式的突出表达特征。

1）案例描述

案例Parliament-Parlement通过虚拟现实手段，对加拿大国会中心遗址进行场景复原与情景再现，通过叙事化手法展示历史情境，通过魔幻现实主义色彩为建筑增添艺术氛围，重塑民主教堂的历史风貌（图10-36）。

数字虚拟版《清明上河图》选取北宋画家张择端版的《清明上河图》为蓝本，利用多媒体技术、三维动画技术等现代高科技手段，使距今800多年的北宋汴梁繁华的城市生活场景栩栩如生地展现在观众面前（图10-37）。

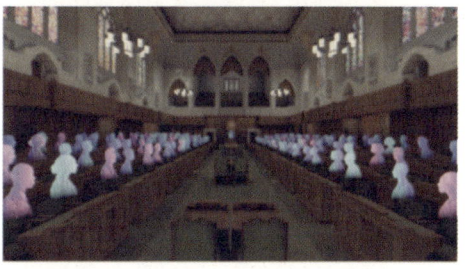

图10-36　案例Parliament-Parlement

图10-37　案例数字虚拟版《清明上河图》

2)分析测试

通过对以上两个案例的视频展示进行用户调研,选取10名被试进行体验测试,被试进行问卷调查,其中分别从VR的典型特征:叙事性、视角、视听语言、交互性、沉浸感、构想性6个方面展开提问,以李克特五级量表进行问题设定,其中1代表很差,5代表特色(图10-38)。结果显示,案例一的最大优势为叙事性、沉浸感和艺术化的视听语言。案例二的最大优势为沉浸感与艺术化视听语言。

序号	评价内容	5特色	4良好	3良好	2一般	1很差
1	具有吸引力的故事表达设计	□5	□4	■3	□2	□1
2	视角设计或虚拟人物等方式的体现、观看者参与感的创新、交互叙事方式	□5	□4	■3	□2	□1
3	具有吸引力的虚拟时空环境设计(包括灯光、场景、材质等气氛)	■5	□4	□3	□2	□1
4	视听语言艺术表现创新	□5	□4	■3	□2	□1
5	比较好地融合触觉、嗅觉、味觉等多个感官体验	■5	□4	□3	□2	□1
6	UI设计具有特色鲜明	□5	□4	□3	■2	□1
7	交互反馈具有较好的艺术效果	□5	■4	□3	□2	□1
8	具有丰富的想象	□5	■4	□3	□2	□1

图10-38 特征分析问卷

10.3.3 用户调研

(1)用户访谈

考虑到数字技术的专业性,从设计角度出发提取文化遗产数字化展示中的设计特征,因首先考虑专业人士的关注点更具代表性,因此邀请26名相关专业的设计者进行虚拟现实案例体验(图10-39),体验结束后对体验感受进行语言描述,并予以记录,然后对调研结果进行总结。

通过对用户进行半结构化访谈,了解用户在文化遗址虚拟现实中感知到哪些特征,并记录下来(图10-40)。接下来进行主轴编码,主轴编码是在初始范畴的基础上进行重新类化，通过不断地分析厘清各个范畴间关系，提取整合出更高抽象层次的范畴并将其概念化。对各范畴进行聚类和总结，整合出具有内在意义的主范畴。通过提炼得出8个主范畴，分别是沉浸感、交互性、叙事性、视角、构想性、艺术风格、声音音效、舒适度。进而对提取出的主范畴进行问卷设计。

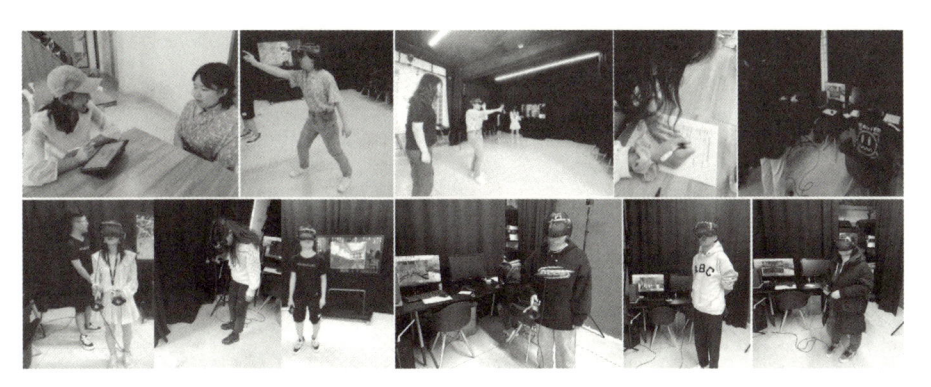

图10-39　现场照片

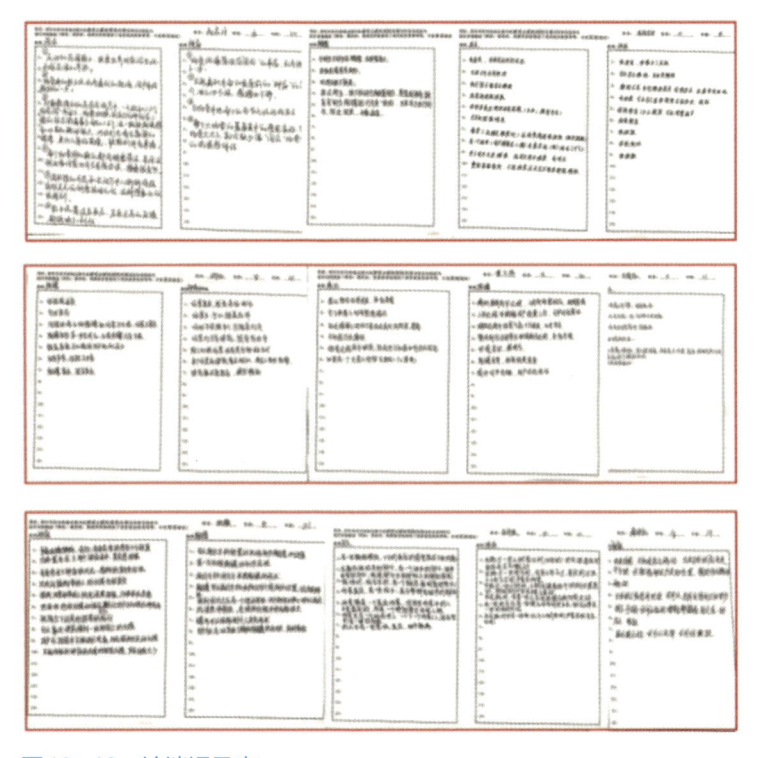

图10-40　访谈记录表

(2)问卷调研

在问卷调查中提出22个问题,问题设定以3个主要方向为出发点:调查用户在虚拟现实体验中感知到哪些特征、调查用户体验过程中更关注哪些方面、调查用户在虚拟现实体验中的喜好。还包括对有过虚拟现实体验的用户进行年龄、职业、学历等基本情况的调研。问卷调研采取线下发放问卷及线上网络平台发放问卷的渠道进行数据收集(图10-41)。

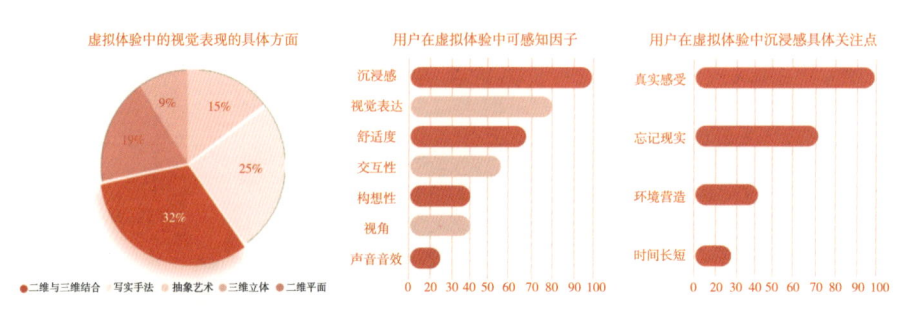

图10-41　问卷调研结果部分数据图

根据本次调研结果分析表明:影响VR体验的感知因子为沉浸感、视觉表达、舒适度、交互性、构想性、视角、声音音效。通过SPSS数据统计结果表明,其中最大影响因子为沉浸感(4.6),其次是视觉表达(4.58)、舒适度(4.37)。这三个影响因子最为突出。对虚拟体验影响程度最弱的是时间要素(3.58),由此可见,用户满意度评价与体验时间长短的关系不大。接下来对影响因子的具体表现展开分析,其中沉浸感方面,用户最关注是否与真实世界体验相符;在视觉表现方面,用户更青睐二维与三维相结合的融入带来的视觉体验。

10.3.4　用户分析

(1)用户角色

通过用户调研对目标用户的了解,将目标用户细分为三类,分别是学术研究者、青少年儿童、旅游爱好者,并为三类用户群体构建用户角色模型。

第一类,以学术研究为主的用户群,其痛点是现阶段数字化文物产品展示的深度不够且多为图片展示,不能更好地辅助研究。因此,这类用户对文物展

实践——用户研究的实践案例应用

示的需求为信息质量的精准度、更直观的感受尺度与三维关系、有探讨学习的交流平台（图10-42）。

图10-42　用户画像1

第二类，青少年儿童群体，其痛点是现阶段博物馆文物展示看不懂、难理解、缺少趣味化的展示形式，不能便于儿童理解。因此这类用户对文物展示的需求为线上端辅助线下展示、增加趣味化的内容展示、展示内容更直观（图10-43）。

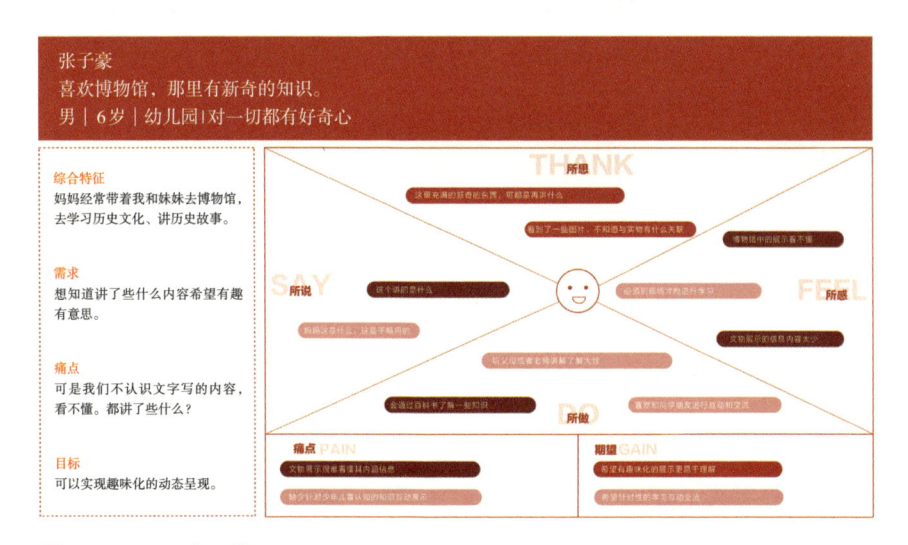

图10-43　用户画像2

第三类，旅游爱好者用户群体，其痛点是现阶段历史博物馆中文物展示仅以实物陈列为主，难以了解内涵信息，因此这类用户对文物展示的需求为文物信息的内涵解读、创建分享与交流平台、融入历史故事（图10-44）。

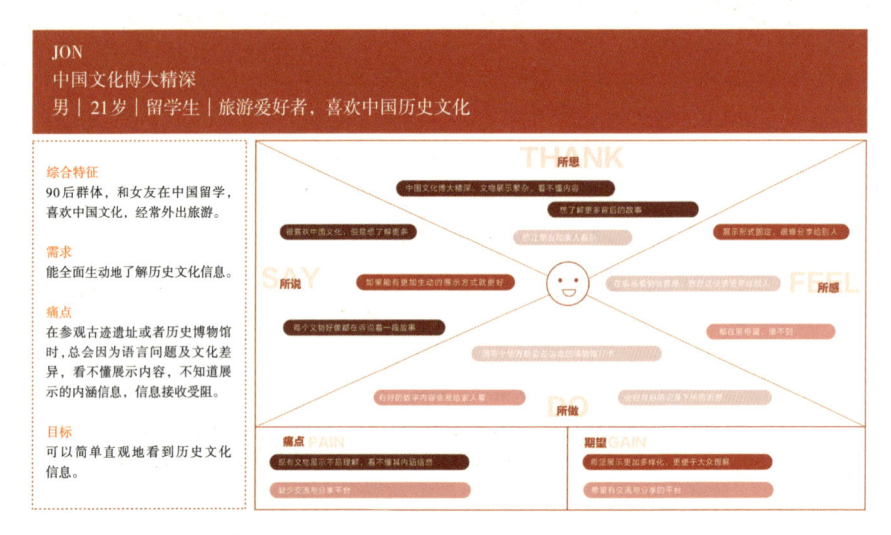

图10-44　用户画像3

（2）用户旅程图（图10-45）

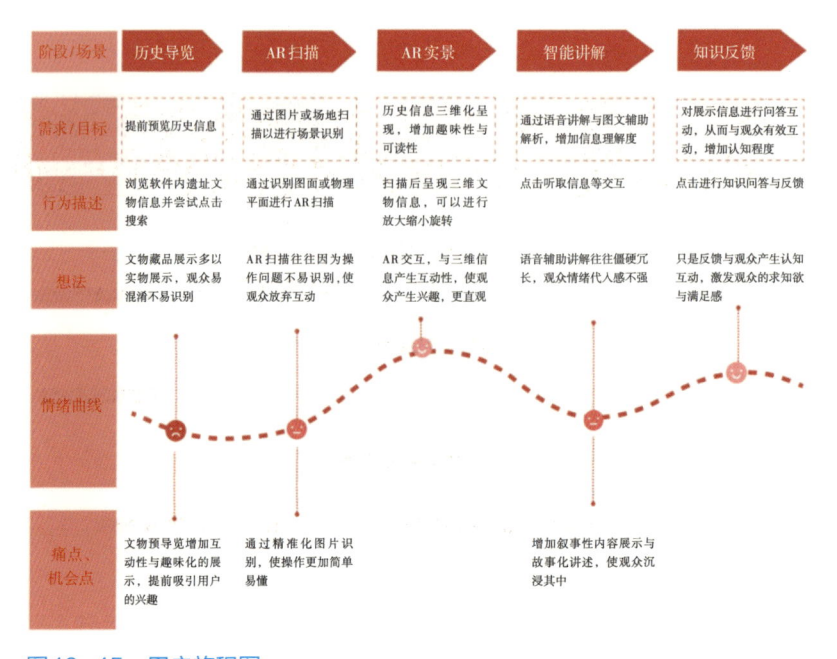

图10-45　用户旅程图

（3）需求分析

应用KANO模型对需求进行分类及优先级排序，分为必备型需求、期待型需求及魅力型需求，见图10-46。

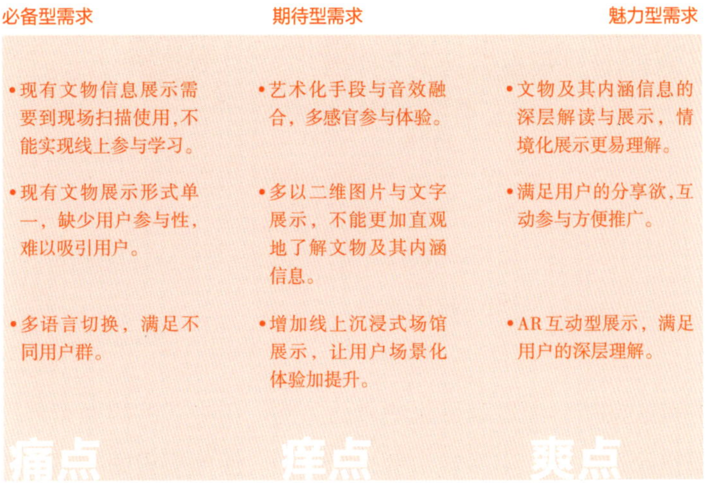

必备型需求	期待型需求	魅力型需求
• 现有文物信息展示需要到现场扫描使用，不能实现线上参与学习。	• 艺术化手段与音效融合，多感官参与体验。	• 文物及其内涵信息的深层解读与展示，情境化展示更易理解。
• 现有文物展示形式单一，缺少用户参与性，难以吸引用户。	• 多以二维图片与文字展示，不能更加直观地了解文物及其内涵信息。	• 满足用户的分享欲，互动参与方便推广。
• 多语言切换，满足不同用户群。	• 增加线上沉浸式场馆展示，让用户场景化体验加提升。	• AR互动型展示，满足用户的深层理解。
痛点	痒点	爽点

图10-46　需求分析

10.3.5　设计分析及构思

（1）设计策略分析

基于对用户需求分析得出核心问题为如何提升用户认知，因此本研究以用户认知为切入点，结合虚拟现实技术展开设计研究，通过用户的认知形式、学习行为、情感需求、审美感受4个方面特点（图10-47），对文物虚拟现实学习环境的学习者要素进行分析。通过交互性、探索性、挑战性的虚拟内容激发用户的兴趣；通过提供真实的感官体验和自然交互行为反馈，满足用户本能体验和行为需求；通过学习情境设置，满足用户的深层情感体验需求，并增加对文物信息的可学性。

将用户学习要素进行设计转化，通过对文物内容分类整理、提取，以用户为中心对展示内容进行转化，将文物内容转化为"知识点"和视觉符号，实现文物内容的创新呈现；通过创设叙事化、任务性、游戏化等具有可学性、真实感和体验感的虚拟情境，丰富虚拟现实学习环境，满足用户深层情感体验需求；通过多通道融合、逻辑关系明确的交互方式，保障用户与虚

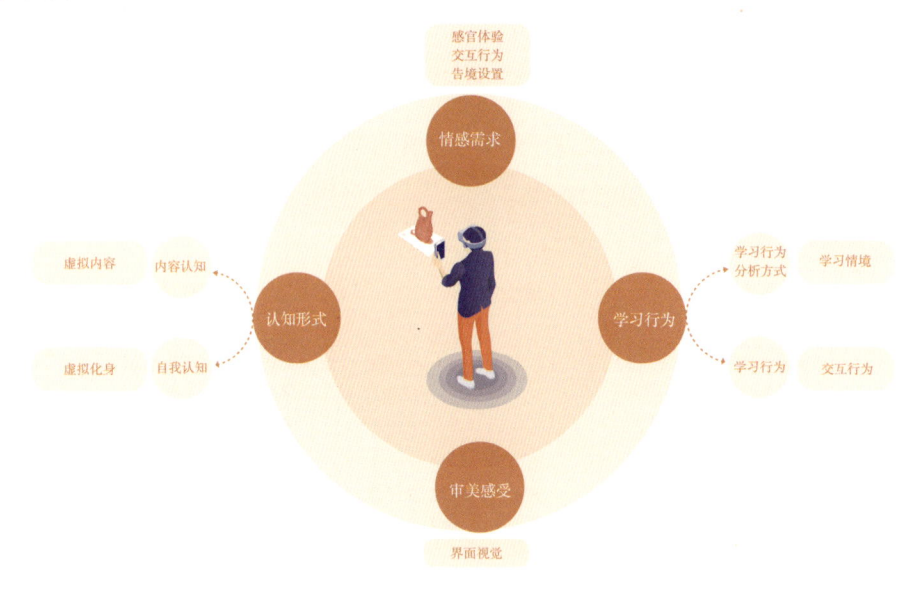

图10-47 学习者要素

拟环境的有效操作；通过扁平化的界面风格、集中式的界面布局形式、情感化的视觉元素设计，丰富学习者视觉体验，使虚拟界面与环境和谐统一（图10-48）。

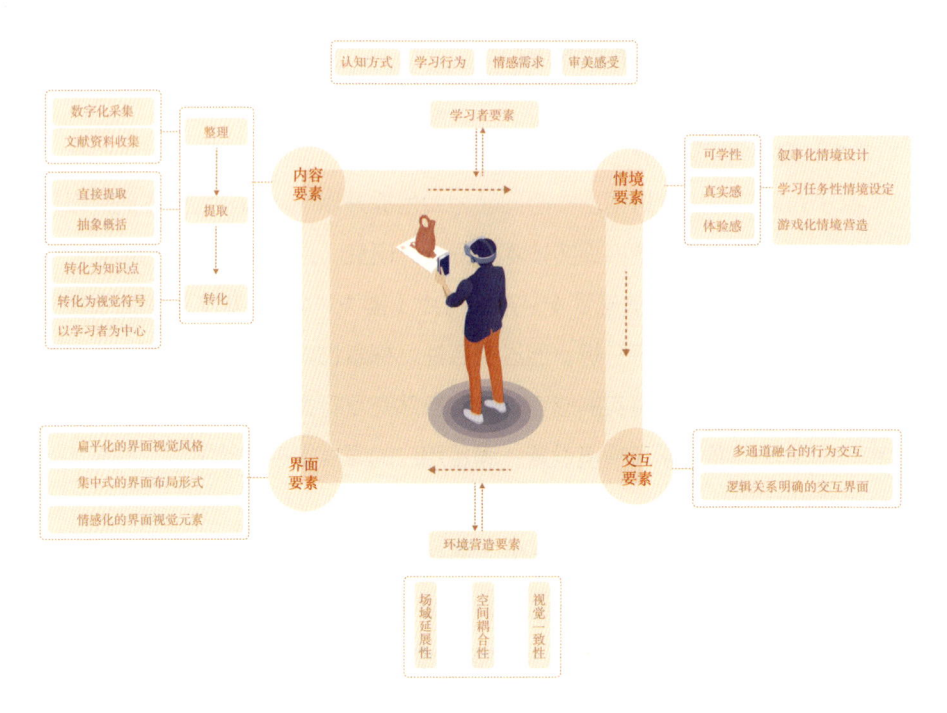

图10-48 设计方法模型

（2）设计构思

彩陶AR交互设计的信息架构由内容规划决定，通过构建3个情境完成用户对彩陶信息认知—行为—反馈的转化，即通过环境构建展示内蒙古地区各遗址中出土的彩陶类型；通过构建藏品情境，展现彩陶文物的表层信息（纹样类型）、中层信息（制作工艺）、深层信息（应用场景），并进行AR互动操作；通过构建知识情境与用户进行学习互动，进而产生认知反馈。在纵向层级中，将文物信息结合任务设置进行立体呈现，帮助用户理解与记忆。

用户旅程图设计如图10-49所示。

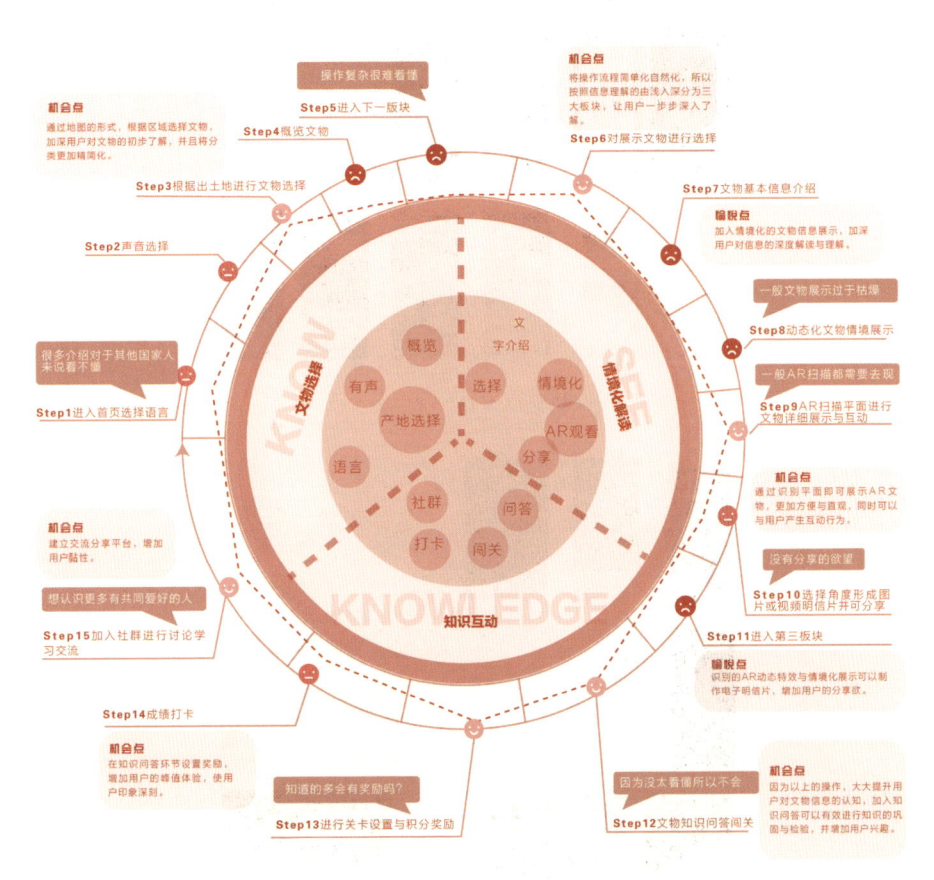

图10-49　用户旅程图设计

10.3.6　设计展示

通过对彩陶文物信息进行研究，从中探寻马家窑文化的视觉形象的美学价值，使历史文化内涵与艺术设计有效结合，发掘其典型特征。通过对旧石器时代陶器生产的历史场景进行营造，从情境感知层阐释文化信息内涵。重点提取陶器的原初语境与历史脉络，将这些情境进行沉浸化展示及设计应用（图10-50、图10-51）。

图10-50　低保真交互设计

图10-51　高保真界面设计

参考文献

一、中文文献

[1] 雅各布·尼尔森. 可用性工程 [M]. 刘正捷, 译. 北京: 机械工业出版社, 1994.

[2] 张晓林. 信息管理学研究方法 [M]. 成都: 四川大学出版社, 1995.

[3] 李彬彬. 设计心理学 [M]. 北京: 中国轻工业出版社, 2001.

[4] 李苹莉. 经营者业绩评价: 利益相关者模式 [M]. 杭州: 浙江人民出版社, 2001.

[5] 郑雪. 人格心理学 [M]. 广州: 暨南大学出版社, 2001.

[6] 罗仕鉴. 人机界面设计 [M]. 北京: 机械工业出版社, 2002.

[7] 唐纳德·A 诺曼. 设计心理学 [M]. 梅琼, 译. 北京: 中信出版社, 2003.

[8] 沙尔文迪. 人机交互 [M]. 董建明, 傅利民, 译. 北京: 清华大学出版社, 2003.

[9] 艾伦·库伯, 罗伯特莱曼. 软件观念革命 [M]. 詹剑锋, 张知非, 译. 北京: 电子工业出版社, 2005.

[10] 范晓玲. 教育统计学与 SPSS[M]. 长沙: 湖南师范大学出版社, 2005.

[11] 马欣川. 现代心理学理论流派 [M]. 上海: 华东师范大学出版社, 2003.

[12] 杰西·詹姆斯·加勒特. 用户体验要素: 以用户为中心的产品设计 [M]. 范晓燕, 译. 北京: 机械工业出版社, 2019.

[13] 胡飞. 聚焦用户: UCD 观念与实务 [M]. 北京: 中国建筑工业出版社, 2009.

[14] 吴明隆. 结构方程模型 [M]. 重庆: 重庆大学出版社, 2009.

[15] 罗仕鉴, 朱上上. 用户体验与产品创新设计 [M]. 北京: 机械工业出版社, 2010.

[16] 谢宇. 回归分析 [M]. 北京: 社会科学文献出版社, 2010.

[17] 温有奎, 焦玉英. 基于知识元的知识发现 [M]. 西安: 西安电子科技大学出版社, 2011.

[18] 比尔·莫格里奇. 关键设计报告:改变过去影响未来的交互设计法则 [M]. 许玉玲,译. 北京:中信出版社,2011.

[19] 阿诺·巴塔查尔吉. 社会科学研究:原理、方法与实践 [M]. 2版. 沈校亮,孙永强,译. 香港:香港公开大学. 2012.

[20] 贝拉·马丁,布鲁斯·汉宁顿. 通用设计方法 [M]. 初晓华,译. 北京:中央编译出版社,2013.

[21] 陆雄文. 管理学大辞典 [M]. 上海:上海辞书出版社,2013.

[22] 伊丽莎白·古德曼,迈克·库尼亚夫斯基,安德烈亚·莫德. 洞察用户体验:方法与实践 [M]. 2版. 刘吉昆,等,译. 北京:清华大学出版社,2015.

[23] 艾伦·库伯,罗伯特·莱曼,戴维·克罗宁,克里斯托弗·诺埃塞尔. AboutFace4:交互设计精髓 [M]. 北京:电子工业出版社,2015.

[24] 戴力农·设计调研 [M]. 2版. 北京:电子工业出版社,2016.

[25] 凯茜·巴克斯特,凯瑟琳·卡里奇,凯莉·凯恩. 用户至上:用户研究方法与实践 [M]. 王兰,等,译. 北京:机械工业出版社,2017.

[26] 弗兰尼克·里特,戈登·巴克斯特,伊丽莎白·丘吉尔. 以用户为中心的系统设计 [M]. 田丰,张小龙,译北京:机械工业出版社,2018.

[27] 刘伟,辛欣. 用户研究:以人为中心的研究方法工具书 [M]. 北京:北京师范大学出版社,2019.

[28] 黄蔚. 服务设计:用极致体验赢得用户追随 [M]. 北京:机械工业出版社,2021.

[29] 张乐飞. 独具匠心:做最小可行性产品(MWVP)方法与实践 [M]. 北京:人民邮电出版社,2021.

[30] 姜葳. 用户界面设计研究 [D]. 杭州:浙江大学,2006.

[31] 邵慰. 脑电信号采集系统 [D]. 东北大学,2006.

[32] 王雅方. 用户研究中的观察法与访谈法 [D]. 武汉理工大学,2009.

[33] 欧细凡. 基于心流理论的功能整合网络平台设计研究 [D]. 湖南大学,2015.

[34] 胡文越. 基于心流理论的骨折复健类APP交互设计分析 [D]. 北京交通大学,2021.

[35] 丁自改. 从用户情报行为规律看用户研究方法 [J]. 陕西情报工作,1984,3(3):38-45.

[36] 敖小兰,石竹屏. 心理学中人格评估法综述 [J]. 重庆交通学院学报(社会科学版),2004,4(2):32-35.

[37] 邱均平,邹菲. 关于内容分析法的研究 [J]. 中国图书馆学报,2004,30(2):14-19.

[38] 罗仕鉴,朱上上,孙守迁,等. 产品造型设计中的用户知识与设计知识研究 [J]. 中国机械工程,2004,15(8):53-56,78.

[39] 王沛,冯丽娟. 元分析方法评介 [J]. 西北师大学报(社会科学版),2005,42(5):65-69.

[40] 邓鹏. 心流:体验生命的潜能和乐趣 [J]. 远程教育杂志,2006,24(3):74-78.

[41] 李涤非. 认知能力与真理 [J]. 自然辩证法研究,2007,23(2):27-30,83.

[42] 任俊,施静,马甜语. Flow 研究概述 [J]. 心理科学进展,2009,17(1):210-217.

[43] 顾君忠. 情景感知计算 [J]. 华东师范大学学报(自然科学版),2009(5):1-20,145.

[44] 梁永霞,刘则渊,杨中楷. 引文分析学的知识流动理论探析 [J]. 科学研究,2010,28(5):668-674.

[45] 谷学静,王志良. 基于 PAD 空间情感体验的情感虚拟人评价 [J]. 北京邮电大学学报(社会科学版),2011,13(5):90-94.

[46] 邱林. 情感幸福感的测量 [J]. 华南师范大学学报(社会科学版),2011(5):137-142,160.

[47] 胡飞,杜辰腾,王曼. 美国伊利诺伊理工大学"用户研究"课程群解析 [J]. 南京艺术学院学报(美术与设计版),2013(5):141-144.

[48] 余孟杰. 产品研发中用户画像的数据模建——从具象到抽象 [J]. 设计艺术研究,2014,4(6):60-64.

[49] 徐延辉,龚紫钰. 城市社区利益相关者:内涵、角色与功能 [J]. 湖南师范大学社会科学学报,2014,43(2):104-111.

[50] 付秋林,于微微,程文英,等. 基于认知需求的信息用户研究方法及测量维度探索 [J]. 现代情报,2015,35(3):24-27.

[51] 王晓慧,覃京燕. 大数据处理技术在交互设计中的应用研究 [J]. 包装工程,2015,36(22):9-12.

[52] 辛向阳. 交互设计：从物理逻辑到行为逻辑 [J]. 装饰, 2015(1)：58-62.

[53] 田少煦, 申品品, 郭昱竹. 基于眼动跟踪技术的色彩情感研究 [J]. 现代传播（中国传媒大学学报）, 2015, 37(6)：70-76.

[54] 高全力, 高岭, 杨建锋, 等. 上下文感知推荐系统中基于用户认知行为的偏好获取方法 [J]. 计算机学报, 2015, 38(9)：1767-1776.

[55] 易欣, 葛列众, 刘宏艳. 正负性情绪的自主神经反应及应用 [J]. 心理科学进展, 2015, 23(1)：72-84.

[56] 罗江, 迟英庆. 基于理性行为理论的消费者行为研究综述 [J]. 商业经济研究, 2016(6)：34-37.

[57] 王春雷, 苏莲莲. 大数据时代的设计 [J]. 包装工程, 2016, 37(20)：127-130.

[58] 姚湘, 胡鸿雁, 李江泳. 用户情感需求层次与产品设计特征匹配研究 [J]. 武汉理工大学学报（社会科学版）, 2016, 29(2)：304-307.

[59] 张芳兰, 贾晨茜. 基于用户需求分类与重要度评价的产品创新方法研究 [J]. 包装工程, 2017, 38(16)：87-92.

[60] 何胜, 冯新翎, 武群辉, 等. 基于用户行为建模和大数据挖掘的图书馆个性化服务研究 [J]. 图书情报工作, 2017, 61(1)：40-46.

[61] 钟建军, 董云波, 李永杰. 两极九点式文化价值观语义分化量表编制及测量指标 [J]. 内蒙古师范大学学报（自然科学汉文版）, 2018, 47(6)：527-532.

[62] 韩正彪. 国外信息检索系统用户心智模型研究述评与展望 [J]. 情报学报, 2018, 37(7)：668-677.

[63] 杨焕. 数据与设计的融合——大数据分析导出用户需求洞察的创新路径研究 [J]. 装饰, 2019(5)：100-103.

[64] 胡飞, 冯梓昱, 刘典财, 等. 用户体验设计再研究：从概念到方法 [J]. 包装工程, 2020, 41(16)：51-63.

[65] 谭浩, 尤作, 彭盛兰. 大数据驱动的用户体验设计综述 [J]. 包装工程, 2020, 41(2)：7-12, 56.

[66] 王江涛, 何人可. 基于用户行为的智能家居产品设计方法研究与应用 [J]. 包装工程, 2021, 42(12)：142-148.

[67] 王愉, 辛向阳, 虞昊, 等. 服务设计文献计量可视化分析 [J]. 南京艺术学

院学报（美术与设计），2021(2)：99-105.

[68] 吴磊，孙悦. 基于 PAD 情感模型的老龄智能陪伴机器人面部表情评估研究 [J]. 包装工程，2021，42(6)：53-61.

[69] 席涛，周芷薇，余非石. 设计科学研究方法探讨 [J]. 包装工程，2021，42(8)：63-78.

[70] 张群，张慧，张路路. 认知视角下用户信息行为研究述评 [J]. 高校图书馆工作，2021，41(2)：22-27，60.

[71] 廖诗奇，沈杰. 基于心流理论的家庭智能健身心流体验要素分析 [J]. 包装工程，2022，43(14)：139-145.

二、英文文献

[1] Duncan, Weatherman, Duncan. Socioeconomic background and achievement [M]. New York：Seminar Press, 1972.

[2] Maslow, A H. A Theory of Human Motivation [M]. Lulu. com, 1974.

[3] Ajzen M., Fishbein, Understanding Attitudes and Predicting Social Behavior [M]. Prentice-Hall, Englewood Cliffs, NJ, 1980.

[4] Bandura A. Social Foundations of Thought and Action [M]. Englewood Cliffs, NJ：Prentice-Hall, 1986.

[5] Long J S. Common problems/proper solutions：Avoiding error in quantitative research [M]. Sage Publications, 1988.

[6] Musmann, Klaus; Kennedy, William; Kennedy, William H. Diffusion of Innovations - A Select Bibliography (Bibliographies and Indexes in Sociology) [M]. New York：Greenwood Press, 1989.

[7] Dipasquale D., Wheaton, W. C. Urban economics and real estate markets [M]. New Jersey：Prentice Hall, 1996.

[8] Robson C. Real world research：A resource for social scientists and practitioner-researchers [M]. Wiley-Blackwell, 2002.

[9] Kuniavsky, Mike. Observing the User Experience：A Practitioner's Guide to User Research [M]. San Mateo：Morgan Kaufmann, 2003.

[10] Andrew F. Hayes. Introduction to Mediation, Moderation, and Conditional Process Analysis [M]. Guilford: The Guilford Press, 2005.

[11] Ghaoui C. Encyclopedia of Human Computer Interaction [M]. Cambridge: Cambridge University Press, 2005.

[12] Hair J F, Black W C, Babin B J, et al. Multivariate Data Analysis [M]. Upper Saddle River, NJ: Prentice Hall, 2006.

[13] Robert M. Schumacher. The Handbook of Global User Research [M]. San Francisco, CA: Morgan Kaufmann, 2010.

[14] Truong K N, Hayes G R, Abowd G D. Storyboarding: An empirical determination of best practices and effective guidelines [C]// Proceedings of the 6th conference on Designing Interactive systems. 2006: 12-21.

[15] SUN, Yu-jia. Consumer Understanding in Big Data Era [C]. User Friendly 2014, 2014.

[16] Giordano F B, Morelli N, De Götzen A, et al. The stakeholder map: A conversation tool for designing people-led public services [C]. Service Design and Innovation Conference: Proof of Concept. Linköping University Electronic Press, 2018.

[17] Almind T C, Ingwersen P. Informetric analyses on the worldwide web: Methodological approaches to 'webometrics'[J]. Journal of Documentation, 1997, 53(4): 404-426.

[18] Anderson J C, Gerbing D W. Structural equation modeling in practice: A review and recommended two-step approach[J]. Psychological Bulletin, 1988, 103(3): 411-423.

[19] Bagozzi R P, Wong N, Abe S, Bergami M. Cultural and situational contingencies and the theory of reasoned action: Application to fast food restaurant consumption[J]. Journal of Consumer Psychology, 2000, 9: 97-106.

[20] Bos W, Tarnai C. Content analysis in empirical social research[J]. International Journal of Educational Research, 1999, 31(8):659-671.

[21] Davis F D. Perceived Usefulness, Perceived Ease of Use, and User Acceptance of Information Technology[J]. MIS Quarterly, 1989, 13(3): 319-340.

[22] Davis V F D. A Theoretical Extension of the Technology Acceptance Model: Four Longitudinal Field Studies[J]. Management Science, 2000, 46(2): 186-204.

[23] Fornell C, Larcker D F. Evaluating Structural Equation Models with Unobservable Variables and Measurement Error[J]. Journal of Marketing Research, 1981, 24(2): 337-346.

[24] Francis F. User research for the National Reference Library for Science and Invention[J]. Nature, 1962, 194(4824): 126.

[25] Grönroos C, Voima P. Critical service logic: making sense of value creation and co-creation[J]. Journal of the Academy of Marketing Science, 2013, 41(2): 133-150.

[26] Holt K. User-oriented product innovation-Some research findings[J]. Technovation, 1985, 3(3): 199-208.

[27] Huta V, Pelletier L G, Baxter D, et al. How eudaimonic and hedonic motives relate to the well-being of close others[J]. The Journal of Positive Psychology, 2012, 7(5): 399-404.

[28] Huta V, Ryan R M. Pursuing pleasure or virtue: The differential and overlapping well-being benefits of hedonic and eudaimonic motives[J]. Journal of Happiness Studies, 2010, 11(6): 735-762.

[29] Jakob Nielsen, Rolf Molich. Heuristic evaluation of user interfaces[J]. CHI 90 Proceedings. 1990: 249-256.

[30] LeCun Y, Bengio Y, Hinton G. Deep learning[J]. Nature, 2015, 521(7553): 436-444.

[31] Palmer J W. Measuring e-commerce in net-enabled organizations (part 1 of 2) || website usability, design, and performance metrics[J]. Information Systems Research, 2002, 13(2): 151-167.

[32] Seaborn K, Fels D. Gamification in theory and action: A survey[J]. International Journal of Human-Computer Studies, 2015, 74: 14-31.

[33] Shneiderman B. Designing the user interface: Strategies for effective human-computer interaction[J]. Journal of the Association for Information Science & Technology, 2004, 55(1): 603-604.

[34] Venkatesh V, Morris M G, Davis G B, et al. User Acceptance of Information Technology: Toward a Unified View[J]. MIS Quarterly, 2003, 27(3): 425-478.

[35] Venkatesh V, Thong J Y L, Xu X. Consumer Acceptance and Use of Information Technology: Extending the Unified Theory of Acceptance and Use of Technology[J]. MIS Quarterly, 2012, 36(1): 157-178.

[36] Want R. The Active Badge Location System[J]. ACM Transactions on Information Systems, 1992, 10(1): 91-102.

[37] Xu Z, Frank Wickliffe G L, Ramirez E. Effects of Big Data Analytics and Traditional Marketing Analytics on New Product Success: A Knowledge Fusion Perspective[J]. Journal of Business Research, 2016, 69(5): 1562-1566.